高等学校“十三五”规划教材

基础化学

高琳　熊衍才　王亮　主编

化学工业出版社

·北京·

《基础化学》共分为9章，主要包含与医学、药学和生命科学相关的无机化学、分析化学、物理化学方面的基本内容，具体包括溶液的基本理论和四大化学平衡（稀溶液的依数性、胶体、酸碱质子理论、缓冲溶液和酸碱平衡、沉淀溶解平衡、配位平衡、氧化还原平衡），物质的结构（原子结构、分子结构）、物理化学（化学热力学、化学动力学）、分析化学的基础知识（有效数字、误差理论、滴定分析法、现代仪器分析简介）等。考虑到医学、药学和生命科学专业学生需要的化学基础，以及与后续课程的衔接，增加了生命必需元素的配合物知识介绍。

《基础化学》适合医学、药学、中药学、制药等专业学生使用，也可供相关专业从业者使用。

图书在版编目（CIP）数据

基础化学/高琳，熊衍才，王亮主编. —北京：化学工业出版社，2019.8（2021.1重印）

ISBN 978-7-122-34439-7

Ⅰ.①基… Ⅱ.①高…②熊…③王… Ⅲ.①化学-高等学校-教材 Ⅳ.①O6

中国版本图书馆CIP数据核字（2019）第085568号

责任编辑：李 琰　　　　装帧设计：关 飞

责任校对：杜杏然

出版发行：化学工业出版社（北京市东城区青年湖南街13号 邮政编码100011）

印　　装：三河市双峰印刷装订有限公司

787mm×1092mm 1/16 印张13½ 彩插1 字数335千字 2021年1月北京第1版第2次印刷

购书咨询：010-64518888　　　　售后服务：010-64518899

网　　址：http：//www. cip. com. cn

凡购买本书，如有缺损质量问题，本社销售中心负责调换。

定　　价：35.00元

《基础化学》编写人员名单

主　　编　高　琳　熊衍才　王　亮

副 主 编　余　凡　刘　芸　李向华　周学文

编写成员　（按姓氏汉语拼音排序）

曹春华　陈战芬　高　琳　龚四林　胡春弟

李向华　刘　芸　舒　婷　王　亮　王小波

熊衍才　余　凡　周学文　朱天容　邹　新

前言

《基础化学》是根据教育部关于高等教育面向21世纪教学内容和课程体系改革精神，吸取相关同类教材的精华，结合多年的教学经验，由江汉大学和湖北科技学院的一线教师编写而成。编写本书的目的旨在希望学生能掌握无机化学、物理化学和分析化学的基础理论和知识，为后续课程提供化学基础。

《基础化学》共分为9个章节，包括溶液的依数性与胶体，酸碱溶液，沉淀溶解平衡，物质的结构，配位化合物，氧化还原反应与电极电势，化学反应的方向、限度和速率，滴定分析和现代仪器分析。在选取内容时，既考虑到临床、药学等生命科学相关专业的要求，同时也注意与后续课程的衔接，如有机化学、生物化学、生理学、病理学等，为后续课程的学习打下一定的基础。在《基础化学》的编写过程中，坚持三基（基础理论、基本知识、基本技能）、五性（思想性、科学性、先进性、启发性、适用性）、三特定（特定的对象、特定的要求、特定的限制）的原则要求，力求反映新时代教学内容和学科发展的成果，突出化学知识在临床和药学等方面的应用，故着重选用能结合临床和药学等的应用实例和习题，以适应我国新时代医学教育改革和卫生体制改革的需要，服务于高素质医疗卫生人才的培养。

《基础化学》可作为高等学校医学和生命科学相关专业的本科生教材，也可供从事相关医务工作者和技术人员参考。

由于编写时间仓促，又限于编者的学识水平，本书中难免有疏漏之处，敬请读者批评指正。

编者

2019年3月

目录

3 沉淀溶解平衡 53

4 物质的结构 63

9 现代仪器分析 175

附录 194

1 溶液的依数性与胶体

1.1 分散体系

分散体系（disperse system）是由一种或者几种物质分散在另外一种物质中所形成的体系，被分散的物质称为分散相，容纳分散相的物质称为分散介质。分散介质与分散相可以是气态、液态或固态。例如烟尘是固态质点分散在空气中，牛奶的分散介质与分散相都是液态。分散体系可以是多相的，也可以是均相的。例如空气是均相的气态分散体系，而墨汁是固体质点分散在水中的多相分散体系。

分散体系中分散相的质点大小不同，分散体系则具有不同的性质，按分散相质点的大小可将分散体系分为三类：若质点大小＜1nm，分散体系为**真溶液体系**；若质点大小＞100nm，为非均相的**粗分散体系**；若质点大小在1～100nm，则是**胶体分散体系**。各类分散体系的主要特征见表1-1。

表1-1 各类分散体系的主要特征

类型		颗粒大小	主要特征	实例
粗分散体系	悬浮液 乳状液	＞100nm	颗粒不能通过滤纸，不能透过半透膜，扩散极慢	泥浆、乳汁等
胶体分散体系	溶胶 高分子溶液 缔合胶束	1～100nm	颗粒能通过滤纸，不能透过半透膜，扩散较慢	氢氧化铁、金、银等溶胶；蛋白质、核酸等水溶液
真溶液体系		＜1nm	颗粒能通过滤纸，能透过半透膜，扩散很快	NaCl溶液，葡萄糖溶液

1.2 溶液组成量度的表示方法

两种或两种以上的物质均匀混合，彼此以分子或离子状态分布所形成的系统称为**溶液**（solution），溶液对科学研究、生命活动以及生物体都具有十分重要的意义。按系统聚集状态的不同，溶液可分为气态溶液、固态溶液和液态溶液。例如空气就是N_2、O_2等多种气体混合而成的气态溶液，而钢则是碳溶于铁而形成的固态溶液。本书若无说明，一般讨论的是气体、液体或固体溶于液体而形成的液态溶液，尤其是水溶液。生命体内的体液，如血液、胆汁、尿等均为水溶液，医疗用药也多以溶液的形式发挥其作用，许多重要的生化反应及生理过程都是在水溶液中完成的，因此了解溶液的性质对研究生命过程是十分重要的。

溶液是由**溶质**和**溶剂**组成的，被溶解的物质称为溶质；溶解这些溶质的液体则为溶剂。溶液的浓度是指溶液中溶质和溶剂的相对含量，也就是溶液的组成量度。表示浓度的方法很多，以下介绍几种常用的溶液浓度表示方法。

1.2.1 物质的量浓度

溶液中所含溶质 B 的物质的量除以溶液的体积称为 B 的物质的量浓度，可简称为 B 物质的浓度，也就是单位体积溶液中所含溶质 B 的物质的量，即

$$c_B=\frac{n_B}{V}$$

式中，c_B 表示溶液的物质的量浓度，$mol\cdot L^{-1}$ 或 $mol\cdot m^{-3}$；n_B 代表溶质 B 的物质的量，mol；V 代表溶液的体积，L 或 m^3。

在使用 c_B 时，必须指明物质 B 的基本单元。例如 $c(HCl)=1mol\cdot L^{-1}$，$c\left(\frac{1}{2}Mg^{2+}\right)=1mol\cdot L^{-1}$ 等。括号内即为物质的基本单元。

1.2.2 质量浓度

溶液中所含溶质 B 的质量除以溶液的体积称为 B 的质量浓度，用 ρ_B 表示，单位是 $g\cdot L^{-1}$ 或者 $mg\cdot L^{-1}$ 等。

$$\rho_B=\frac{m_B}{V}$$

式中，m_B 代表溶质 B 的质量，kg、mg 或者 g；V 代表溶液的体积，L 或 m^3。

医学上，世界卫生组织建议凡是已知分子量的物质在人体内的含量，应当用物质的量浓度来表示；而对于未知分子量的物质，则可以用质量浓度来表示。另外，医学上常用一些习惯的表示法，例如 0.9% NaCl 溶液表示 100mL 溶液中含有 NaCl 0.9 g，即 NaCl 的质量浓度为 $9g\cdot L^{-1}$。

1.2.3 质量摩尔浓度

溶液中溶质 B 的物质的量除以溶剂的质量称为溶质 B 的质量摩尔浓度，用 b_B 表示，单位是 $mol\cdot kg^{-1}$。

$$b_B=\frac{n_B}{m_A}$$

式中，n_B 代表溶质 B 的物质的量，mol；m_A 代表溶剂的质量，kg。对于非常稀的水溶液来说，物质 B 的质量摩尔浓度与其物质的量浓度数值上几乎相等。

1.2.4 摩尔分数

溶液中溶质 B 的物质的量与溶液中所有组分的物质的量之比称为 B 的摩尔分数，也叫物质的量分数，用 x_B 表示，量纲为 1。

$$x_B=\frac{n_B}{\sum_A n_A}$$

式中，n_B 代表溶质B的物质的量，mol；$\sum_A n_A$ 代表混合物中各物质的物质的量之和，mol。

如果溶液仅由溶质B和溶剂A组成，那么溶质B的摩尔分数即为

$$x_B=\frac{n_B}{n_A+n_B}$$

那么溶剂A的摩尔分数为

$$x_A=\frac{n_A}{n_A+n_B}$$

则有 $x_A+x_B=1$。

1.2.5 质量分数

溶液中溶质B的质量与溶液的质量之比称为B的质量分数，用 w_B 表示，量纲为1。

$$w_B=\frac{m_B}{m}$$

式中，m_B 代表溶质B的质量；m 代表溶液的质量，kg或者g。

1.2.6 体积分数

溶液中溶质B的体积与溶液的体积之比称为B的体积分数，用 φ_B 表示，量纲为1。

$$\varphi_B=\frac{V_B}{V}$$

式中，V_B 代表溶质B的体积；V 代表溶液的体积，L。如乙醇在水中的体积分数为75%（即0.75）。

物质的量浓度配制容易、使用方便，在化学实验室中经常用到，但其数值受温度的影响，溶液体积的热胀冷缩会使其值略有变动。而质量摩尔浓度与温度无关，因此在物理化学中广泛使用。质量分数主要用于工业生产或商业中。

1.3 稀溶液的依数性

溶液的一些性质与溶质的本性有关，如溶液的颜色、酸碱性、密度等；还有一些性质与溶质的本性无关，只取决于溶质在溶液中的质点数目。对于难挥发性非电解质稀溶液而言，蒸气压降低、沸点升高、凝固点降低、渗透压等数值仅与溶液中溶质的质点数有关，而与溶质的性质无关，因此称为**稀溶液的“依数性”**（colligative property）。而当溶质是电解质或者非电解质溶液浓度大时，依数性的规律将会发生偏移。

在生命体内细胞内外物质的交换和运输、临床输液、水以及电解质代谢等问题，与稀溶液的依数性有很大的关系。

1.3.1 蒸气压下降

(1) 蒸气压

一定温度下，在密闭容器中注入纯水，一部分动能较高的水分子将自水面逸出，扩散到水面上部的空间，形成气相水蒸气分子，这一过程称为**蒸发**（evaporation）。同时，气相的

水分子也会撞击水面并被吸引到液相中，成为液态分子，这一过程称为**凝结**(condensation)。当蒸发速率与凝结速率相等时，气相和液相达到平衡状态：

$$H_2O(l) \rightleftharpoons H_2O(g)$$

式中，l代表液相（liquid phase）；g代表气相（gas phase）。这时水蒸气的密度不变，它具有的压力也不再改变。将与液相处于平衡时的蒸气所具有的压力称为该温度下的饱和蒸气压，简称**蒸气压**（vapor pressure），用符号 p 表示，单位是Pa或kPa。

在一定温度下，物质的蒸气压与其本性有关，不同的物质有不同的蒸气压。如在20℃，水的蒸气压为2.34kPa，而乙醚却高达57.6kPa，如图1-1所示。

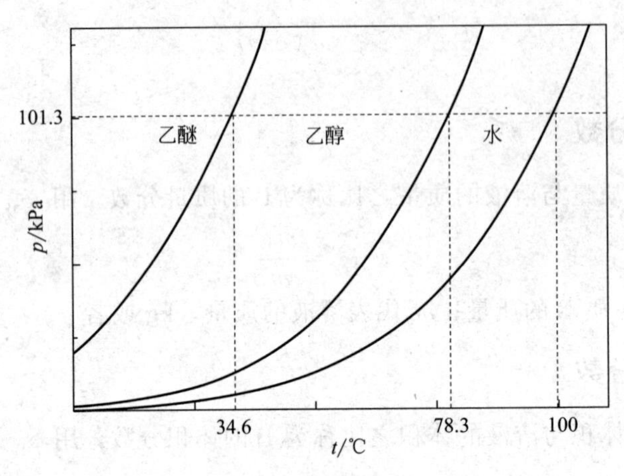

图1-1　几种物质的蒸气压-温度图

物质的蒸气压与温度有关，液体的蒸发是一个吸热的过程，当温度升高时，液相与气相间的平衡将向右移动，即蒸气压将随温度升高而增大。水的蒸气压与温度的关系见表1-2。

表1-2　水在不同温度下的饱和蒸气压

温度 t/℃	饱和蒸气压/(10^3Pa)	温度 t/℃	饱和蒸气压/(10^3Pa)
0	0.61129	70	31.176
10	1.2281	80	47.373
20	2.3388	90	70.117
30	4.2455	100	101.32
40	7.3814	110	143.24
50	12.344	120	198.48
60	19.932	130	270.02

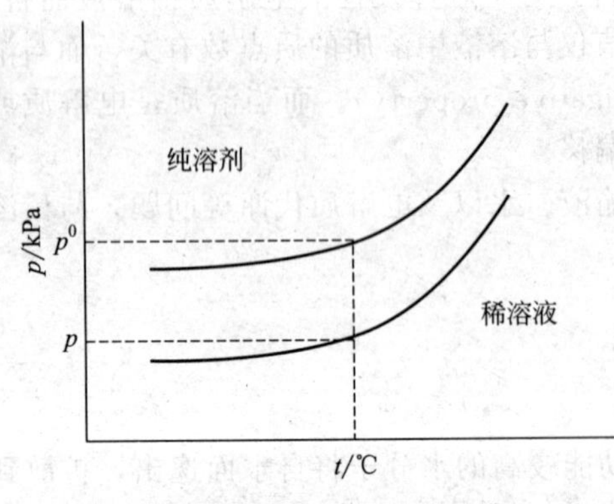

图1-2　溶液的蒸气压下降

固体也具有一定的蒸气压，如冰、樟脑等的升华，具有较明显的蒸气压。但是大多数固体的蒸气压都很小。固体的蒸气压也随温度的升高而增大。

(2) 蒸气压下降及Raoult定律

无论是固体还是液体，蒸气压大者称为易挥发物质，蒸气压小者称为难挥发物质。实验证明，在相同温度下，含有难挥发性溶质的溶液，蒸气压总是低于纯溶剂，这种现象称为**蒸气压下降**，如图1-2所示。这是因为在溶液中，部分液面会被溶质分子占领，导致溶剂所占的表面积相对减小，所以逸出液面的溶剂分子数目与纯溶剂相比要少，从而导致蒸气压下降，如图 1-3 所示。由此可知，难挥发性溶液中溶质的浓度越大，则溶剂的摩尔分数越小，蒸气压下降越多。

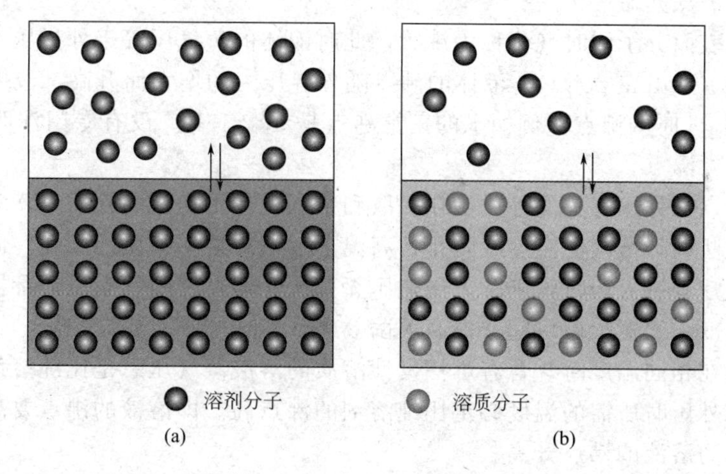

图 1-3 纯溶剂（a）和溶液（b）的蒸发-凝结示意图

1887 年，法国科学家 F. M. Raoult 根据大量实验结果，总结出了溶液蒸气压的规律，即 Raoult 定律，在一定温度下，难挥发性非电解质稀溶液的蒸气压等于纯溶剂的蒸气压与溶剂的摩尔分数的乘积，即：

$$p=p^0 x_A$$

式中，p 为溶液的蒸气压；p^0 为纯溶剂的蒸气压；x_A 为溶液中溶剂的摩尔分数。由于 x_A 小于 1，所以 p 必然小于 p^0。

对于只含有一种溶质的稀溶液，设 Δp 为溶质的物质的量分数为 x_B 时，溶液的蒸气压比纯溶剂（同温度、压力下）的蒸气压降低的数值，则

$$\Delta p=p^0-p=p^0-p^0 x_A=p^0(1-x_A)$$

因 $x_A+x_B=1$，则 $\Delta p=p^0 x_B$，是 Raoult 定律的又一种表达形式。

由 Raoult 定律可推导出稀溶液蒸气压下降与溶质的质量摩尔浓度 b_B 的关系，在稀溶液中，$n_A \gg n_B$，m 为溶剂的质量，M_A 为溶剂的摩尔质量，则有：

$$x_B=\frac{n_B}{n_A+n_B}\approx\frac{n_B}{n_A}=\frac{n_B}{\frac{m}{M_A}}=\frac{n_B}{m}M_A=b_B M_A$$

所以

$$\Delta p=p^0 x_B=p^0 b_B M_A$$
$$\Delta p=K b_B$$

比例系数 $K=p^0 M_A$，它取决于 p^0 和溶剂的摩尔质量 M_A，在一定温度下是一个常数，说明在温度一定时，难挥发性非电解质稀溶液的蒸气压下降与溶质的质量摩尔浓度 b_B 成正比，而与溶质的本性无关。

只有稀溶液才较准确地符合 Raoult 定律。因为在稀溶液中溶剂分子之间的引力受溶质分子的影响很小，与纯溶剂几乎相同，所以溶剂的饱和蒸气压仅取决于单位体积内溶剂的分子数。溶液浓度变大时，溶质对溶剂分子之间的引力有显著的影响，溶液的蒸气压就不符合

Raoult 定律，出现较大的误差。

1.3.2 沸点升高和凝固点降低

(1) 溶液的沸点升高

液体内部和表面分子同时气化称为沸腾，此时液体的蒸气压等于外界压力，此时的温度称为液体的**沸点**（boiling point）。液体的沸点随外界压力的增大而升高。液体的正常沸点是指外压为 101.3kPa 时的沸点。例如水的正常沸点是 373.15K。没有专门注明压力条件的沸点通常都是指正常沸点。

根据液体沸点与外压有关的性质，在提取和精制对热不稳定的物质时，常采用减压蒸馏或减压浓缩的方法以降低蒸发温度，防止在高温下加热对这些物质的破坏。而对耐热稳定的注射液和某些医疗器械灭菌时，则常采用热压灭菌法，即在密闭的高压消毒器内加热，通过提高水蒸气的温度来缩短灭菌时间并提高灭菌效果。

实验表明，在相同温度时，含有难挥发性溶质的溶液蒸气压总是比纯溶剂低，因此，溶液的蒸气压等于外压时所需的温度必定比纯溶剂的沸点高。即溶液的沸点要高于纯溶剂的沸点，这一现象称为溶液的**沸点升高**。

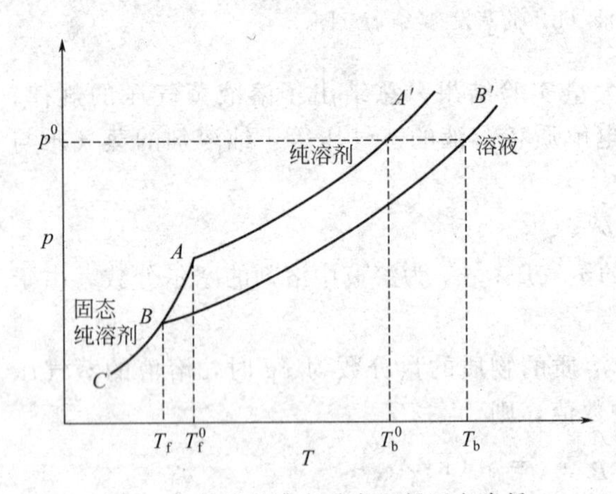

图 1-4 溶液的沸点升高和凝固点降低

如图 1-4 所示，AA' 和 BB' 分别为纯溶剂和稀溶液的蒸气压曲线，由于难挥发性溶质的加入，在相同温度下溶液的蒸气压比纯溶剂低，当温度达到纯溶剂的沸点 T_b^0 时，溶液的蒸气压未达到外压，不会沸腾。若要使溶液的蒸气压达到外压，只有升高温度到 T_b，溶液才会沸腾。

溶液沸点升高是由溶液的蒸气压下降引起的，设纯溶剂沸点为 T_b^0，溶液的沸点为 T_b，$T_b > T_b^0$，沸点升高为 ΔT_b，则有

$$\Delta T_b = T_b - T_b^0 = K_b b_B$$

式中，K_b 为溶剂的沸点升高常数，$K \cdot kg \cdot mol^{-1}$，不同的溶剂具有不同的 K_b 值，如表 1-3 所示。说明难挥发性非电解质稀溶液的沸点升高与溶液的本性无关，与溶液的质量摩尔浓度成正比。

表 1-3 一些常用溶剂的沸点升高常数和凝固点降低常数

溶剂	$T_b^0/℃$	$K_b/(K \cdot kg \cdot mol^{-1})$	$T_f^0/℃$	$K_f/(K \cdot kg \cdot mol^{-1})$
水	100.0	0.512	0.0	1.86
乙醇	78.4	1.22	−117.3	1.99
苯	80	2.53	5.5	5.10
乙酸	118.0	2.93	17.0	3.90
乙醚	34.7	2.02	−116.2	1.8
四氯化碳	76.7	5.03	−22.9	32.0
萘	218	5.80	80.0	6.9

这里要注意，纯溶剂的沸点是恒定的，但溶液的沸点却不断在变动。因为随着沸腾的进行，溶剂不断蒸发，溶液浓度不断增大，其蒸气压不断下降，沸点不断升高。直到形成饱和

溶液时，溶剂在蒸发，溶质也在析出，浓度不再改变，蒸气压也不改变，此时沸点才恒定。因此，溶液没有恒定的沸点，一般说溶液的沸点是指溶液刚开始沸腾时的温度。

(2) 溶液的凝固点降低

一定压力下，物质的液相和固相蒸气压相等，固液两相处于平衡时的温度称为**凝固点**(freezing point)。外界压力为101.3kPa时的凝固点称为正常凝固点。水的正常凝固点是273.15K，即冰点。在不同的外压下，物质的凝固点不同。

难挥发性非电解质稀溶液的凝固点总是比纯溶剂的凝固点低，这种现象称为**溶液的凝固点降低**（freezing point depression）。固态纯溶剂的蒸气压曲线如图1-4中的CA所示。对纯溶剂来说，在A点处固相与液相的蒸气压相等，其对应的温度T_f^0是纯溶剂的凝固点。由于溶液的蒸气压降低，因此在温度T_f^0时，溶液并没有凝固。当温度继续降低至T_f时，溶液与固态纯溶剂的蒸气压相等，此时B点所对应的温度T_f是溶液的凝固点，是溶液与纯溶剂固相达到平衡时的温度。$T_f^0 > T_f$，所以凝固点下降。

溶液的凝固点降低是由溶液的蒸气压比纯溶剂的蒸气压低造成的，所以难挥发性非电解质稀溶液凝固点降低值也与溶液的质量摩尔浓度成正比，即

$$\Delta T_f = T_f^0 - T_f = K_f b_B$$

式中，K_f为溶剂的凝固点降低常数，$K \cdot kg \cdot mol^{-1}$，不同的溶剂具有不同的$K_f$值，几种溶剂的$K_f$如表1-3所示。说明难挥发性非电解质稀溶液的凝固点与溶液的本性无关，与溶液的质量摩尔浓度成正比。同样，溶液也没有固定的凝固点，随着溶剂的不断析出，溶液的浓度不断增大，凝固点不断降低直到溶液达到饱和。一般溶液的凝固点指的是溶剂晶体从溶液中开始析出的温度。

汽车散热器的冷却水在冬季常需加入适量的乙二醇或甲醇以防水的冻结，冰盐浴的冷冻温度远比冰浴的低，这些应用都基于凝固点降低原理。在白雪皑皑的寒冬，松树叶子却能常青而不冻，这是因为入冬之前树叶内已储存了大量的糖分，使叶液冰点大为降低。

沸点升高法和凝固点降低法常用来测定分子量。

$$\Delta T_f = K_f b_B = K_f \frac{m_B}{m_A M_B}$$

$$M_B = \frac{K_f m_B}{m_A \Delta T_f}$$

凝固点降低法的灵敏度相对较高，且在低温下进行，可避免生物样品的变性或者破坏，在生物以及医学方面的应用较沸点升高法更为广泛。

1.3.3 渗透压

渗透是自然界的一种普遍现象，对于保持生命体正常的生理功能有着十分重要的意义。下面讨论渗透作用的基本原理、渗透压及其在医学上的意义。

(1) 渗透现象和渗透压

半透膜是一种只允许某些物质透过，而不允许另一些物质透过的薄膜。细胞膜、膀胱膜、毛细血管壁等生物膜，人工制造的火棉胶膜、玻璃纸等都具有半透膜的性质。

如图1-5所示，将一定浓度的稀溶液与纯溶剂用半透膜隔开，半透膜只允许水分子透过，而溶质分子却不能透过。从图1-5(a)可以看到，溶液与纯溶剂两边的液面相平；静置一段时间后，可以看到溶液一侧的液面不断上升［图1-5(b)］，说明水分子不断地透过半透膜进入溶液中。这种溶剂透过半透膜进入溶液的自发过程称为**渗透**（osmosis）**现象**。不同

浓度的两种溶液被半透膜隔开时都有渗透现象发生。

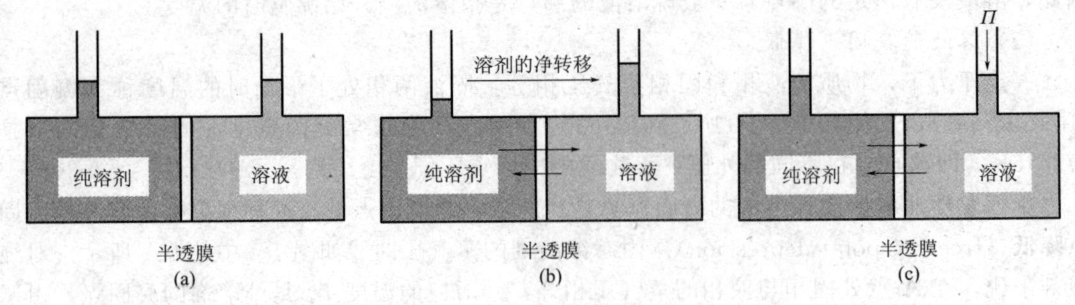

图 1-5　渗透过程示意图

上述渗透现象产生的原因是溶质分子不能透过半透膜，而水分子却可以自由通过半透膜。由于膜两侧单位体积内水分子数目不等，水分子在单位时间内从纯水进入溶液的数目，要比溶液中水分子在同一时间内进入纯水的数目多，因而产生了渗透现象。渗透现象的产生必须具备两个条件，一是具有半透膜，二是半透膜两侧单位体积内溶剂的分子数不相等。

由于渗透作用，溶液一侧的液面会不断上升，使得水柱的静压力增大，但是液面的上升不是无止境的，而是达到某一高度时便不再上升，此时溶液一侧的静压力增大到一定值，半透膜两侧水分子的扩散速率正好相等，此时单位时间内进出溶液和纯溶剂的水分子数目相等，渗透达到平衡状态即渗透平衡。

如果在实验之初，就在溶液的一侧施加一个刚好能维持渗透平衡的压力，那么膜两侧的液面始终保持水平，如图 1-5(c) 所示。故将纯溶剂与溶液以半透膜隔开时，为维持渗透平衡向溶液上方施加的最小压力称为**渗透压**（osmotic pressure)，用符号 Π 表示，单位为 Pa 或者 kPa。

如果被半透膜隔开的是两种不同浓度的溶液，这时液柱产生的液压，既不是浓溶液的渗透压，也不是稀溶液的渗透压，而是这两种溶液渗透压之差。

(2) 渗透压与浓度、温度的关系

渗透压是溶液的一个重要的依数性质，凡是溶液都有渗透压。渗透压的大小与溶液的浓度和温度有关。1886 年荷兰物理学家 van't Hoff 根据实验数据得出规律：对稀溶液来说，渗透压与溶液的浓度和温度成正比，这条规律称为 van't Hoff 公式，也叫渗透压公式。用方程式表示如下：

$$\Pi V = n_B RT$$

$$\Pi = c_B RT$$

式中，Π 为稀溶液的渗透压；V 为溶液的体积；n_B 为溶质的物质的量；c_B 为溶液的浓度；T 为热力学温度；R 为气体常数，为 $8.314 J \cdot K^{-1} \cdot mol^{-1}$（或 $kPa \cdot L \cdot K^{-1} \cdot mol^{-1}$）。

van't Hoff 公式的意义在于，在一定温度下，难挥发性非电解质稀溶液的渗透压只与溶质的质点浓度成正比，而与溶质及溶剂的本性无关。如果是极稀的水溶液，由于 $c_B \approx b_B$，渗透压公式可写为

$$\Pi = b_B RT$$

渗透不仅可以在纯溶剂和稀溶液之间发生，也可在不同浓度的溶液之间发生。渗透压相等的两种溶液称为等渗溶液。渗透压不同的两种溶液，把渗透压相对较高的溶液叫作高渗溶液，把渗透压相对较低的溶液叫作低渗溶液。对同一类型的溶质来说，浓溶液的渗透压比较

大，稀溶液的渗透压比较小。因此，在发生渗透作用时，水会从低渗溶液（即稀溶液）进入高渗溶液（即浓溶液），直至两溶液的渗透压达到平衡为止。

渗透压公式在医疗工作中有其现实意义。人体血液的渗透压在正常体温（37℃）时约为769.9kPa。要配制与血液渗透压相等的溶液，即可由渗透压公式计算出溶液的浓度。

通过测定溶液的渗透压，可以计算溶质的分子量。如果溶质的质量为 m_B、摩尔质量为 M_B，实验测得溶液的渗透压为 Π，则该溶质的分子量（数值等于摩尔质量）可通过下式求得：

$$\Pi V = n_B RT = \frac{m_B}{M_B}RT$$

$$M_B = \frac{m_B}{\Pi V}RT$$

（3）电解质溶液的渗透压

电解质溶液与非电解质溶液一样，具有蒸气压下降、沸点升高、凝固点降低和渗透压等依数性。但由于电解质在溶解中会发生解离，其依数性的计算出现了较大偏差，需要对其进行修正，需要引入校正因子 i，又称为 van't Hoff 系数。表 1-4 给出了 NaCl 和 $MgSO_4$ 的凝固点降低值。由表中可以看出，溶液越稀，i 越趋近于一个电解质粒子解离出的正离子和负离子的总数。例如，稀溶液中 AB 型电解质（如 NaCl、KCl、$MgSO_4$）的 i 值趋近于 2，AB_2 型电解质（如 $MgCl_2$）的 i 值趋近于 3。

表 1-4　NaCl 和 $MgSO_4$ 的凝固点降低值

b_B/mol·kg^{-1}	ΔT_f(实验值)/K		ΔT_f(计算值)/K
	NaCl	$MgSO_4$	
0.01	0.03603	0.0300	0.01858
0.05	0.1758	0.1294	0.09290
0.10	0.3470	0.2420	0.1858
0.50	1.692	1.018	0.9290

那么对于电解质的依数性来说，其依数性的大小取决于单位体积溶液内所含溶质的粒子数（分子数或者离子数），而与溶液的本性无关，即

$$\Delta T_b = iK_b b_B$$

$$\Delta T_f = iK_f b_B$$

$$\Pi = ic_B RT$$

对于相同浓度的非电解质溶液，在一定温度下，因为单位体积溶液中所含溶质的粒子（分子）数目相等，所以渗透压是相同的。例如，0.3mol·L^{-1}葡萄糖溶液与 0.3mol·L^{-1}蔗糖溶液的渗透压相同。但是，相同浓度的电解质溶液和非电解质溶液的渗透压则不相同。例如，0.3mol·L^{-1}NaCl 溶液的渗透压约为 0.3mol·L^{-1}葡萄糖溶液的渗透压的 2 倍。这是由于在 NaCl 溶液中，每个 NaCl 粒子可以离解成 1 个 Na^+ 和 1 个 Cl^-。而葡萄糖溶液是非电解质溶液，所以 0.3mol·L^{-1}NaCl 溶液的渗透压约为 0.3mol·L^{-1}葡萄糖溶液的渗透压的 2 倍。

（4）渗透压在医学上的应用

在医疗实践中，溶液的等渗、低渗或高渗以血浆总渗透压为标准，即溶液的渗透压与血浆总渗透压相等的溶液为等渗溶液。溶液的渗透压低于血浆总渗透压的溶液为低渗溶液。溶

液的渗透压高于血浆总渗透压的溶液为高渗溶液。

给伤病员进行大量补液时，常用与血浆等渗的 0.154mol·L^{-1} NaCl 溶液（生理盐水），而不能用 0.256mol·L^{-1} NaCl 的高渗溶液或 0.068mol·L^{-1} NaCl 的低渗溶液。

图 1-6 为红细胞分别在这三种 NaCl 溶液中所发生的形态变化。将红细胞放到 0.068mol·L^{-1} NaCl 溶液中，在显微镜下可以看到红细胞逐渐膨胀，最后破裂，医学上称这种现象为溶血。这是因为红细胞内液的渗透压大于 0.068mol·L^{-1} NaCl 溶液渗透压，因此，水分子就要向红细胞内渗透，使红细胞膨胀，以致破裂。如将红细胞放到 0.256mol·L^{-1} NaCl 溶液中，在显微镜下可以看到红细胞逐渐皱缩，这种现象称为胞浆分离。因为这时红细胞内液的渗透压小于 0.256mol·L^{-1} NaCl 溶液的渗透压，因此，水分子由红细胞内向外渗透，使红细胞皱缩。如将红细胞放到生理盐水中，在显微镜下看到红细胞维持原状，这是因为红细胞与生理盐水渗透压相等，细胞内外达到渗透平衡。

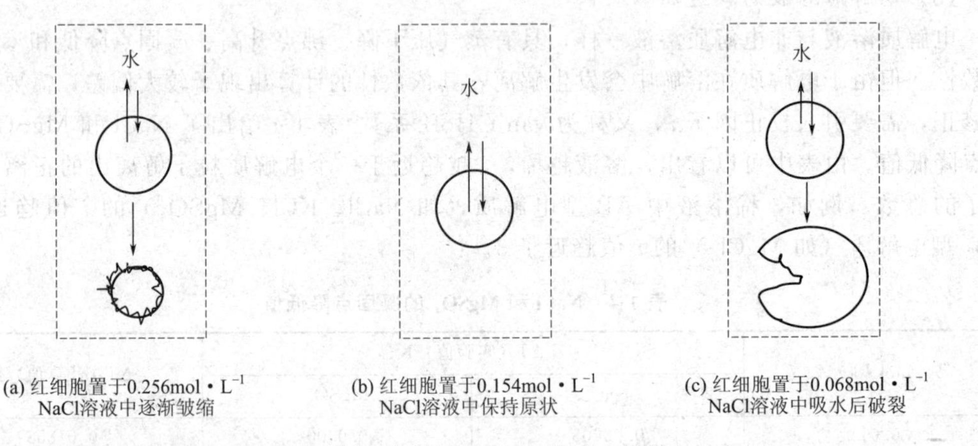

(a) 红细胞置于0.256mol·L^{-1} NaCl溶液中逐渐皱缩　(b) 红细胞置于0.154mol·L^{-1} NaCl溶液中保持原状　(c) 红细胞置于0.068mol·L^{-1} NaCl溶液中吸水后破裂

图 1-6　红细胞在不同浓度的 NaCl 溶液中的形态变化

在医疗工作中，不仅大量补液时要注意溶液的渗透压，在小剂量注射时，也要考虑注射液的渗透压。但临床上也有用高渗溶液如渗透压比血浆高 10 倍的 2.78mol·L^{-1} 葡萄糖溶液的情况，对急需增加血液中葡萄糖的患者，如用等渗溶液，注射液体积太大，所需注射时间太长，反而不易收效。需要注意，将高渗溶液用于静脉注射时，用量不能太大，注射速度不可太快，否则易造成局部高渗引起红细胞皱缩。当高渗溶液缓缓注入体内时，可被大量体液稀释成等渗溶液。对于剂量较小、浓度较稀的溶液，大多是将剂量较小的药物溶于水中，并添加氯化钠、葡萄糖等调制成等渗溶液，亦可直接将药物溶于生理盐水或 0.278mol·L^{-1} 葡萄糖溶液中使用，以免引起红细胞破裂。

人的体液中既有非电解质（如葡萄糖等），也有电解质（如 NaCl、$CaCl_2$、$NaHCO_3$ 等）。体液中能够产生渗透效应的溶质粒子（分子、离子）统称为渗透活性物质。根据国际纯粹与应用化学联合会（IUPAC）临床化学部和国际临床化学联合会推荐，渗透活性物质的浓度可以使用**渗透浓度**（osmotic concentration）表示，符号为 c_{os}，单位为 mol·L^{-1} 或者 mmol·L^{-1}。这种浓度是溶液中能产生渗透作用的溶质的粒子（分子或离子）的总物质的量浓度。

临床上规定血浆总渗透浓度正常范围是 280～320mmol·L^{-1}。如果溶液的渗透浓度处于这个范围以内，则为血浆的等渗溶液；小于此范围的溶液为低渗溶液；大于此范围的溶液则为高渗溶液。

临床上常用的等渗溶液有以下几种。

① 生理盐水（0.154mol·L^{-1}NaCl溶液），渗透浓度为308mmol·L^{-1}。

② 0.278mol·L^{-1}葡萄糖溶液，渗透浓度为278mmol·L^{-1}（近似于280mmol·L^{-1}）。

③ 0.149mol·L^{-1}碳酸氢钠溶液，渗透浓度为298mmol·L^{-1}。

临床上常用的高渗溶液有以下几种。

① 0.513mol·L^{-1}NaCl溶液，渗透浓度为1026mmol·L^{-1}。

② 0.278mol·L^{-1}葡萄糖的氯化钠溶液（生理盐水中含0.278mol·L^{-1}葡萄糖），渗透浓度应为308＋278＝586mmol·L^{-1}，其中生理盐水维持渗透压，葡萄糖则供给热量和水。

③ 2.78mol·L^{-1}葡萄糖溶液，渗透浓度为2780mmol·L^{-1}。

血浆中含有小分子晶体物质（如氯化钠、葡萄糖和碳酸氢钠等）和高分子的胶体物质（如蛋白质）。血浆中的渗透压是这两类物质所产生渗透压的总和，其中由小分子晶体物质产生的渗透压叫作晶体渗透压，由高分子胶体物质产生的渗透压叫作胶体渗透压。

血浆中小分子晶体物质的含量约为0.7%，高分子胶体物质的含量约为7%。虽然高分子胶体物质的含量高，但它们的分子量却很大，因此，它们的粒子数很少。小分子晶体物质在血浆中含量虽然很低，但由于分子量很小，多数又可离解成离子，因此粒子数较多。所以，血浆总渗透压绝大部分是由小分子晶体物质产生的。在37℃时，血浆总渗透压约为769.9kPa，其中胶体渗透压仅为2.9～4.0kPa。

人体内半透膜的通透性不同，晶体渗透压和胶体渗透压在维持体内水盐平衡功能上也不相同。胶体渗透压虽然很小，但在体内起着重要的调节作用。

细胞膜是体内的一种半透膜，它将细胞内液和细胞外液隔开，并只让水分子自由透过，而K^+、Na^+则不易自由通过。因此，水在细胞内外的流通，就要受到盐产生的晶体渗透压的影响。晶体渗透压对维持细胞内外水分的相对平衡起着重要作用。临床上常用晶体物质的溶液来纠正某些疾病所引起的水盐失调。例如，人体由于某种原因而缺水时，细胞外液中盐的浓度将相对升高，晶体渗透压增大，于是细胞内液的水分通过细胞膜向细胞外液渗透，造成细胞内液失水。如果大量饮水或者输入过多的葡萄糖溶液，则使细胞外液盐浓度降低，晶体渗透压减小，细胞外液中的水分向细胞内液中渗透，严重时可产生水中毒。高温作业之所以饮用盐汽水，就是为了保持细胞外液晶体渗透压的恒定。

毛细血管壁也是体内的一种半透膜，它与细胞膜不同，它间隔着血浆和组织间液，可以让低分子如水、葡萄糖、尿素、氨基酸及各种离子自由透过，而不允许高分子蛋白质通过。所以，晶体渗透压对维持血液与组织间液之间的水盐平衡不起作用。如果由于某种原因造成血浆中蛋白质减少，血浆的胶体渗透压就会降低，血浆中的水就通过毛细血管壁进入组织间液，致使血容量降低而组织液增多，这是形成水肿的原因之一。临床上对大面积烧伤患者，或者由于失血而造成血容量降低的患者进行补液时，除补以生理盐水外，还需要输入血浆或右旋糖酐等代血浆，以恢复血浆的胶体渗透压和增加血容量。

一般植物细胞液的渗透压在405～2026kPa。若植物细胞与高渗溶液接触，细胞内水分将迅速向外渗透，使细胞收缩，盐碱地土壤中含盐多导致植物枯萎死亡就是这个原因。若细胞与低渗溶液接触，水将进入细胞内部，细胞将膨胀甚至破裂。人类血液的渗透压在体温时平均为770kPa，变化范围仅在710～860kPa，超出这个范围就是病理状态。人体通过肾脏调节维持血液正常的渗透压。当体内水量增加、血液的渗透压降低时，肾脏就排出稀薄的尿。当摄入盐类物质过多、血液的渗透压升高时，肾脏就排出浓缩的尿。人在生病发烧时，血液中失去大量水，渗透压增高，导致肾脏完全不能排出水分，病人即发生不尿症。很多生理过程的研究与渗透压密切相关。

1.4 胶体

1.4.1 胶体分散系

(1) 分类

分散系中，若质点大小在 1～100nm 的范围，则为胶体分散体系，如表 1-5 所示。胶体与人类有着非常紧密的关系。就人体而言，各部分组织大都是含水的胶体，如细胞、血液、淋巴液等。生物体内的很多生理变化和病理变化都与胶体性质有关，因此学习胶体的知识很有必要。

胶体分散体系中，以分散介质为液态的体系最为广泛，通常称为胶体溶液，胶体溶液可分为三种基本类型。

① 溶胶　由若干数量的低分子组成的胶体质点分散于液体中。分散相与分散介质互不溶解，两者无亲和力，并存在很大的相界面，溶胶为不稳定体系，通常称之为憎液胶体。例如金溶胶、碘化银溶胶等。

② 高分子溶液　分散相质点是一个个大分子，其大小在胶体范围之内。它由大分子物质溶于适当的溶剂中形成，分散相与分散介质间有亲和力，故又称亲液胶体，为稳定的均相体系。例如蛋白质和复杂糖类的水溶液、橡胶的苯溶液等。

③ 缔合胶体　分散相是水溶性的低分子两亲性化合物，在一定的浓度范围内，它们可缔合成胶体大小的大质点，称为胶束。胶束与溶解的分子呈平衡。例如各种表面活性剂及染料的溶液。

胶体是物质的一种分散状态，不论任何物质，只要以 1～100nm 的粒子分散于另一物质中，就成为胶体。例如，氯化钠在水中分散成粒子时属低分子分散系。而在苯中则分散成粒子的聚集体，聚集体粒子的大小在 1～100nm，属胶体溶液。许多蛋白质、淀粉、糖原溶液及血液、淋巴液等都属于胶体溶液。胶体分散体系与生物体系密切相关，因此要了解生理机制、病理、药物的作用，皆需掌握胶体化学的基本知识和研究方法。

表 1-5　各分散体系的特征

分散相粒子大小(直径)			性　质
<1nm	分子(离子)分散系	真溶液	均相,热力学稳定系统 扩散快,透滤纸和半透膜
1～100nm	胶体分散系	高分子溶液	均相,热力学稳定系统 扩散慢,透滤纸,不透半透膜
		溶胶	非均相,热力学不稳定系统 扩散慢,透滤纸,不透半透膜
		缔合胶体	均相,热力学稳定系统 扩散慢,透滤纸,不透半透膜
>100nm	粗分散系	乳状液 悬浮液	非均相,热力学不稳定系统 不透滤纸和不透半透膜

（2）分散度和表面能

物体的表面与另一相接触的面称为界面。习惯上将物体的表面与空气或与本身的蒸气接触的面称为表面。凡是界面上发生的一切物理化学现象统称为界面现象。

一定量的物质，粒子尺寸越小，所暴露的表面积越大，表面现象越突出。分散度是研究表面现象的重要数据。分散相在分散介质中分散的程度就是**分散度**（degree of dispersion），分散度常用**比表面积**（specific surface area）来表示。比表面积定义为单位体积物质所具有的表面积，即

$$S_0(\text{比表面积})=\frac{S(\text{总表面积})}{V(\text{总体积})}$$

对于一定量的物质，颗粒越小，比表面积越大，分散度也越大。例如当一个立方体的边长由1cm分割为1nm时，其比表面积增加了1000万倍。胶体颗粒很小，所以胶体分散系分散程度高，具有很大的比表面积。

由于物质分子与分子间存在相互吸引力的作用，位于表面层的分子和它的内部分子所处的情况是不同的，以液体为例来说明。如图1-7所示，处于液体内部的分子，它从各方向所受到相邻分子的引力是均衡的，即作用于该分子上的吸引力的合力等于零，所以分子在液体内部移动时无须环境对体系做功。而处于液体表面层的分子则不同，它所受到的合力是指向液体内部的，其结果是这种合力企图把表面层的分子拉入液体内部，因而液体表面分子有向液体内部迁移、液体表面积有自动缩小的倾向。如果想使表面积增大，就必须克服液相内部分子的引力而做功，这种功以势能形式存储于表面层分子。这种液体表面层的分子比内部分子所多余的能量叫**界面能或者表面能**（surface energy）。

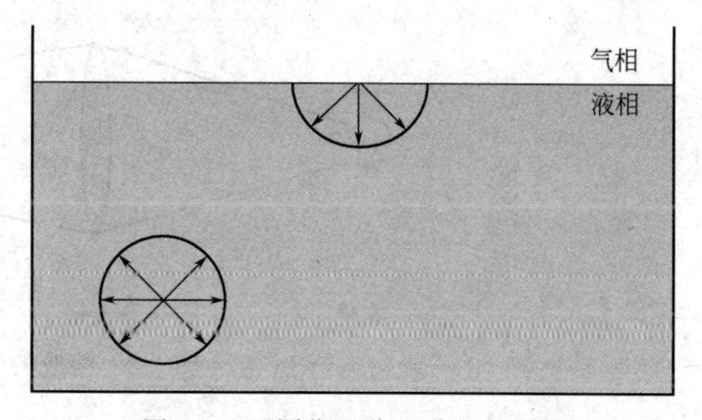

图1-7 不同位置分子受力示意图

表面能不仅存在于液体表面，同样也存在于固体表面，只要有表面或者界面存在，就一定有表面能或者界面能存在。当固体和液体被高度分散时，表面能的值不容忽视，例如1g水，成一个球的时候，表面能为3.5×10^{-5}J；而分散成为10^{-9}m的微小质点时，表面能为434J。

通常的情况下，液体总是力图使自己保持最小的表面积，因而在没有外力影响的情况下，液体表面有自动缩小表面积的趋势，体积一定的几何形体中球形的表面积最小，因此一定量的液体自其他形状变为球形时就伴随着表面积的缩小，这反映液体表面有自动收缩的能力，总是趋向于形成球形，如水银珠、荷叶上的水珠。小的液滴聚积变大，可缩小表面积，降低表面能。这个结论对于固体也同样适用。高度分散的溶胶比表面积大，表面能也大，有自动聚集成大颗粒而减小表面积的趋势，这就是聚结不稳定性，所以溶胶是热力学不稳定系统。

高分子溶液的分散相粒子是以单个分子进行分散的，其大小在胶体范围内，所以是均相分散系统；而缔合胶体是溶液中表面活性剂分子超过一定浓度，分子在内部形成的缔合胶束，这种缔合作用是自发的和可逆的。与溶胶体系不一样，高分子溶液和缔合胶体都是热力学稳定系统。

1.4.2 溶胶

溶胶的胶粒是由数目巨大的原子（或分子、离子）构成的聚集体。直径为1～100nm的胶粒分散在分散介质中，形成热力学不稳定性分散系统。溶胶分散系按照分散相和分散介质的聚集状态可以分为气溶胶、液溶胶及固溶胶，本节主要讨论液溶胶。多相性、高度分散性和聚结不稳定性是溶胶的基本特性，其光学性质、动力学性质和电学性质都是由这些基本特性引起的。

1.4.2.1 溶胶的基本性质

（1）溶胶的光学性质

于暗室中用一束聚焦强可见光源照射溶胶时，在垂直于入射光的方向观察，可见一条明亮的光的通路，如图1-8所示，这种现象最早由英国物理学家丁达尔于1869年发现，故称为**丁达尔效应**（Tyndall effect）。

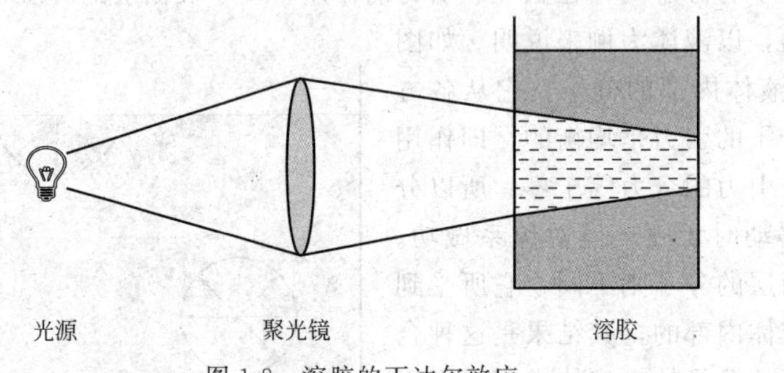

图1-8 溶胶的丁达尔效应

该现象实质上是胶粒强烈散射光的结果。丁达尔现象与胶粒的大小以及入射光线的波长有关。若粒子半径大于入射光的波长，则主要发生光的反射或者折射现象，粗分散系属于此种情况；若粒子半径小于入射光的波长，则主要发生光的散射，此时光波绕过粒子而向各个方向散射出去，这就是散射。可见光的波长在400～700nm，而胶粒的大小一般在1～100nm，小于可见光波长，因此胶体的丁达尔现象明显；而真溶液的分散相粒子是分子和离子，它们的直径很小，对光的散射十分微弱，肉眼无法观察到。因而Tyndall现象是溶胶区别于真溶液的一个基本特征。

（2）溶胶的动力学性质

1872年，英国植物学家布朗（Brown）在显微镜下观察到悬浮在水中的花粉在做不停息的无规则运动。此后还发现其他的微粒（矿石、金属等）也有同样的现象，并且温度越高，粒子越小，运动速度越快。这种现象称为**布朗运动**（Brownian movement）。

对于溶胶体系，将一束强光透过溶胶并在光的垂直方向用显微镜观察，可以观测到溶胶中的胶粒在介质中不停地做不规则的布朗运动，这就是胶体的动力学性质。它是由某一瞬间胶粒受到来自周围介质分子碰撞的合力未被完全抵消而引起的。胶粒质量愈小，温度愈高，运动速度愈快，布朗运动愈剧烈。运动着的胶粒可使其本身不下沉，因而是溶胶的一个稳定因素，即溶胶具有动力学稳定性。

当溶胶中的胶粒存在浓度差时，胶粒将从浓度大的区域向浓度小的区域迁移，这种现象称为扩散。温度愈高，溶胶的黏度愈小，愈容易扩散。扩散现象是由胶粒的布朗运动引起的。

在重力场中，胶粒受重力的作用而要下沉，这一现象称为沉降。如果分散相粒子大而重，则无布朗运动，扩散力接近零，在沉降重力作用下很快沉降，如粗分散系所表现的那样。溶胶的胶粒较小，扩散和沉降两种作用同时存在。当沉降速度等于扩散速度，系统处于平衡状态，这时胶粒的浓度从上到下逐渐增大，形成一个稳定的浓度梯度，如图 1-9 所示，这种状态称为**沉降平衡**。

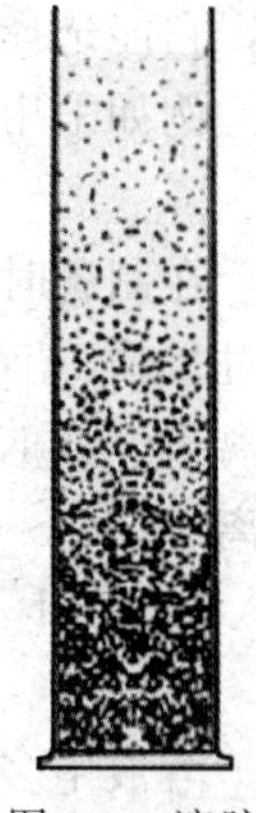

图 1-9　溶胶的沉降平衡

由于溶胶中胶粒很小，在重力场中沉降速度很慢，往往需要极长时间才能达到沉降平衡。瑞典物理学家 T. Svedberg 首创了超速离心机，在比地球重力场大数十万倍的离心力场作用下，可使胶粒迅速达到沉降平衡。超速离心是医学和生物学研究的必备手段。

(3) 溶胶的电学性质

如果在溶胶中插入两个电极，接通直流电源，就会发生胶体粒子的定向迁移，这说明胶体质点的表面带有电荷，可观察到电学现象，例如电泳、电渗等。

在外加电场作用下，带电胶粒在介质中的定向运动称为**电泳**（electrophoresis）。如图 1-10 所示，在 U 形管中装入红棕色的 $Fe(OH)_3$ 溶胶，向两侧小心地在上面注入清水，使溶胶与清水之间有明晰的界面，并使溶胶液面在同一水平高度。在水中分别插入正、负电极，通电后可观察到管中负极一侧的界面上升，而正极一侧的界面下降，这说明 $Fe(OH)_3$ 溶胶的粒子带正电，胶粒便向与其所带电荷相反的电极方向运动。相反，如果在 U 形管中装入 As_2S_3 溶胶，则会发现正极一侧上升、负极一侧下降，证明 As_2S_3 溶胶粒子带负电。从电泳的方向可以判断胶粒所带电荷。大多数金属氢氧化物溶胶向负极迁移，胶粒带正电，称为正溶胶；大多数金属硫化物、硅酸、金、银等溶胶向正极迁移，胶粒带负电，称为负溶胶。

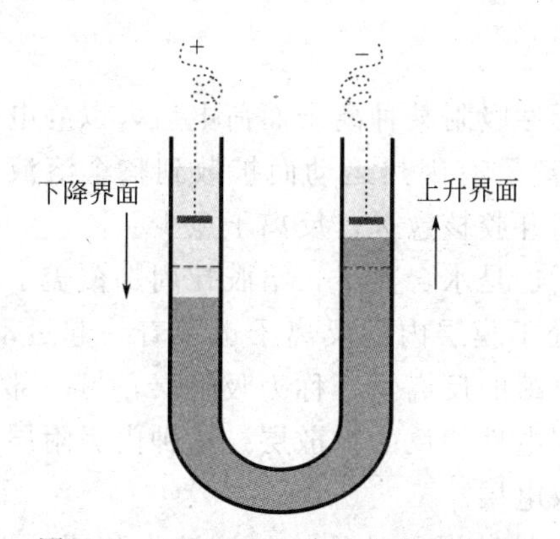

图 1-10　$Fe(OH)_3$ 溶胶电泳示意图

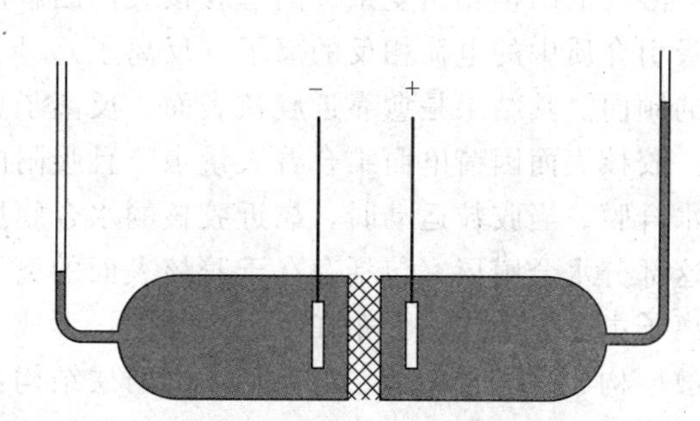

图 1-11　溶胶电渗示意图

如果采用多孔性隔膜（如活性炭、素烧磁片等）将溶胶颗粒固定，在外加电场下，分散介质的定向移动称为**电渗**（electroosmosis），如图 1-11 所示。胶粒被吸附而固定，由于胶粒带电，整个溶胶系统又是电中性的，介质必然带与胶粒相反电荷。在外电场作用下，液体介质将通过多孔隔膜向与介质电荷相反的电极方向移动，很容易从电渗仪毛细管中液面的升降观察到液体介质的移动方向。

分散相与分散介质带有数量相等、符号相反的电荷，以保持溶胶的电中性。电泳和电渗都是分散相和分散介质做相对运动时产生的电动现象，它不仅具有理论意义，而且具有实际应用价值，电泳技术在氨基酸、多肽、蛋白质及核酸等物质的分离和鉴定方面有广泛的应用。

胶体质点表面电荷产生的原因，可分以下情况。

① 胶核界面的选择性吸附　胶粒中的胶核（原子、离子或分子的聚集体）有很大的表

面，它能选择性地吸附与它本身结构相似的离子。

例如采用硝酸银和碘化钾制备 AgI 溶胶，其反应式为：

$$AgNO_3 + KI \rightleftharpoons AgI + KNO_3$$

在制备时若 $AgNO_3$ 过量，胶核表面吸附过量的 Ag^+ 而带正电；反之若 KI 过量，则吸附过量的 I^- 而带负电。因而 AgI 溶胶的荷电情况视 Ag^+ 或 I^- 何者过量而定。溶液中的其他离子，如 K^+ 或 NO_3^- 被表面吸附的能力比 Ag^+ 或 I^- 要弱得多，对 AgI 溶胶则属于不相干离子。

将 $FeCl_3$ 溶液缓慢滴加到沸水中，可制备氢氧化铁溶胶。其反应式为：

$$FeCl_3 + 3H_2O \rightleftharpoons Fe(OH)_3 + 3HCl$$

溶液中多个 $Fe(OH)_3$ 分子聚集成胶核，部分 $Fe(OH)_3$ 与 HCl 发生如下反应

$$Fe(OH)_3 + HCl \rightleftharpoons FeOCl + 2H_2O$$

$$FeOCl \rightleftharpoons FeO^+ + Cl^-$$

$Fe(OH)_3$ 胶核吸附溶胶中与其组成类似的 FeO^+ 而带正电，而溶胶中电性相反的 Cl^-（称为反离子）则留在介质中。

② 胶核表面分子的解离　若胶体质点本身可以解离，则构成质点的分子在介质中将解离出一种离子到介质中去，而使质点本身带相反的电荷。

硅胶的胶核是由许许多多 $m SiO_2 \cdot n H_2O$ 分子组成，其表面的 H_2SiO_3 分子可以离解成 SiO_3^{2-} 和 H^+。H^+ 扩散到介质中去，而 SiO_3^{2-} 则留在胶核表面，结果使胶粒带负电。蛋白质之类的大分子电解质，它的羧基或氨基在水中可解离生成—COO^- 或—NH_3^+ 的带电基团，从而使整个大分子带电。

1.4.2.2　胶粒的双电层结构

溶胶的结构相当复杂。固态胶核表面因解离或选择性吸附某种离子而荷电后，以静电引力吸引介质中的电荷相反的离子（反离子）。同时，反离子有因热运动而扩散到整个溶液中去的倾向。其结果是愈靠近胶核表面，反离子愈多，离开胶核愈远，反离子愈少。

胶核表面因荷电而结合着大量水，且吸附的反离子也是水合离子，给胶粒周围覆盖了一层水合膜。当胶粒运动时，靠近胶核的水合膜层以及处于膜层内的反离子也跟着一起运动。把这部分水合膜层（包括存在于胶核表面的离子和被束缚的反离子）称为吸附层，另一部分反离子由于扩散作用分布在吸附层外围，形成与吸附层电性相反的扩散层。这种由吸附层和扩散层构成的电量相等、电性相反的两层结构为扩散双电层。

胶核与吸附层称为胶粒，胶粒与扩散层称为胶团，扩散层以外的均匀溶液为胶团间液，胶团和胶团间液构成了溶胶。图 1-12 为 AgI 胶团的结构式。在直流电场的作用下，胶团就从吸附层与扩散层之间裂开，其界面称为滑动面，溶剂化的胶粒向与其电性相反的方向移动，而溶剂化的扩散层则向另一方向移动。

1.4.2.3　溶胶的稳定性

虽然溶胶是热力学不稳定系统，但事实上很多溶胶却能在相当长的时间内保持稳定，这是由胶粒的动力学性质和电学性质决定的。

① 动力稳定性　胶粒的布朗运动可以阻止其在重力场中的沉降，从而使溶胶稳定。

② 胶粒带电　同种溶胶的胶粒带有相同电性的电荷，产生的静电斥力可减少胶粒的聚沉。这是溶胶稳定的主要因素。

③ 水合膜　以水为溶剂的溶胶，双电层结构中的离子都是水化的，水化膜犹如一层弹

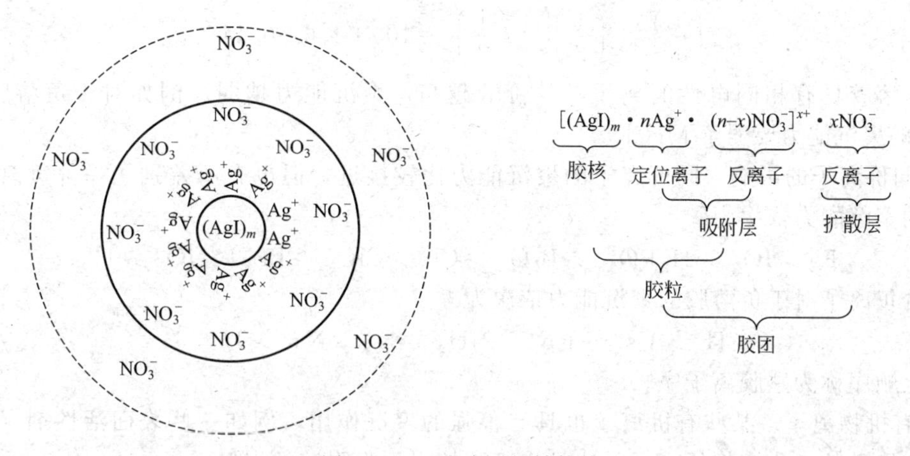

图 1-12　AgI 胶团的结构式

性保护膜，阻止胶粒聚沉。

1.4.2.4　溶胶的聚沉

溶胶的稳定因素如果被破坏，胶粒就会发生聚结变大，从介质中析出产生聚沉。加入电解质、加热、pH 值、辐射等因素都能够引起聚沉。其中电解质的作用最为重要。

(1) 电解质的聚沉作用

溶胶对电解质十分敏感，加入少量电解质即可引起聚沉。电解质的加入可以迫使扩散层中的反离子进入吸附层，反离子中和了胶粒所带电荷，使其电荷减少，从而降低溶胶的稳定性，产生聚沉。

不同的电解质其聚沉能力不同。常用临界聚沉浓度来表征电解质聚沉能力的大小。临界聚沉浓度是使一定量的某种溶胶在一定时间内发生明显聚沉所需要电解质的最低浓度，常用的单位为 mmol·L^{-1}，其值越小，表示电解质的聚沉能力越强。表 1-6 为几种电解质的临界聚沉浓度。

表 1-6　电解质对于三种不同溶胶的临界聚沉浓度/mmol·L^{-1}

As_2S_3（负溶胶）		AgI（负溶胶）		Al_2O_3（正溶胶）	
LiCl	58	$LiNO_3$	165	NaCl	43.5
NaCl	51	$NaNO_3$	140	KCl	46
KCl	49.5	KNO_3	136	KNO_3	60
KNO_3	50	$RbNO_3$	126		
$CaCl_2$	0.65	$Ca(NO_3)_2$	2.40	K_2SO_4	0.30
$MgCl_2$	0.72	$Mg(NO_3)_2$	2.60	$K_2Cr_2O_7$	0.63
$MgSO_4$	0.81	$Pb(NO_3)_2$	2.43	$K_2C_2O_4$	0.69
$AlCl_3$	0.093	$Al(NO_3)_3$	0.067	$K_3[Fe(CN)_6]$	0.08
$1/2Al_2(SO_4)_3$	0.096	$La(NO_3)_3$	0.069		
$Al(NO_3)_3$	0.095	$Ce(NO_3)_3$	0.069		

电解质对于溶胶的聚沉作用主要有以下规律。

① 反离子价数的影响　电解质的聚沉作用主要是反离子引起的，反离子的价数越高，聚沉能力越强，临界聚沉浓度越小。临界聚沉浓度与离子价数的六次方成反比，这就是 Shulze-Hardy 规则。一价、二价、三价反离子的临界聚沉浓度之比近似为

$$\left(\frac{1}{1}\right)^6:\left(\frac{1}{2}\right)^6:\left(\frac{1}{3}\right)^6=100:1.6:0.14$$

而与溶胶具有相同电性的离子，其价数越高，聚沉能力越弱。例如对于负溶胶来说，$MgSO_4$ 的聚沉能力要弱于 $MgCl_2$。

② 同价离子的影响　同价离子的聚沉能力比较接近，但也有所差别。一价负离子对于正溶胶的聚沉能力依次为

$$F^- > IO_3^- > H_2PO_4^{2-} > BrO_3^- > Cl^- > ClO_3^- > Br^- > NO_3^- > I^-$$

一价正离子对于负溶胶的聚沉能力依次为

$$H^+ > Cs^+ > Rb^+ > NH_4^+ > K^+ > Na^+ > Li^+$$

以上顺序称为感胶离子序。

③ 有机物离子　某些有机离子也具有很强的聚沉作用，例如一些表面活性剂（如脂肪酸盐）和聚酰胺类化合物的离子，这是由于胶核强烈吸附该类有机离子。

（2）溶胶的相互聚沉作用

如果两种溶胶所带电荷相反，且正负溶胶按照一定的比例混合，使胶粒的电荷正好完全中和，就能够完全聚沉。若比例不适当，则不聚沉或者不完全聚沉。例如医学上常用血液（溶胶）相互聚沉现场判断血型。明矾［$KAl(SO_4)_2 \cdot 12H_2O$］可水解生成 $Al(OH)_3$ 正溶胶，与污水中的负溶胶悬浮物发生聚沉，从而起到净水的作用。

此外，增加溶胶浓度、改变溶液 pH 值、加热等方法也能够使溶胶聚沉。

1.4.3　高分子溶液及凝胶

高分子化合物也叫作大分子化合物，通常指分子量超过 10000 的物质。例如蛋白质、糖原、核酸属于生物高分子，淀粉、纤维以及天然橡胶等属于天然高分子，塑料、合成橡胶等属于合成高分子。高分子化合物在介质中自发形成的溶液称为高分子溶液。高分子溶液在生物学和医学上的应用非常广泛。例如人体的血液及体液等各种组织液均为高分子溶液。在适当的介质中，高分子的直径达胶粒大小，因此某些性质与溶胶类似，如扩散速率慢、不能透过半透膜等；但高分子溶液属于真溶液。

（1）高分子化合物的结构

一定结构单元重复连接可形成高分子化合物，这些重复单元称为链节，重复单元的数目称为聚合度 n，例如淀粉、糖原、纤维素等高分子的重复单元为葡萄糖单位—$C_6H_{10}H_5$—，蛋白质的基本单位是氨基酸，而天然橡胶则由数千个异戊二烯单元—C_5H_8—连接而成。高分子化合物是由许多链节相同而聚合度不同的同系物分子组成的混合物，其分子量指的是平均值。

高分子具有长链结构，根据链节连接方式的不同，可分为线型高分子、支链型高分子、体型高分子等类型。线型高分子为线状结构，通常为卷曲状，例如聚乙烯和纤维素等；支链型高分子是分子链上具有支链，如淀粉等；体型高分子是线型或者支链型高分子化合物分子间产生交联，形成空间的网状结构，如酚醛树脂等。一般来说，支链型高分子和体型高分子不易溶解，难以形成溶液，线型高分子相对来说可以在良溶剂中形成溶液。

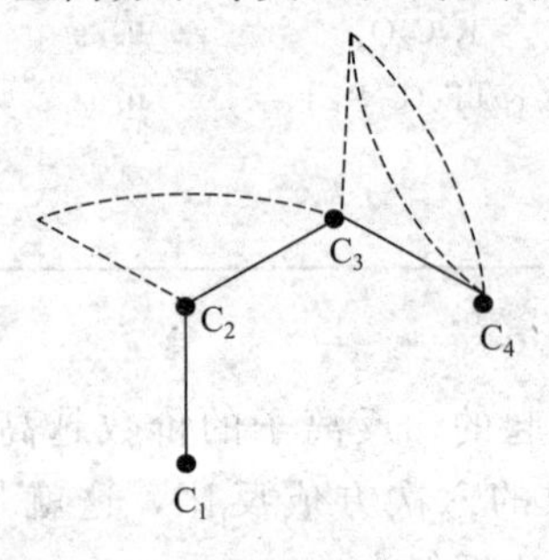

图 1-13　高分子碳链的内旋转

线型高分子中的碳原子通过若干个 σ 键连接起来，C—C 单键可围绕临近的单键自由旋转，这就是单键的内旋转，如图 1-13 所示。通过单键内旋转，高分子链可以发生卷曲或者

伸长，形成无数种构象，这就是高分子的柔性。高分子链的柔性主要取决于分子结构、温度以及溶剂。一般来说，只含有碳氢原子的高分子链比较柔顺；极性取代基（—OH，—COOH，—Cl 等）的引入会增大内旋转阻力，降低高分子链的柔性；温度升高，高分子链的柔性增加。

（2）高分子溶液的溶胀

当高分子与分散介质之间亲和力较弱时，该介质称为不良溶剂，此时高分子在溶剂中为蜷缩状态；当高分子与介质之间亲和力较强时，高分子链会舒展伸长，该介质即为良溶剂。高分子与良溶剂形成溶液时要经过溶胀和溶解两个阶段，如图 1-14 所示。当高分子链与溶剂接触时，溶剂分子会逐渐进入高分子蜷曲链的空隙中，使得高分子链逐渐舒展，膨胀，体积不断增加，此过程称为溶胀；溶胀的高分子在溶剂中进一步完全溶解，形成高分子溶液。溶胀是高分子化合物在溶解过程中的特有现象。

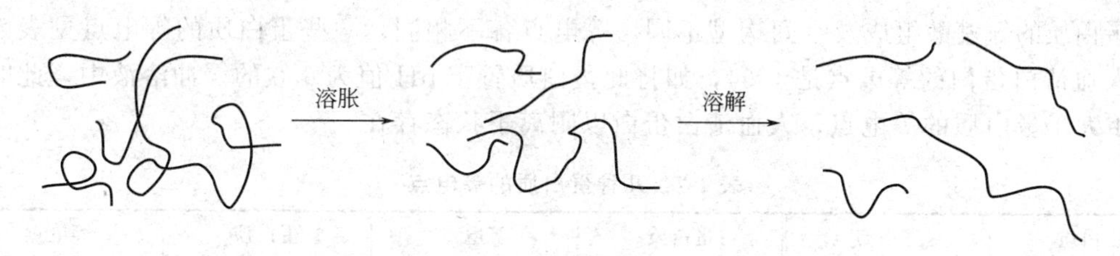

图 1-14　高分子化合物的溶胀和溶解示意图

（3）高分子溶液的渗透压

人体的血液、细胞液、组织液等体液跟低分子溶液一样，都具有一定的渗透压，以维持正常的生理机能，因此测定高分子溶液的渗透压具有重要的生物和医学意义。但是高分子溶液的渗透压并不符合 van't Hoff 公式。实验证明，高分子溶液浓度变化时，渗透压的增加幅度比其浓度的增加幅度要大得多。这是因为在高分子蜷曲链中束缚着大量的溶剂，随着溶液浓度的增大，溶剂的有效体积明显减小；另外高分子是柔性长链，以链段为单元，每一个链段相当于一个独立的运动单元，使得一个分子链相当于若干个小分子产生渗透效应。因此，对于高分子溶液来说，van't Hoff 公式需要进行修正，其渗透压与溶液的浓度之间的近似关系为

$$\frac{\Pi}{\rho_B}=RT\left(\frac{1}{M_r}+\frac{B\rho_B}{M_r}\right)$$

式中，Π 为渗透压；ρ_B 为溶液的质量浓度（$g \cdot L^{-1}$）；B 为常数；M_r 为高分子化合物的分子量。以 $\frac{\Pi}{\rho_B}$ 对 ρ_B 作图，得到一条直线，截距即为 $\frac{RT}{M_r}$，即可计算出高分子化合物的平均分子量 M_r。

（4）聚电解质溶液

① 蛋白质的结构及等电点　高分子电解质又叫聚电解质，在聚电解质的分子链上带有很多荷电基团，对极性溶剂分子的亲和力很强，在极性溶剂中可以离解出大离子。根据解离后所带电荷的不同，聚电解质可以分为阳离子、阴离子、两性离子三类。蛋白质是一类非常重要的聚电解质，是生命活动的基础。

蛋白质的基本结构单元是氨基酸，有 20 多种不同种类的氨基酸，氨基酸以肽键连接组成复杂分子。蛋白质分子上主要带电基团是羧基（—COOH）和氨基（$—NH_2$），为两性电解质，在同一分子内，氨基和羧基可以形成内盐（两性离子）。蛋白质的电荷数量以及电荷

的分布受到 pH 值的影响。改变溶液的 pH 值，可使其所带电荷发生改变。如果调节溶液的 pH 值，使蛋白质所带正电荷（$—NH_3^+$）与负电荷（$—COO^-$）量相等，此时溶液的 pH 值就称为该蛋白质的**等电点**（isoelectric point），以 pI 表示。处于等电点的蛋白质净电荷为零，在外加电场中不发生电泳。若 pH<pI，蛋白质主要以正离子形式存在，在电场中向负极移动；若 pH>pI，蛋白质主要以负离子形式存在，在电场中向正极移动，如下式表示。

$$R\begin{matrix}COO^-\\NH_2\end{matrix} \underset{OH^-}{\overset{H^+}{\rightleftharpoons}} R\begin{matrix}COO^-\\NH_3^+\end{matrix} \underset{OH^-}{\overset{H^+}{\rightleftharpoons}} R\begin{matrix}COOH\\NH_3^+\end{matrix}$$

$$R\begin{matrix}COO^-\\NH_3^+\end{matrix} \overset{pI}{\Longleftrightarrow} R\begin{matrix}COOH\\NH_2\end{matrix}$$

蛋白质的氨基酸组成及空间构型不同，等电点各不相同，一些蛋白质的等电点见表 1-7。例如人血清白蛋白的等电点是 4.64，如将此蛋白质置于 pH 值为 6.0 的缓冲溶液中，此时介质 pH 大于蛋白质的等电点，人血清白蛋白以阴离子状态存在。

表 1-7 几种蛋白质的等电点

蛋白质	等电点	蛋白质	等电点	蛋白质	等电点
鱼精蛋白	12.0～12.4	肌凝蛋白	6.2～6.6	卵白蛋白	4.6～4.9
细胞色素 C	9.8～10.3	胰岛素	5.3～5.35	胃蛋白酶	4.6
肌红蛋白	7.0	乳清蛋白	5.1～5.2	酪蛋白	2.7～3.0
血红蛋白	6.7～7.1	白明胶	4.7～4.9	丝蛋白	2.0～2.4

蛋白质溶液的溶解度、渗透压等性质，与蛋白质的荷电状态及荷电量密切相关。荷电基团间的静电引力和斥力、荷电量的高低等会影响蛋白质的高分子链的柔性以及水合情况。在等电点时，蛋白质净电荷为零，对水的亲和力大为减小，蛋白质水合程度降低，蛋白质分子链相互靠拢并聚结在一起，造成蛋白质溶解度降低。当介质的 pH 值偏离蛋白质等电点时，蛋白质分子链上的净电荷增多，分子链舒展，水合程度也随之提高，因而蛋白质的溶解度也相应增大。

另外，不同蛋白质分子的大小不同，所带净电荷不同，那么它们在电场中的电泳速度也不同，由此可以分离不同蛋白质。以此为基础发展起来了各种电泳技术，如聚丙烯酰胺凝胶电泳（PAGE）、十二烷基硫酸钠-聚丙烯酰胺凝胶电泳（SDS-PAGE）和等电聚焦电泳（IEF）等，广泛用于分离和鉴定生物高分子。

② 蛋白质溶液的稳定性及其破坏　高分子化合物在良溶剂中能自发溶解成为稳定溶液，其稳定的主要因素是蛋白质的水合作用。另外，非等电点时，蛋白质的荷电状态对稳定性也起到了增强作用。改变温度，控制高分子化合物的电荷密度及水合程度时，高分子溶液稳定性会被破坏，从而引起蛋白质析出。例如，大多数蛋白质在等电点时溶解度最小，所以通过调节溶液的 pH 值，可以使蛋白质发生沉淀。

在蛋白质溶液中加入大量电解质（如硫酸钠等）时，无机离子强烈的水合作用使蛋白质的水合程度大为降低，蛋白质因稳定因素受破坏而沉淀。这种因加入大量无机盐使蛋白质从溶液中沉淀析出的作用称为**盐析**（salting out）。盐析过程实质上是蛋白质的脱水过程。盐析时常用的盐有 NaCl、Na_2SO_4、$(NH_4)_2SO_4$ 等，所用无机盐中以 $(NH_4)_2SO_4$ 为最佳。硫酸铵溶解度大，在 25℃ 时其饱和溶液浓度可达 $4.1mol \cdot L^{-1}$，而且不同温度下饱和溶液的浓度变化不大；硫酸铵又是很温和的试剂，即使浓度很高也不会引起蛋白质生物活性丧失。

盐析能力主要与离子的种类有关，尤其是阴离子起主要作用，而离子价数影响不大。对同一种阳离子的盐来说，阴离子的盐析能力有如下的顺序：

SO_4^{2-} > $C_6H_5O_7^{3-}$（柠檬酸根离子）> $C_4H_4O_6^{2-}$（酒石酸根离子）> CH_3COO^- > Cl^- > Br^- > I^-

对同一种阴离子来说，阳离子的盐析能力如下：

$$NH_4^+ > K^+ > Na^+ > Li^+$$

此外，有机溶剂（如乙醇、甲醇、丙酮等）能使蛋白质沉淀出来，这些溶剂与水作用强烈，降低了蛋白质的水合程度，蛋白质因脱水而沉淀。改变溶液的 pH 值、光照、加热等方式也能够使蛋白质发生沉淀。

(5) 凝胶

在一定条件下，例如温度降低或溶解度减小时，溶液中的线型高分子互相接近，很多节点可以发生交联，高分子溶液的黏度逐渐变大，失去流动性，形成具有网络结构的半固态物质，即**凝胶**（gel），这个过程称为**胶凝**（gelation），例如将琼脂、明胶等物质溶解在热水中，静置冷却后，即变成凝胶；豆浆中加卤水后变成豆腐，也就是凝胶。

凝胶是由分散相的网状结构和充斥其间的液体介质组成的。凝胶中包含的溶剂量可以很大，如固体琼脂的含水量仅约 0.2%，而琼脂凝胶的含水量可达 99.8%。人体的肌肉组织、细胞膜、毛细血管壁及其他软骨、皮肤乃至毛发、指甲等在某种意义上说均是凝胶。一方面它们具有一定强度的网状骨架，可以维持一定的形态，另一方面具有一定的流动性，可以使代谢物质在其间进行物质交换。

凝胶可分为刚性凝胶和弹性凝胶两大类。刚性凝胶粒子间的交联强，网状骨架坚固，若将其干燥，网孔中的液体可被驱出，而凝胶的体积和外形无明显变化，如硅胶、氢氧化铁凝胶等就属于此类。由柔性高分子形成的凝胶一般是弹性凝胶，如明胶、琼脂、聚丙烯酰胺等，弹性凝胶干燥后体积明显缩小，但如将其重置于合适的介质中，又会溶胀变大，甚至完全溶解。

1.4.4 表面活性剂、缔合胶体及乳状液

(1) 表面活性剂

与液体内部分子的受力情况有所区别，液体表面的分子受到一个指向液体内部的合力，在一定的温度和压力下，沿着液体表面作用于单位长度表面上的这种作用力，称为**表面张力**（surface tension）。液体的表面存在一定的表面张力，溶液表面会吸附溶质，使得液体表面张力发生变化。水溶液表面张力随不同溶质加入所发生变化的规律一般有以下三种，如图 1-15 所示。

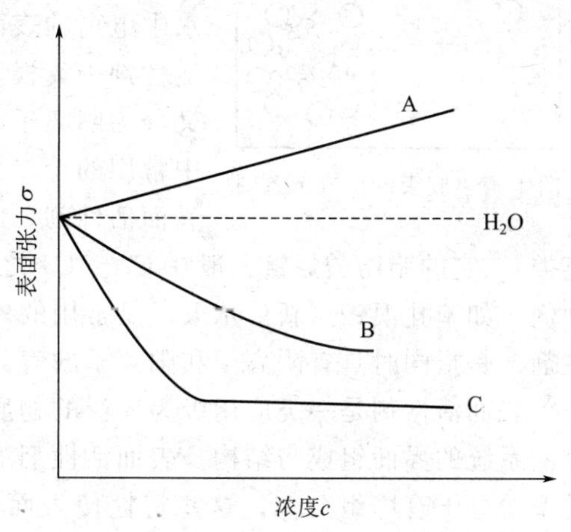

图 1-15 不同溶质水溶液表面张力的变化

A——表面张力随溶质浓度的增加而升高，而且近于直线。这类溶质为无机盐类（NaCl、KNO_3 等）及蔗糖、甘露醇等多羟基化合物。

B——表面张力随溶质浓度的增加而降低。这类溶质通常是醇、醛、酸、酯等绝大多数有

机物。

C——表面张力在溶质浓度很低时急剧下降，至一定浓度后表面张力几乎不再变化。这类溶质通常包括皂类、八碳以上的直链有机酸碱金属盐、高碳直链烷基硫酸盐或磺酸盐、苯磺酸盐等。

根据物质溶于水后，对水表面张力的影响大小，把化合物分为两类，一类为表面活性物质，即能显著降低水的表面张力的物质；另外一类为非表面活性物质，即使水的表面张力升高或略微降低的物质。

在此所说的表面活性物质是对水而言的。从广义上说，如果甲物质能显著降低乙物质的表面张力，则对乙来说，甲物质是表面活性物质。但通常所说的表面活性剂是指能显著降低水的表面张力的物质，许多实际的应用如乳化、去污、润湿、起泡等都与表面活性剂的特性有关。在人体中，构成细胞膜的脂类（磷脂、糖脂等）以及由胆囊分泌的胆汁酸盐都是表面活性物质。

表面活性剂分子一般都具有两类基团，如图 1-16 所示：一类是疏水性（hydrophobic）或亲脂性非极性基团，它们是一些直链的或带有侧链的有机烃基；另一类为亲水性极性基团，如—OH、—COOH、—NH_2、—SH 及—SO_2OH 等。

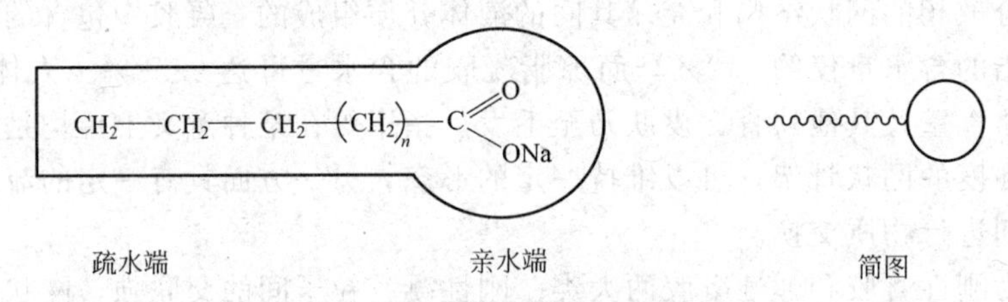

图 1-16　表面活性剂（脂肪酸盐）结构示意图

以肥皂（脂肪酸钠盐）为例，当它溶入水中，亲水的羧基端进入水中，而亲脂的长碳氢链端则倾向于离开水相。若水中肥皂的量不大，它就主要集中在水的表面定向排列，如图 1-17 所示。可见，由于表面活性剂的两亲性，它就有集中在溶液表面（或集中在不相混溶两种液体的界面，或集中在液体和固体的接触界面）的倾向，从而降低表面张力。

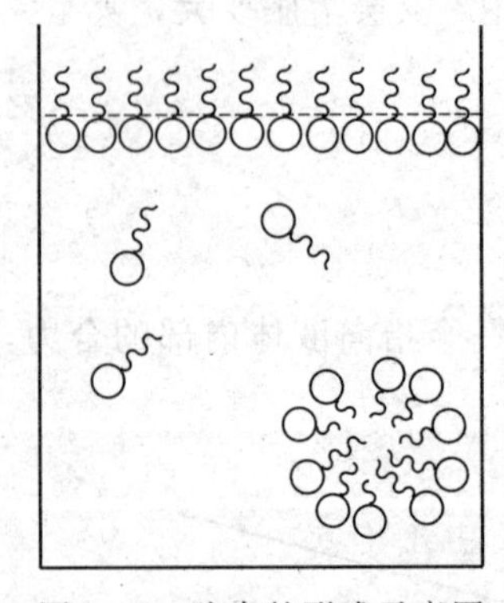

图 1-17　胶束的形成示意图

在水中不解离的表面活性剂称为非离子型表面活性剂，在水中电离的表面活性剂称为离子型表面活性剂。在离子型表面活性剂中，根据它与憎水基相连的亲水基是阴离子还是阳离子，又分为阴离子型表面活性剂和阳离子型表面活性剂。在生物学中常用的十二烷基硫酸钠、人体胆汁中的胆盐皆属于阴离子型表面活性剂，此外常见的阴离子表面活性剂还有脂肪酸盐（肥皂类），它的脂肪酸烃链一般在 C_{11}～C_{17}之间。在医药上较重要的是季铵盐型阳离子表面活性剂。如苯扎溴铵（新洁尔灭）是常用的外用消毒杀菌阳离子表面活性剂。所谓两性表面活性剂，是指同时具有阴离子和阳离子的表面活性分子，如表 1-8 所示。

表面活性剂是一类应用极为广泛的物质，很小用量就可大大降低溶剂的表面张力，并能改变系统的界面组成与结构。表面活性剂溶液浓度超过一定值，其分子在溶液中会形成不同类型的分子有序组合体。这些特性使表面活性剂在石油、纺织、农药、医药、食品、化妆品、洗涤、采矿、机械等生产领域得到广泛应用。不仅如此，生命活动与生物体内的天然表面活性剂的作用密切相关，研究它们在生物系统中相关的界面膜的结构与性能和形成分子有序组合体的规律，对生命现象的探索、仿生技术的发展皆有重要的意义。

表 1-8 表面活性剂的分类

项　目	按离子型分类	按亲水基的种类分类
离子型表面活性剂	阴离子型表面活性剂	$R—COONa$ 羧酸盐
		$R—OSO_3Na$ 硫酸酯盐
		$R—SO_3Na$ 磺酸酯盐
		$R—OPO_3Na$ 磷酸酯盐
	阳离子型表面活性剂	RNH_3Cl 伯胺盐
		R_2NH_2Cl 仲胺盐
		R_3NHCl 叔胺盐
		$R_4N^+ \cdot Cl^-$ 季铵盐
	两性表面活性剂	$R—NHCH_2—CH_2COOH$ 氨基酸型
		$R(CH_3)_2N^+—CH_2COO^-$ 甜菜碱型
非离子型表面活性剂		$R—O—(CH_2CH_2O)_nH$ 聚氧乙烯型
		$R—COOCH_2—(CHOH)_2H$ 多元醇型

(2) 缔合胶束

若在纯水中加入极少量表面活性剂，它被吸附在水相表面定向排列形成薄膜。但是当进入水中的表面活性剂达到一定浓度时，在分子表面膜形成的同时，表面活性剂也逐渐聚集起来，为了减少疏水端与水之间的接触面积，疏水端彼此吸引在一起，而极性的亲水端会朝向水，这样形成了亲水端朝向水而疏水端在内的缔合体，其直径在胶体分散相粒子大小范围内，这种缔合体称为**胶束**（micelle），由胶束形成的溶液称为缔合胶体。如图 1-17 所示。由于胶束的形成减小了疏水端与水的接触面积，从而使系统稳定。缔合胶体是热力学稳定系统。

表面活性剂能够形成胶束的最低浓度称为**临界胶束浓度**（critical micelle concentration, CMC），其数值受温度、表面活性剂用量、分子缔合程度、溶液的 pH 值以及电解质等因素的影响。随着表面活性剂浓度不断增大，胶束的体积和缔合数增多，不再保持球状结构而成为肠状结构乃至板状结构，如图 1-18 所示。

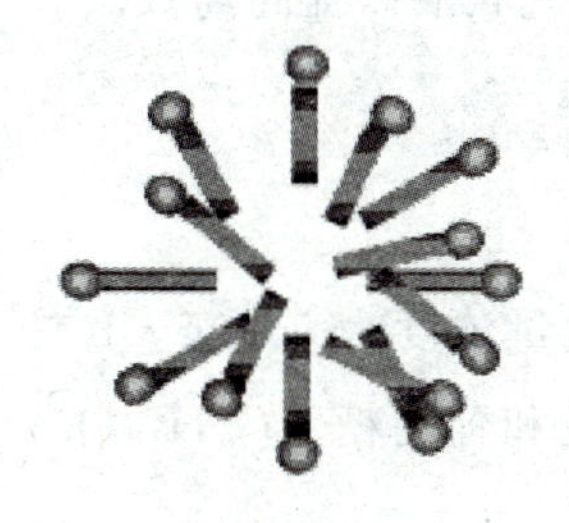

(a) 球状胶束

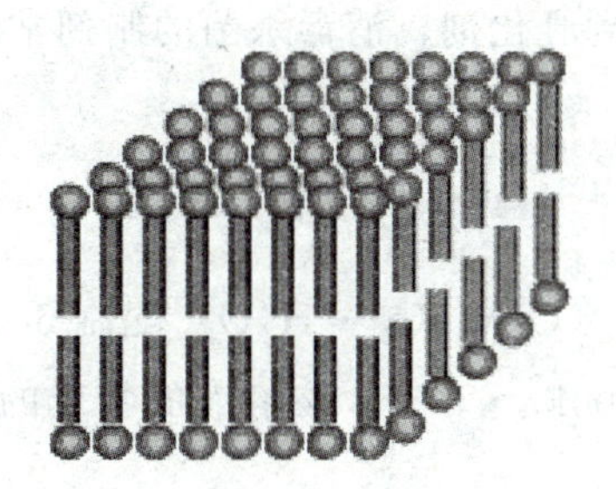

(b) 板状胶束

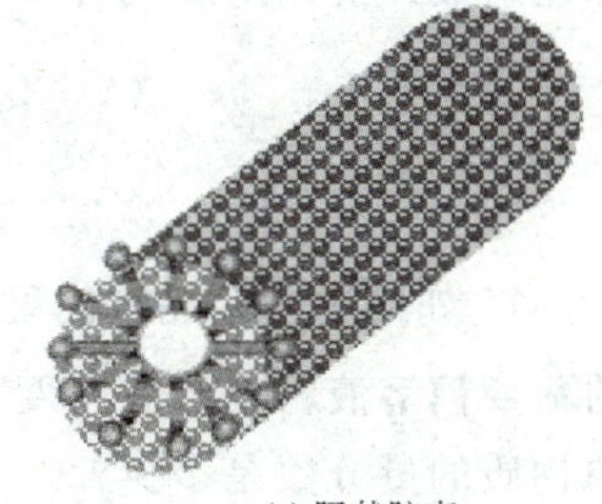

(c) 肠状胶束

图 1-18 各种胶束的形状

表面活性剂可使不溶于水的动植物油脂或其他有机物裹在其中形成胶束，这种作用称为增溶。肥皂或合成洗涤剂用于洗涤服装上的油渍就是利用其增溶作用。

(3) 乳状液

乳状液（emulsion）属于粗分散系，是一种或者几种液体分散在另一种不相溶的液体中所形成的，分散相的液珠直径大于 100nm，可在一般光学显微镜的视野中观察到。

将两种不相混溶的液体（油和水）加以剧烈振摇，油、水滴就互相分散，但静置一段时间后两液体即分层，不能得到稳定的乳状液。这是因为液滴分散后，系统的界面自由能大为增高，当细小液滴相互碰撞时，会自动结合，使系统的自由能降低。要想得到稳定的乳状液，就必须有使乳状液稳定的第三种物质存在，这种物质称为乳化剂，乳化剂所起作用称为乳化作用。常用的乳化剂是一些表面活性剂，在乳状液中加入表面活性剂以后，表面活性剂的亲水基朝向水相，而疏水基朝向油相，表面活性剂分子在两相界面上做定向排列，不仅可以降低相界面张力，而且在细小液滴周围形成一层保护膜，使乳状液得以稳定，如图 1-19 所示。

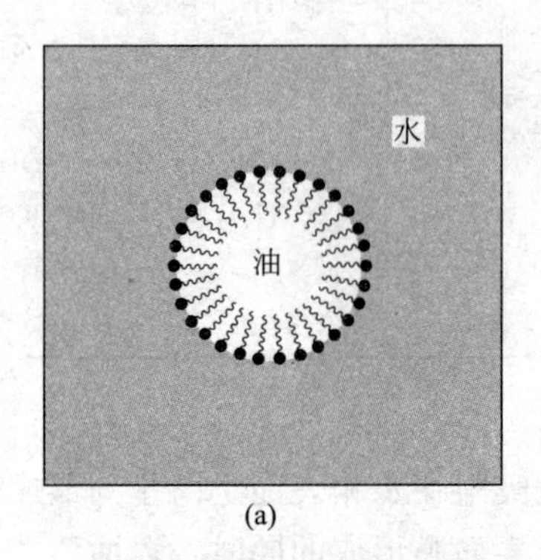

(a)

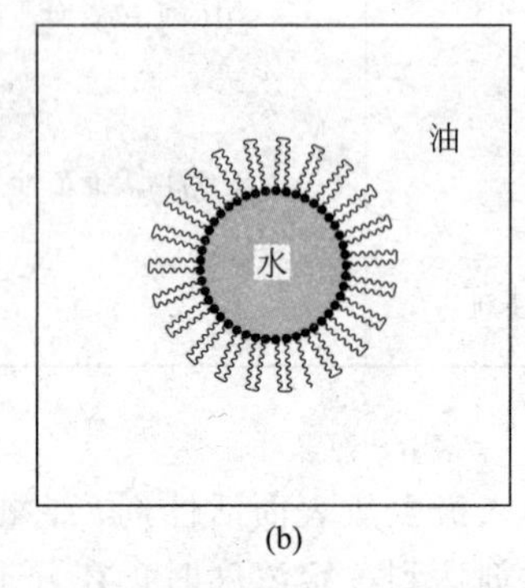

(b)

图 1-19　两种乳状液结构示意图

加入乳化剂后形成的乳状液属于热力学不稳定系统。通常其中一相是水（W），另一相统称为油（包括极性小的有机溶剂）（O）。不论是“油”还是“水”，均既可为分散相又可为分散介质，因此乳状液可分为“水包油”（O/W 型）和“油包水”（W/O 型）两种类型。乳状液的类型主要取决于乳化剂，如钠肥皂等亲水性强的乳化剂可形成 O/W 型乳状液，因为钠肥皂大大降低水的界面能，水滴不易形成；而亲油性的钙肥皂只能溶于油而降低油的界面张力，故形成 W/O 型乳状液。

在医药卫生实践和日常生活中常遇到乳状液，例如食物中的油脂进入人体后要先乳化，使之成为极小的乳滴，才容易被肠壁吸收，此时胆汁酸盐是乳化剂。临床上的人造血液、静脉注射液、抗菌防腐剂等都应用到乳化剂，消毒杀菌的制剂常制备成乳状液以提高药效。

习 题

1. 如何用含结晶水的葡萄糖（$C_6H_{12}O_6 \cdot H_2O$）配制 500mL 质量浓度为 $50.0g \cdot L^{-1}$ 的葡萄糖溶液？设溶液密度为 $1.00kg \cdot L^{-1}$，该溶液的物质的量浓度和葡萄糖（$C_6H_{12}O_6$）的物质的量分数是多少？

2. 20℃，10.00mL 饱和 NaCl 溶液的质量为 12.003g，将其蒸干后，得到 NaCl 3.173g。求：(1) 质量摩尔浓度；(2) 物质的量浓度。

3. 为什么在冰冻的田上撒些草木灰，冰比较容易融化？为什么施肥过多会引起作物凋萎？

4. 烟草有害成分尼古丁的实验式是 C_5H_7N，今将 538mg 尼古丁溶于 10.0g 水，所得溶液在 101.3kPa 下的沸点是 100.17℃。求尼古丁的分子式。

5. 溶解 3.24g 硫于 40.0g 苯中，苯的凝固点降低 1.62℃。求此溶液中硫分子是由几个硫原子组成的？（K_f=5.10K·kg·mol^{-1}）

6. 临床上用的葡萄糖（$C_6H_{12}O_6$）等渗液的凝固点降低值为 0.543℃，溶液的密度为 1.085g·cm^{-3}。试求此葡萄糖溶液的质量分数和 37℃时人体血液的渗透压为多少？（水的 K_f=1.86K·kg·mol^{-1}）

7. 判断下列各对溶液渗透压的高低，并指出水的渗透方向。（假定由理想半透膜隔开。所谓理想半透膜，就是只允许溶剂分子透过，而溶质分子或离子不能透过的膜。）

（1）0.0278mol·L^{-1}葡萄糖（$C_6H_{12}O_6$）溶液与 0.0146mol·L^{-1}蔗糖（$C_{12}H_{22}O_{11}$）溶液。

（2）正常血浆与 0.167mol·L^{-1}乳酸钠（$C_3H_5O_2Na$）溶液。

（3）0.5mol·L^{-1} $CaCl_2$ 溶液与 0.5mol·L^{-1}尿素（非电解质）溶液。

（4）100mL 0.278mol·L^{-1}葡萄糖溶液中加入 0.9g NaCl 的混合液与 0.292mol·L^{-1}蔗糖溶液。

8. 100mL 水溶液中含有 2g 白蛋白（分子量为 69000），试计算该蛋白质溶液在 25℃时的渗透压。

9. 在 1L 水溶液中，含有某种非电解质 0.3g，30℃时，该溶液的渗透压为 10.8kPa，计算这种非电解质的分子量。

10. 什么是分散体系？分散体系应该如何分类？

11. 什么是溶胶？溶胶有哪些特性？

12. 将 0.05mol·L^{-1}的 KCl 溶液 100mL 和 0.02mol·L^{-1}的 $AgNO_3$ 溶液 12mL 混合以制备 AgCl 溶胶，试写出此溶胶胶团的结构式。

13. 将等体积的 0.008mol·L^{-1} KI 和 0.01mol·L^{-1} $AgNO_3$ 混合制成 AgI 溶胶。现将同浓度等体积的 $MgSO_4$、$K_3[Fe(CN)_6]$ 及 $AlCl_3$ 等三种电解质溶液分别滴加入上述溶胶后，试写出三种电解质对溶胶聚沉能力的大小顺序。若将等体积的 0.01mol·L^{-1} KI 和 0.008mol·L^{-1} $AgNO_3$ 混合制成 AgI 溶胶，试写出三种电解质对此溶胶聚沉能力的大小顺序。

14. 溶胶与高分子溶液具有稳定性的原因是什么？用什么方法可以分别破坏它们的稳定性？

15. 什么是表面活性剂？试从其结构特点说明它能降低溶剂表面张力的原因。

16. 什么是临界胶束浓度？在临界胶束浓度前后表面活性物质有什么不同表现？

17. 乳状液有哪些类型？它们的含义是什么？

参考文献

[1] 魏祖期，刘德育．基础化学．第 8 版．北京：人民卫生出版社，2013.
[2] 游文玮．医用化学．第 2 版．北京：化学工业出版社，2014.
[3] 徐春祥．医学化学．第 2 版．北京：高等教育出版社，2008.
[4] 慕慧．基础化学．第 2 版．北京：科学出版社，2006.
[5] 廖家耀．普通化学．北京：科学出版社，2012.

2 酸碱溶液

2.1 酸碱理论

酸和碱是两类重要的化合物，许多化工制药过程中，需要使用大量的酸和碱；植物正常生长需要土壤环境维持一定的酸碱度；动物体内酸性与碱性物质要保持动态平衡，才能使组织细胞进行正常的活动。因此，酸碱反应及酸碱平衡与人类的日常生活有着密切的关系。人们在研究酸碱物质组成、性质及结构的关系过程中，提出了许多酸碱理论。1887 年瑞典化学家阿伦尼乌斯（S. A. Arrhenius）在总结了大量实验事实的基础上，提出了酸碱电离理论。在酸碱电离理论中，酸碱的定义是：凡在水溶液中电离出的阳离子全部都是 H^+ 的物质叫酸；电离出的阴离子全部都是 OH^- 的物质叫碱，酸碱反应的本质是 H^+ 与 OH^- 结合生成水的反应。该理论取得了很大的成功，但是也存在一些局限性。例如，把酸碱范围限制在能解离出 H^+ 或 OH^- 的物质。有许多物质，如 NH_4Cl 水溶液呈酸性而自身并不含 H^+，Na_2CO_3 或 K_3PO_4 水溶液呈碱性而自身也不含 OH^-。为了解决这些问题，1923 年丹麦化学家布朗斯特（J. N. Brönsted）和英国化学家劳里（T. M. Lowry）提出了酸碱质子理论。同一年，美国化学家路易斯（C. N. Lewis）提出了酸碱电子理论。1963 年，美国化学家皮尔逊（R. G. Pearson）建立了软硬酸碱理论。本节主要介绍酸碱质子理论。

2.1.1 酸碱质子理论

酸碱质子理论（Brönsted-Lowry theory）认为，凡能给出质子（H^+）的物质都是酸，凡能接受质子的物质都是碱。例如：HAc、NH_4^+、HSO_4^- 等都能给出质子，它们都是酸。NH_3、SO_4^{2-}、CO_3^{2-} 等都能接受质子，它们都是碱。酸和碱可以是分子、正离子或负离子。酸和碱不是孤立存在的，酸给出一个质子后余下的部分就是碱，碱接受一个质子后则变成了酸。酸是质子的给体，碱是质子的受体，酸与碱之间的转化关系可用下式表示。

$$\text{酸} \rightleftharpoons \text{质子} + \text{碱}$$

$$HCl \rightleftharpoons H^+ + Cl^-$$

$$HAc \rightleftharpoons H^+ + Ac^-$$

$$H_2CO_3 \rightleftharpoons H^+ + HCO_3^-$$

$$HCO_3^- \rightleftharpoons H^+ + CO_3^{2-}$$

$$NH_4^+ \rightleftharpoons H^+ + NH_3$$

$$H_3O^+ \rightleftharpoons H^+ + H_2O$$

$$H_2O \rightleftharpoons H^+ + OH^-$$

上述关系式左边的物质是酸，右边的物质是碱和 H^+（质子）。这些关系式又称酸碱半反应式，半反应式两边的酸碱物质称为**共轭酸碱对**（conjugate acid-base pair）。如：HCl 是 Cl^- 的共轭酸，Cl^- 是 HCl 的共轭碱。因此，酸与碱之间的这种相互对应关系称为共轭关系。酸释放一个质子后形成其**共轭碱**（conjugate base），碱结合一个质子后形成其**共轭酸**（conjugate acid）。由此可见，酸和碱相互依存，又可以相互转化。

从酸碱质子理论可以看出以下几点。

① 有些物质既可以给出质子，也能够接受质子，这些物质称为**两性物质**（amphoteric substance）。例如：H_2O 对 OH^- 是酸，但对 H_3O^+ 却是碱；HCO_3^- 对 CO_3^{2-} 是酸，但对 H_2CO_3 却是碱。因此，H_2O、HCO_3^- 是两性物质。

② Na_2CO_3 在酸碱电离理论中称为盐，但酸碱质子理论则认为 CO_3^{2-} 是碱。而 Na^+ 既不给出质子，又不接受质子，是非酸非碱物质。又如，NH_4Cl 中的 NH_4^+ 是酸，NaAc 中的 Ac^- 是碱。酸碱质子理论不存在盐的概念。

③ 酸比其共轭碱多一个质子。酸越强，它给出质子的能力越强，它的共轭碱接受质子的能力就越弱，共轭碱的碱性就越弱。酸越弱，它的共轭碱的碱性就越强。

酸碱质子理论体现了酸和碱相互转化和相互依存的关系，并且大大扩大了酸碱物质的范围，解决了非水溶液和气体间的酸碱反应。但是，酸碱质子理论也有局限性，它把酸碱只局限于质子的给予或接受，不能解释没有质子传递的酸碱反应。

2.1.2 酸碱反应的实质

根据酸碱质子理论，任何酸碱反应都是两个共轭酸碱对之间的**质子传递反应**（proton-transfer reaction）。酸碱半反应式“酸$\longrightarrow$质子+碱”仅仅表达了酸碱的共轭关系，并不是一种实际反应式。在酸给出质子的瞬间，质子必然迅速与碱结合。因此，在实际化学反应过程中，酸给出质子的半反应和另一种接受质子的半反应必然同时发生。

例如：在 HAc 水溶液中，存在两个酸碱半反应：

酸碱半反应 1：

$$\underset{\text{酸}_1}{HAc} \rightleftharpoons H^+ + \underset{\text{碱}_1}{Ac^-}$$

酸碱半反应 2：

$$H^+ + \underset{\text{碱}_2}{H_2O} \rightleftharpoons \underset{\text{酸}_2}{H_3O^+}$$

两式相加，得总反应：

$$\underset{\text{酸}_1}{HAc} + \underset{\text{碱}_2}{H_2O} \rightleftharpoons \underset{\text{碱}_1}{Ac^-} + \underset{\text{酸}_2}{H_3O^+}$$

由此可见两个酸碱半反应对酸碱反应的结果是 HAc 把质子 H^+ 传递给了 H_2O。如果没有酸碱半反应 2 的存在，即没有 H_2O 接受 H^+，则 HAc 就不能在水中解离。

酸碱反应的实质是两对共轭酸碱对之间的质子传递反应。一种酸（酸$_1$）给出质子而生成其共轭碱（碱$_1$），另一种碱（碱$_2$）接受质子而生成其共轭酸（酸$_2$）。这种质子传递反应，既不要求反应必须在溶液中进行，也不要求先生成质子再结合到碱上，而只是质子从一种物质转移到另一种物质中去。因此，反应可在水溶液中进行，也可在非水溶液中进行。

在酸碱反应中，质子传递反应总是由较强的酸向较强的碱传递，生成较弱的碱和较弱的酸。其结果是强酸给出质子，转化为相应的共轭碱——弱碱，强碱夺取质子，转化为相应的共轭酸——弱酸。酸和碱越强，它们传递质子的能力就越强，反应就进行得越完全。

例如：

$$HCl + NH_3 \rightleftharpoons NH_4^+ + Cl^-$$

体系中 HCl 和 NH_4^+ 都是酸，但 HCl 的酸性比 NH_4^+ 强；NH_3 和 Cl^- 都是碱，而 NH_3 的碱性比 Cl^- 强，故上述反应中，质子是从 HCl 向 NH_3 转移，生成了 NH_4^+ 和 Cl^-，反应向右进行。

又如：

$$Ac^- + H_2O \rightleftharpoons HAc + OH^-$$

体系中 HAc 的酸性比 H_2O 的强，OH^- 的碱性比 Ac^- 的强，故上述反应明显地向左进行。

2.2 弱酸和弱碱的解离平衡

2.2.1 水的质子自递平衡

(1) 水的质子自递平衡和离子积

水能给出质子，也能够接受质子，是典型的两性物质。因此，质子从一个水分子传递到另一个水分子的反应，称为**水的质子自递反应**（proton self-transfer reaction）：

半反应 1：

$$\underset{\text{酸}_1}{H_2O(l)} \rightleftharpoons H^+(aq) + \underset{\text{碱}_1}{OH^-(aq)}$$

半反应 2：

$$H^+(aq) + \underset{\text{碱}_2}{H_2O(l)} \rightleftharpoons \underset{\text{酸}_2}{H_3O^+(aq)}$$

总反应：$\underset{\text{酸}_1}{H_2O(l)} + \underset{\text{碱}_2}{H_2O(l)} \rightleftharpoons \underset{\text{碱}_1}{OH^-(aq)} + \underset{\text{酸}_2}{H_3O^+(aq)}$

上式的平衡常数❶表达式为：

$$K = \frac{[H_3O^+][OH^-]}{[H_2O][H_2O]}$$

式中的 $[H_2O]$ 可视为常数，合并常数项，则

$$K_w = [H_3O^+][OH^-] \tag{2-1}$$

式中，K_w 称为水的**质子自递常数**（proton self-transfer constant），又称水的**离子积**（ion-product）。其数值与温度有关，它表明：在一定温度下，纯水或稀溶液中，$[H_3O^+]$ 与 $[OH^-]$ 的乘积是一常数。即在纯水或稀溶液中，都存在 H_3O^+ 和 OH^-，无论 $[H_3O^+]$ 与 $[OH^-]$ 怎样变化，它们始终都满足关系式(2-1)。所以，在一定温度下，只

❶ 平衡常数可以由热力学定义，称为标准平衡常数，用 $K^{\ominus}$ 表示，量纲为 1；也可以通过实验测定，得到实验平衡常数，以 K 表示。本书兼顾国际化学物理手册，以及中学的习惯用法，若不加以说明，均采用实验平衡常数 K，并且以 [A] 表示物质 A 的平衡浓度。

要知道溶液中的 H_3O^+ 浓度，就可以根据式(2-1) 计算其中的 OH^- 浓度。室温（298K）时，$K_w=1.00\times10^{-14}$，不同温度下的 K_w 值见表 2-1。

表 2-1 不同温度下的 K_w 值

温度/℃	K_w	温度/℃	K_w
0	1.15×10^{-15}	30	1.89×10^{-14}
10	2.96×10^{-15}	40	2.87×10^{-14}
20	6.87×10^{-15}	50	5.47×10^{-14}
22	1.00×10^{-14}	90	3.37×10^{-13}
25	1.01×10^{-14}	100	5.43×10^{-13}

(2) 水溶液的 pH 值

在水溶液中同时存在 H_3O^+ 和 OH^-，它们的含量不同，溶液的酸碱性也不同。在纯水和不影响水的质子自递反应的稀溶液中，$[H_3O^+]=[OH^-]=\sqrt{K_w}$，溶液呈中性；在酸性溶液中，$[H_3O^+]>[OH^-]$；在碱性溶液中 $[H_3O^+]<[OH^-]$。因此，室温时有如下关系式：

中性溶液 $[H_3O^+]=1.00\times10^{-7}mol\cdot L^{-1}=[OH^-]$

酸性溶液 $[H_3O^+]>1.00\times10^{-7}mol\cdot L^{-1}>[OH^-]$

碱性溶液 $[H_3O^+]<1.00\times10^{-7}mol\cdot L^{-1}<[OH^-]$

因此，只要标出溶液中的 $[H_3O^+]$ 或 $[OH^-]$，就可以定量地表示出溶液的酸碱度。通常用溶液的 $[H_3O^+]$ 表示酸碱度。考虑到在工业生产和科学研究中所使用的 H_3O^+ 浓度都很小，为了使用方便，常采用 pH 值来表示溶液的 $[H_3O^+]$。

$$pH=-\lg[H_3O^+] \tag{2-2}$$

溶液的 $[OH^-]$ 和水的离子积 K_w 也常用它们的负对数来表示，即

$$pOH=-\lg[OH^-] \tag{2-3}$$

$$pK_w=-\lg K_w$$

在 25℃时，水溶液中 $[H_3O^+][OH^-]=K_w=1.0\times10^{-14}$，

故
$$pH+pOH=pK_w=14.00 \tag{2-4}$$

式(2-2)～式(2-4) 用于计算 pH 或 pOH 非常方便。

【例 2-1】 某溶液的 H_3O^+ 浓度为 $4.0\times10^{-7}mol\cdot L^{-1}$，计算其 pH 值。

解：$pH=-\lg[H_3O^+]$

$=-\lg(4.0\times10^{-7})=-(\lg4.0+\lg10^{-7})$

$=-(0.60-7.00)=6.4$

【例 2-2】 已知某溶液的 pH 值为 10.30，计算其 $[H_3O^+]$。

解：$pH=10.30=-\lg[H_3O^+]$

$\lg[H_3O^+]=-10.30$

$[H_3O^+]=5.01\times10^{-11}$

室温时，溶液的 $[H_3O^+]$、$[OH^-]$、pH、pOH 与溶液酸碱性的关系列于表 2-2 中。

从表 2-2 中数据可见，溶液的酸性越强，其 pH 值越小；碱性越强，pH 值越大。pH 值每相差一个单位，溶液的 $[H_3O^+]$ 相差 10 倍。当溶液中的 H_3O^+ 浓度为 $1\sim10^{-14}mol\cdot L^{-1}$ 时，pH 范围在 0～14。如果溶液中的 H_3O^+ 或 OH^- 浓度大于 $1mol\cdot L^{-1}$ 时，可直接用 H_3O^+ 或 OH^- 的浓度来表示。

表 2-2 室温时 $[H_3O^+]$、$[OH^-]$、pH、pOH 与溶液酸碱性

溶液	$[H_3O^+]$	$[OH^-]$	pH	pOH
	10^{0}	10^{-14}	0	14
	10^{-1}	10^{-13}	1	13
酸	10^{-2}	10^{-12}	2	12
性增	10^{-3}	10^{-11}	3	11
强↑	10^{-4}	10^{-10}	4	10
	10^{-5}	10^{-9}	5	9
	10^{-6}	10^{-8}	6	8
中性	10^{-7}	10^{-7}	7	7
	10^{-8}	10^{-6}	8	6
	10^{-9}	10^{-5}	9	5
碱	10^{-10}	10^{-4}	10	4
性增	10^{-11}	10^{-3}	11	3
强↓	10^{-12}	10^{-2}	12	2
	10^{-13}	10^{-1}	13	1
	10^{-14}	10^{0}	14	0

人体的各种体液都有各自的 pH 范围（表 2-3）。生物体中的一些生物化学变化，在一定的 pH 范围内才能正常进行，各种酶也只有在一定 pH 范围内具有活性。

表 2-3 人体各种体液的 pH

体液	pH	体液	pH
血液	7.35～7.45	大肠液	8.3～8.4
成人胃液	0.9～1.5	乳汁	6.0～6.9
婴儿胃液	约 5.0	泪水	约 7.4
唾液	6.35～6.85	尿液	4.8～7.5
胰液	7.5～8.0	脑脊液	7.35～7.45
小肠液	约 7.6		

2.2.2 弱酸、弱碱的解离平衡

弱酸和弱碱属于弱电解质，在溶液中只有一小部分解离成相应的正离子、负离子，绝大部分仍以未解离的分子状态存在，而解离出来的离子又部分地重新结合成分子。因此，在溶液中，解离成离子和离子又重新结合成分子的过程始终在进行，并最终达到平衡，这种平衡称为**解离平衡**（dissociation equilibrium）。

例如，乙酸在水中的解离平衡：

$$HAc + H_2O \rightleftharpoons Ac^- + H_3O^+$$

氨在水中的解离平衡：

$$NH_3 + H_2O \rightleftharpoons NH_4^+ + OH^-$$

上述解离平衡称为**酸碱解离平衡**（acid-base dissociation equilibrium），它具有与其他化学平衡一样的特征和规律，每个酸碱解离平衡都有其平衡常数。解离平衡时，已解离的各物质离子浓度的乘积与未解离的分子浓度的比值，称作解离平衡常数，简称**解离常数**（dissociation constant)。

(1) 一元弱酸的解离平衡

一元弱酸是指只能给出一个质子的弱酸，在一元弱酸 HA 溶液中存在 HA 与 H_2O 之间的质子传递反应：

$$HA + H_2O \rightleftharpoons A^- + H_3O^+$$

当达到化学平衡时，则有：

$$K = \frac{[A^-][H_3O^+]}{[HA][H_2O]}$$

在水溶液中，水作为溶剂是大量的，因此 [H_2O] 可看成常数，上式可写为

$$K_a = \frac{[A^-][H_3O^+]}{[HA]} \tag{2-5}$$

K_a 代表 HA 的解离常数，[A^-]、[H_3O^+]、[HA] 分别代表 A^-、H_3O^+、HA 的平衡浓度。K_a 是与温度有关的常数，能够衡量水溶液中酸性的强弱。K_a 值愈大，给予质子能力愈强，酸性也就愈强，反之亦然。例如

$$HAc + H_2O \rightleftharpoons H_3O^+ + Ac^-;K_a(HAc) = 1.8 \times 10^{-5}$$

$$HClO + H_2O \rightleftharpoons H_3O^+ + ClO^-;K_a(HClO) = 3.9 \times 10^{-8}$$

$$NH_4^+ + H_2O \rightleftharpoons H_3O^+ + NH_3;K_a(NH_4^+) = 5.6 \times 10^{-10}$$

则这三种酸的酸性强弱顺序为 IIAc＞IIClO＞NH_4^+。

(2) 一元弱碱的解离平衡

一元弱碱是指只能接受一个质子的弱碱，在一元弱碱 B^- 溶液中存在 B^- 与 H_2O 之间的质子传递反应：

$$B^- + H_2O \rightleftharpoons HB + OH^-$$

当达到化学平衡时，则有：

$$K = \frac{[HB][OH^-]}{[B^-][H_2O]}$$

在水溶液中，水作为溶剂是大量的，因此 [H_2O] 可看成常数，上式可写为

$$K_b = \frac{[HB][OH^-]}{[B^-]} \tag{2-6}$$

K_b 代表 HB 的解离常数，[HB]、[OH^-]、[B] 分别代表 HB、OH^-、B 的平衡浓度。K_b 是与温度有关的常数，能够衡量水溶液中碱性的强弱。K_b 值愈大，接受质子能力愈强，碱性也就愈强，反之亦然。例如：

$$SO_4^{2-} + H_2O \rightleftharpoons HSO_4^- + OH^-;K_b(SO_4^{2-}) = 8.3 \times 10^{-13}$$

$$Ac^- + H_2O \rightleftharpoons HAc + OH^-;K_b(Ac^-) = 5.6 \times 10^{-10}$$

$$NH_3 + H_2O \rightleftharpoons NH_4^+ + OH^-;K_b(NH_3) = 1.8 \times 10^{-5}$$

则三种碱的碱性强弱顺序为 NH_3＞Ac^-＞SO_4^{2-}。

K_a 或 K_b 具有平衡常数的特征，与浓度无关，与温度有关。常见的一些弱酸或弱碱的 K_a 或 K_b 值非常小，为使用方便，也常用 pK_a 或 pK_b 来表示，即 $pK_a = -\lg K_a$ 或 $pK_b = -\lg K_b$。表 2-4 列出一些常用弱酸的 K_a 值，更多的数据列在附录三中。

表 2-4　一些酸在水溶液中的 K_a 和 pK_a 值（25℃）

	酸 HA	K_a	pK_a	共轭碱 A^-	
↑	H_3O^+	—		H_2O	↓
	HIO_3	1.6×10^{-1}	0.78	IO_3^-	
	$H_2C_2O_4$	5.6×10^{-2}	1.25	$HC_2O_4^-$	
	H_2SO_4	1.4×10^{-2}	1.85	HSO_4^-	
	H_3PO_4	6.9×10^{-3}	2.16	$H_2PO_4^-$	
	HF	6.3×10^{-4}	3.20	F^-	
	HCOOH	1.8×10^{-4}	3.75	$HCOO^-$	
	$HC_2O_4^-$	1.5×10^{-4}	3.81	$C_2O_4^{2-}$	
	HAc	1.75×10^{-5}	4.756	Ac^-	
酸性	H_2CO_3	4.5×10^{-7}	6.35	HCO_3^-	碱性
	H_2S	8.9×10^{-8}	7.05	HS^-	
	$H_2PO_4^-$	6.1×10^{-8}	7.21	HPO_4^{2-}	
	HSO_3^-	6×10^{-8}	7.2	SO_3^{2-}	
	HCN	6.2×10^{-10}	9.21	CN^-	
	NH_4^+	5.6×10^{-10}	9.25	NH_3	
	HCO_3^-	4.7×10^{-11}	10.33	CO_3^{2-}	
	HPO_4^-	4.8×10^{-13}	12.32	PO_4^{3-}	
	HS^-	1.2×10^{-13}	12.90	S^{2-}	
	H_2O	1.0×10^{-14}	14	OH^-	

（3）多元弱酸的解离平衡

多元弱酸是指能给出两个或两个以上质子的弱酸。多元弱酸在水溶液中的解离过程是分步进行的。在此，以 H_3PO_4 为例讨论多元弱酸的解离平衡。H_3PO_4 的解离是分三步进行的，每一步都有各自的解离平衡常数。

第一步解离：

$$H_3PO_4 + H_2O \rightleftharpoons H_2PO_4^- + H_3O^+$$

$$K_{a_1} = \frac{[H_2PO_4^-][H_3O^+]}{[H_3PO_4]}$$

第二步解离：

$$H_2PO_4^- + H_2O \rightleftharpoons HPO_4^{2-} + H_3O^+$$

$$K_{a_2} = \frac{[HPO_4^{2-}][H_3O^+]}{[H_2PO_4^-]}$$

第三步解离：

$$HPO_4^{2-} + H_2O \rightleftharpoons PO_4^{3-} + H_3O^+$$

$$K_{a_3} = \frac{[PO_4^{3-}][H_3O^+]}{[HPO_4^{2-}]}$$

以上式中 K_{a_1}、K_{a_2}、K_{a_3} 分别为 H_3PO_4 的一级解离常数、二级解离常数和三级解离常数。

25℃时，$K_{a_1}=6.7\times10^{-3}$，$K_{a_2}=6.2\times10^{-8}$，$K_{a_3}=4.5\times10^{-8}$。由此可见，$K_{a_1}\gg K_{a_2}>K_{a_3}$，即 H_3PO_4 的第二步解离和第三步解离比第一步的弱得多，溶液中的 H_3O^+ 主要来自第一步解离。因此，多元弱酸的相对强弱主要取决于一级解离常数 K_{a_1} 的相对大小。多元弱酸的一级解离常数 K_{a_1} 越大，溶液中 H_3O^+ 的浓度就越大，多元弱酸的酸性就越强。

（4）多元弱碱的解离平衡

多元弱碱是指能够接受两个或者两个以上质子的弱碱。多元弱碱在水溶液中的质子转移反应也是分步进行的。在此，以 CO_3^{2-} 为例讨论多元弱碱的解离平衡。

第一步解离：

$$CO_3^{2-}+H_2O \rightleftharpoons HCO_3^-+OH^-$$

$$K_{b_1}=\frac{[HCO_3^-][OH^-]}{[CO_3^{2-}]}$$

第二步解离：

$$HCO_3^-+H_2O \rightleftharpoons H_2CO_3+OH^-$$

$$K_{b_2}=\frac{[H_2CO_3][OH^-]}{[HCO_3^-]}$$

上述式中 K_{b_1} 和 K_{b_2} 分别为 CO_3^{2-} 的一级解离常数和二级解离常数。

25℃时，$K_{b_1}=2.1\times10^{-4}$，$K_{b_2}=2.4\times10^{-8}$。由此可见，$K_{b_1}\gg K_{b_2}$，即 CO_3^{2-} 溶液中的 OH^- 主要来自第一步解离。因此，多元弱碱的相对强弱主要取决于一级解离常数的相对大小。多元弱碱的一级解离常数 K_{b_1} 越大，溶液中 OH^- 的浓度就越大，多元弱碱的碱性就越强。

2.2.3 共轭酸碱解离常数的关系

在共轭酸碱对中，弱酸的解离常数与其共轭碱的解离常数之间有确定的对应关系。现以共轭酸碱对 HA-A^- 为例介绍它们之间的关系。

一元弱酸 HA 的解离平衡如下：

$$HA+H_2O \rightleftharpoons A^-+H_3O^+$$

$$K_a=\frac{[A^-][H_3O^+]}{[HA]}$$

而其共轭碱 A^- 的解离平衡如下：

$$A^-+H_2O \rightleftharpoons HA+OH^-$$

$$K_b=\frac{[HA][OH^-]}{[A^-]}$$

由于在溶液中同时存在水的质子自递平衡如下：

$$H_2O+H_2O \rightleftharpoons OH^-+H_3O^+$$

$$K_w=[H_3O^+][OH^-]$$

将 K_a 和 K_b 代入上式，得

$$K_aK_b=K_w \tag{2-7}$$

式(2-7) 表明共轭酸碱对中弱酸的解离常数与其共轭碱的解离常数的乘积等于水的离子积常数。因此，K_a 与 K_b 成反比关系。当酸愈强时，其共轭碱愈弱；当碱愈强时，其共轭酸愈弱。若已知 K_a，就可求出其共轭碱的 K_b，反之亦然。

多元酸或多元碱在水中的质子传递反应是分步进行的，K_a 与 K_b 的关系要复杂一些。

现以 H_2CO_3 为例，其质子传递分两步进行，每一步都有各自的质子传递平衡和解离常数：

$$H_2CO_3 + H_2O \rightleftharpoons HCO_3^- + H_3O^+$$

$$K_{a_1} = \frac{[HCO_3^-][H_3O^+]}{[H_2CO_3]} = 4.5 \times 10^{-7}$$

$$HCO_3^- + H_2O \rightleftharpoons CO_3^{2-} + H_3O^+$$

$$K_{a_2} = \frac{[CO_3^{2-}][H_3O^+]}{[HCO_3^-]} = 4.7 \times 10^{-11}$$

其共轭碱 HCO_3^- 和 CO_3^{2-} 也存在质子传递平衡：

$$HCO_3^- + H_2O \rightleftharpoons H_2CO_3 + OH^-$$

$$K_{b_2} = \frac{[H_2CO_3][OH^-]}{[HCO_3^-]} = \frac{K_w}{K_{a_1}}$$

$$CO_3^{2-} + H_2O \rightleftharpoons HCO_3^- + OH^-$$

$$K_{b_1} = \frac{[HCO_3^-][OH^-]}{[CO_3^{2-}]} = \frac{K_w}{K_{a_2}}$$

2.3.4 酸碱平衡的移动

弱酸、弱碱的解离平衡与其他化学平衡一样，当外界的条件发生改变时，解离平衡就会发生移动，直至在新的条件下又建立起新的解离平衡。影响解离平衡移动的因素有浓度、同离子效应和盐效应等。

(1) 浓度对酸碱平衡的影响

① 改变弱酸或弱碱的浓度　若一元弱酸 HA 在水中存在解离平衡

$$HA + H_2O \rightleftharpoons H_3O^+ + A^-$$

当增大溶液中 HA 的浓度，则平衡向 HA 解离的方向移动，H_3O^+ 和 A^- 的浓度会增大，直至新的平衡建立。反之，若减小溶液中 HA 的浓度，平衡向生成 HA 的方向移动。

② 稀释定律　弱电解质解离的程度用解离度表示。**解离度**（degree of dissociation）是指弱电解质达到解离平衡时，溶液中已解离的分子数和原有总分子数之比，用 α 来表示。

$$解离度(\alpha) = \frac{已解离的分子数}{溶液中分子总数} \times 100\% \tag{2-8}$$

解离度相当于化学平衡中的转化率，其大小反映了弱电解质解离的程度，α 越小，解离的程度越小，电解质越弱。

一元弱酸 HA 在溶液中存在以下解离平衡

$$HA + H_2O \rightleftharpoons H_3O^+ + A^-$$

平衡浓度　　$c(1-\alpha)$　　　$c\alpha$　　　$c\alpha$

其中，c 为 HA 的总浓度，α 为解离度。如果弱酸 HA 的解离度 α 很小，则 $1-\alpha \approx 1$，则解离常数可表示为

$$K_a = \frac{[H_3O^+][A^-]}{[HA]} = \frac{c\alpha^2}{1-\alpha} \approx c\alpha^2$$

$$\alpha \approx \sqrt{\frac{K_a}{c}} \tag{2-9}$$

在一定温度下，弱酸的解离度是与温度有关的常数。所以，从式(2-9) 可见，同一弱酸

的解离度大小与溶液浓度的平方根成反比，即解离度随着溶液的稀释而升高。这条用于描述溶液浓度与解离度之间关系的定律，称为**稀释定律**（dilution law）。式(2-9) 也称稀释定律公式，利用此公式可以进行有关解离度或解离常数的计算。稀释弱酸溶液时，弱酸的浓度减小，$[H_3O^+]$ 也相应减小，但随着溶液的稀释，弱酸的解离度 α 却增大，酸解离平衡向解离方向移动。表 2-5 列举了不同浓度 HAc 的解离度和 $[H_3O^+]$ 的数据。

表 2-5　不同浓度 HAc 的 α 和 $[H_3O^+]$

$c/\mathrm{mol\cdot L^{-1}}$	$\alpha/\%$	$[H_3O^+]/\mathrm{mol\cdot L^{-1}}$
0.200	0.935	1.87×10^{-3}
0.100	1.32	1.32×10^{-3}
0.0200	2.95	5.92×10^{-3}

（2）同离子效应

若在已达到平衡的 HAc 溶液中加入少量易溶强电解质 NaAc 晶体，NaAc 在溶液中全部解离为 Na^+ 和 Ac^-，使溶液中 Ac^- 的浓度增大，Ac^- 与 H_3O^+ 结合生成了 HAc 和 H_2O，使 HAc 的质子转移平衡向逆反应方向移动，溶液中 H_3O^+ 浓度减小，HAc 的解离度降低。

$$NaAc \longrightarrow Na^+ + Ac^-$$

$$+$$

$$HAc + H_2O \rightleftharpoons H_3O^+ + Ac^-$$

$\longleftarrow$（向左）平衡移动方向

这种在弱酸或弱碱的水溶液中，加入具有相同离子的易溶强电解质，使弱酸或弱碱的解离度降低的现象称为**同离子效应**（common-ion effect）。

【例 2-3】（1）计算 $0.100\mathrm{mol\cdot L^{-1}}$ HAc 溶液的 $[H_3O^+]$ 及解离度。（2）在 $0.100\mathrm{mol\cdot L^{-1}}$ HAc 溶液中加入固体 NaAc，使其浓度为 $0.100\mathrm{mol\cdot L^{-1}}$（设溶液体积不变），计算溶液的 $[H_3O^+]$ 及解离度。

解：（1）已知 HAc 的 $K_a=1.75\times10^{-5}$。设 $[H_3O^+]=x\,\mathrm{mol\cdot L^{-1}}$，根据

$$HAc + H_2O \rightleftharpoons H_3O^+ + Ac^-$$

初始浓度/$\mathrm{mol\cdot L^{-1}}$　　0.100　　0　　0

平衡浓度/$\mathrm{mol\cdot L^{-1}}$　　$0.100-x$　　x　　x

由　　$K_a=[H_3O^+][Ac^-]/[HAc]=x^2/(0.100-x)$

解得 $x=[H_3O^+]=1.32\times10^{-3}\mathrm{mol\cdot L^{-1}}$

所以 $0.100\mathrm{mol\cdot L^{-1}}$ HAc 溶液的解离度为

$$\alpha=[H_3O^+]/c(HAc)=1.32\times10^{-3}\mathrm{mol\cdot L^{-1}}/0.100\mathrm{mol\cdot L^{-1}}=1.32\times10^{-2}=1.32\%$$

（2）设已解离的 $[H_3O^+]=y\,\mathrm{mol\cdot L^{-1}}$

$$HAc + H_2O \rightleftharpoons H_3O^+ + Ac^-$$

初始浓度/$\mathrm{mol\cdot L^{-1}}$　　0.100　　0　　0.100

平衡浓度/$\mathrm{mol\cdot L^{-1}}$　　$0.100-y\approx0.100$　　y　　$0.100+y$

$$y=[H_3O^+]=K_a[HAc]/[Ac^-]=(1.75\times10^{-5}\times0.100/0.100)\mathrm{mol\cdot L^{-1}}$$
$$=1.75\times10^{-5}\mathrm{mol\cdot L^{-1}}$$

$$\alpha=[H_3O^+]/c(HAc)=1.75\times10^{-5}\mathrm{mol\cdot L^{-1}}/0.100\mathrm{mol\cdot L^{-1}}$$
$$=1.75\times10^{-4}=0.0175\%$$

计算结果表明，在 $0.100\mathrm{mol\cdot L^{-1}}$ HAc 溶液中加入 NaAc 晶体，当 NaAc 浓度为

0.100mol·L^{-1}时，HAc的解离度由1.32%减小为0.0175%，仅为原来的1/75。因此，利用同离子效应可控制溶液中某离子浓度和调节溶液的酸碱性。

（3）盐效应

若在一元弱酸HA溶液中加入不含相同离子的强电解质，如NaCl，则溶液中离子浓度增大，导致离子之间的相互牵制作用增强，使得A^-与H_3O^+反应生成HA和H_2O的速度减慢，解离平衡向正向移动，HA的解离度增大，这种效应称为**盐效应**（salt effect）。例如，在0.100mol·L^{-1} HAc溶液中加入NaCl使其浓度为0.100mol·L^{-1}，则溶液中的$[H_3O^+]$由1.32×10^{-3}mol·L^{-1}增大到1.82×10^{-3}mol·L^{-1}，HAc的解离度由1.32%增大到1.82%。

同离子效应和盐效应对弱电解质的解离度的作用是完全相反的。产生同离子效应的同时，必然伴随盐效应。但是盐效应对弱电解质的解离度的影响比同离子效应小得多，所以一般情况下，不考虑盐效应的影响。

2.3 酸碱溶液pH值的计算

工农业生产、科学研究以及日常生活中经常需要知道溶液的pH值。可以通过简单的计算来了解溶液的pH值。计算酸或碱溶液的pH值，需要从酸碱平衡来考虑溶液中的组成及其组分的化学性质。即首先考虑溶液中的酸或碱是属于强电解质还是弱电解质，然后分析此溶液中哪些组分是主要的，哪些组分可以忽略不计，使计算简化。

需要注意的是，受溶液中离子强度和活度系数等因素的影响，计算得到的pH值和用酸度计准确测定的值之间存在一定的差异。

2.3.1 强酸或强碱溶液

强酸或强碱属于强电解质，在水中完全解离。例如，HCl在水中的解离：

$$HCl + H_2O \longrightarrow H_3O^+ + Cl^-$$

溶液中还存在水的质子自递平衡。由此，HCl溶液中主要存在H_2O、H_3O^+及Cl^-。H_2O本身的解离很弱，加上HCl的酸效应强烈地抑制了H_2O的解离，使H_2O解离的H_3O^+可忽略不计。因此，HCl溶液的H_3O^+浓度由HCl来确定。一般浓度下，对于强酸HA，$[H_3O^+]=c(HA)$；对于强碱B，$[OH^-]=c(B)$。

当强酸或强碱的浓度很稀，溶液的$[H_3O^+]$或$[OH^-]<10^{-6}$mol·L^{-1}时，由H_2O解离出的H_3O^+或OH^-就不能忽略。

2.3.2 一元弱酸或弱碱溶液

弱酸或弱碱在溶液中大部分以分子形式存在，只有少部分与水发生质子转移反应。因此，在计算弱酸或弱碱溶液的pH值时，主要通过酸碱解离常数与平衡浓度的关系式，并需要考虑溶液中主要组分和可忽略组分之间的关系，采用近似法简便计算。

一元弱酸HA的水溶液中，存在着两种质子传递平衡：

$$HA + H_2O \rightleftharpoons H_3O^+ + A^-$$

$$K_a = \frac{[H_3O^+][A^-]}{[HA]}$$

$$H_2O + H_2O \rightleftharpoons H_3O^+ + OH^-$$

$$K_w = [H_3O^+][OH^-]$$

溶液中的 H_3O^+、A^-、OH^- 和 HA 存在着解离平衡的关系，这时溶液中的 H_3O^+ 浓度一部分来自 HA 解离，一部分来自水解离，要精确计算溶液的 pH 值，数学处理十分麻烦，更重要的是在实际工作和应用中没有必要。因此，可以考虑采用下面的近似处理。

① 设弱酸 HA 的初始浓度为 c_a，解离度为 α。当 $K_a c_a \geqslant 20K_w$ 时，水解离出的 H_3O^+ 浓度很低，可以忽略水的质子自递平衡，只需考虑弱酸的质子传递平衡，则 $[H_3O^+] = c_a\alpha$。

$$HA + H_2O \rightleftharpoons H_3O^+ + A^-$$

初始浓度/$mol \cdot L^{-1}$ $\quad c_a$

平衡浓度/$mol \cdot L^{-1}$ $\quad c_a(1-\alpha) \quad c_a\alpha \quad c_a\alpha$

$$K_a = \frac{[H_3O^+][A^-]}{[HA]} = \frac{c_a\alpha c_a\alpha}{c_a(1-\alpha)} = \frac{c_a\alpha^2}{1-\alpha} \tag{2-10}$$

$$K_a = \frac{[H_3O^+]^2}{c_a - [H_3O^+]} \tag{2-11}$$

解得

$$[H_3O^+] = \frac{-K_a + \sqrt{K_a^2 + 4K_a c_a}}{2} \tag{2-12}$$

式(2-12）是计算一元弱酸溶液 $[H_3O^+]$ 的近似公式。

② 当弱酸的解离度 $\alpha < 5\%$，或 $c/K_a \geqslant 500$ 时，即已解离的酸极少，则 $1-\alpha \approx 1$，或 $c_a - [H_3O^+] \approx c_a$，式(2-11）可以简化为：

$$K_a = c_a\alpha^2, 即\ \alpha = \sqrt{K_a/c_a} \tag{2-13}$$

或

$$[H_3O^+] = \sqrt{K_a c_a} \tag{2-14}$$

式(2-13）同式(2-9）表明在一定温度下，解离常数 K_a 不变，溶液的解离度与其浓度的平方根成反比。即溶液越稀时，解离度越大，这个关系式也解释了稀释定律。但必须指出，溶液稀释时，解离液增大，溶液中离子，如 H_3O^+、A^- 等的浓度仍然降低。

同理，对于一元弱碱溶液，当 $K_b c_b \geqslant 20K_w$，且 $c_b/K_b \geqslant 500$ 时，解离度、浓度和解离常数的关系简式为：

$$K_b = c_b\alpha^2, 即\ \alpha = \sqrt{K_b/c_b} \tag{2-15}$$

或

$$[OH^-] = \sqrt{K_b c_b} \tag{2-16}$$

【例 2-4】 计算 25℃时，$0.100 mol \cdot L^{-1}$ HAc 溶液的 H_3O^+、OH^-、Ac^-、HAc 的浓度以及 α 和 pH。

解： 已知 $c = 0.100 mol \cdot L^{-1}$，HAc 溶液的 $K_a = 1.75 \times 10^{-5}$。

$$K_a c = 1.75 \times 10^{-5} \times 0.100 = 1.75 \times 10^{-6} \geqslant 20K_w$$

因为 $c/K_a = 0.100/(1.75 \times 10^{-5}) > 500$，采用式(2-14）计算，解得：

$$[H_3O^+] = \sqrt{K_a c_a} = \sqrt{0.100 \times 1.75 \times 10^{-5}} (mol \cdot L^{-1})$$

$$= 1.32 \times 10^{-3} mol \cdot L^{-1}$$

$$pH = 2.88$$

故 $[OH^-] = K_w/[H_3O^+] = 7.58 \times 10^{-12} mol \cdot L^{-1}$，$[Ac^-] = [H_3O^+] = 1.32 \times 10^{-3} mol \cdot L^{-1}$，

$[HAc] = (0.100 - 1.32 \times 10^{-3}) mol \cdot L^{-1} \approx 0.100 mol \cdot L^{-1}$

$$\alpha = [H_3O^+]/c(HAc) = 1.32\%$$

上述计算结果也表明，在 0.100mol·L^{-1} 的 HAc 溶液中，由水解离的 $[H_3O^+]=[OH^-]=7.58\times10^{-12}$mol·L^{-1}，与溶液的 $[H_3O^+]$（1.32×10^{-3}mol·L^{-1}）相比完全可以忽略。因此，当 $K_a c_a \geqslant 20K_w$ 时，忽略水的质子自递平衡是合理的。而且，0.100mol·L^{-1} HAc 的解离度 $\alpha=[H_3O^+]/c(HAc)=1.32\%$，故 $1-\alpha\approx1$，$[HAc]=c(HAc)\times(1-\alpha)\approx c(HAc)$ 也是合理的。

【例 2-5】 25℃时，将 8.203g 的 NaAc 固体溶于水中并配制成 1.000L 的溶液，计算该溶液的 pH 值。

解：NaAc 在水溶液中完全解离为 Na^+ 和 Ac^-，故 Ac^- 的起始浓度

$$c(Ac^-) = 8.203g/(82.03g\cdot mol^{-1}\times1L) = 0.100mol\cdot L^{-1}$$

一元弱碱 Ac^- 的水溶液存在如下平衡

$$Ac^- + H_2O \rightleftharpoons HAc + OH^-$$

由于 $K_a = 1.75\times10^{-5}$

故 $K_b = K_w/K_a = 1.00\times10^{-14}/(1.75\times10^{-5}) = 5.71\times10^{-10}$

又因 $cK_b > 20K_w$，且 $c/K_b = 0.100/(5.71\times10^{-10}) > 500$

所以 $[OH^-] = \sqrt{K_b c} = \sqrt{0.100\times5.71\times10^{-10}}(mol\cdot L^{-1}) = 7.56\times10^{-6}mol\cdot L^{-1}$

故 $pOH = 5.12, pH = 14.00 - 5.12 = 8.88$

2.3.3 多元弱酸或弱碱溶液

一元弱酸和一元弱碱的解离是一步完成的，而多元弱酸或多元弱碱的解离是分步进行的，且每一步都有其酸碱解离常数。多元弱酸的解离常数分别可以用 K_{a_1}，K_{a_2}，K_{a_3}，…，K_{a_n} 表示。例如 H_3PO_4 在水中有三级解离，$K_{a_1}=6.9\times10^{-3}$，$K_{a_2}=6.1\times10^{-8}$，$K_{a_3}=4.8\times10^{-13}$。又如二元弱酸 H_2S，25℃时，$K_{a_1}=8.9\times10^{-8}$，$K_{a_2}=1.2\times10^{-13}$。

从上述例子可以看出：$K_{a_1}\gg K_{a_2}\gg K_{a_3}$，这是多元弱酸或多元弱碱分步解离的普遍规律，因为上一级解离生成的 H_3O^+ 对下一步的解离具有抑制作用（同离子效应）。例如 H_3PO_4 的解离平衡体系中，$K_{a_1}/K_{a_2}\geqslant10^3$，因此第一步解离是主要的，其他级解离形成的 H_3O^+ 可忽略不计，而 H_3O^+ 浓度可按一元弱酸的处理方式计算。总之，在多元弱酸或多元弱碱的复杂平衡体系中，只有第一步的解离平衡是主要的，它的存在对其他平衡起着决定性作用。这种情况在大多数多元弱酸或多元弱碱的溶液中普遍存在，所以对于多元弱酸或弱碱进行有关计算时，只考虑主要的解离平衡。

二元弱酸 H_2A 在水中分步解离：

第一步解离 $$H_2A + H_2O \rightleftharpoons H_3O^+ + HA^-$$

$$K_{a_1} = \frac{[H_3O^+][HA^-]}{[H_2A]}$$

第二步解离 $$HA^- + H_2O \rightleftharpoons H_3O^+ + A^{2-}$$

$$K_{a_2} = \frac{[H_3O^+][A^{2-}]}{[HA^-]}$$

设 H_2A 的起始浓度为 c_a，若 $K_{a_1}\gg K_{a_2}$（$K_{a_1}/K_{a_2}\geqslant10^3$），则 $[H_3O^+]$ 主要来自第一步的解离，而且第一步解离出来的 H_3O^+ 通过同离子效应抑制了第二步的解离，因此可以忽略第二步解离出来的 H_3O^+。溶液的 $[H_3O^+]$ 的计算按一元弱酸的方式进行计算。

若 $K_{a_1}c_a \geqslant 20K_w$，可以忽略水解离的 H_3O^+，则 $[H_3O^+] \approx [HA^-]$

若 $c_a/K_{a_1} \geqslant 500$，可以按近似公式计算，即 $[H_3O^+]=\sqrt{K_a c_a}$

对于溶液中 A^{2-} 的浓度，由第二步解离常数的表达式可得：

$$[A^{2-}]=K_{a_2} \times \frac{[HA^-]}{[H_3O^+]} \approx K_{a_2} \tag{2-17}$$

式(2-17) 说明，二元弱酸酸根离子的浓度近似等于第二步解离的解离常数，与弱酸的浓度无关。需要注意的是，只有满足上述条件进行近似计算，才有 $[A^{2-}] \approx K_{a_2}$ 这一结论。并且这个结论不能简单地推论到三元弱酸。

【例 2-6】 计算 25℃时，$0.020\text{mol} \cdot L^{-1}$ H_2CO_3 溶液中 H_3O^+、H_2CO_3、HCO_3^-、CO_3^{2-} 和 OH^- 的浓度。

解： 在 H_2CO_3 的水溶液中同时存在下列三个解离平衡

$$H_2CO_3 + H_2O \rightleftharpoons H_3O^+ + HCO_3^- \quad K_{a_1}=4.5 \times 10^{-7}$$

$$HCO_3^- + H_2O \rightleftharpoons H_3O^+ + CO_3^{2-} \quad K_{a_2}=4.7 \times 10^{-11}$$

$$H_2O + H_2O \rightleftharpoons H_3O^+ + OH^- \quad K_w=1.0 \times 10^{-14}$$

因为 $K_{a_1} \gg K_{a_2}$ ($K_{a_1}/K_{a_2} \geqslant 10^3$)，$K_{a_1}c_a \geqslant 20K_w$，所以仅考虑 H_2CO_3 的第一步解离。

又因 $c_a/K_{a_1}=0.02/(4.5 \times 10^{-7})>500$，所以$[H_3O^+]=\sqrt{K_{a_1}c_a}=\sqrt{4.5 \times 10^{-7} \times 0.02}(\text{mol} \cdot L^{-1})=9.5 \times 10^{-5}\text{mol} \cdot L^{-1}$

故 $[HCO_3^-]=[H_3O^+]=9.5 \times 10^{-5}\text{mol} \cdot L^{-1}$，$[CO_3^{2-}]=K_{a_2}=4.7 \times 10^{-11}\text{mol} \cdot L^{-1}$

$$[OH^-]=K_w/[H_3O^+]=1.0 \times 10^{-14}/(9.5 \times 10^{-5})=1.0 \times 10^{-10}\text{mol} \cdot L^{-1}$$

由 H_2CO_3 水溶液的三个解离平衡可以进一步推算，第二步解离的 $[H_3O^+]=[CO_3^{2-}]=4.7 \times 10^{-11}\text{mol} \cdot L^{-1}$，水解离出来的 $[H_3O^+]=[OH^-]=1.0 \times 10^{-10}\text{mol} \cdot L^{-1}$。从这些结果可见，溶液中的 $[H_3O^+]$ 由 H_2CO_3 第一步解离出的 $[H_3O^+]=9.5 \times 10^{-5}\text{mol} \cdot L^{-1}$ 所决定，故忽略第二步解离以及水的解离是完全合理的，且可以按一元弱酸的处理方式近似计算。

【例 2-7】 计算 25℃时，$0.100\text{mol} \cdot L^{-1}$ Na_2CO_3 溶液的 pH 值以及 CO_3^{2-} 和 HCO_3^- 浓度。

解： Na_2CO_3 是二元弱碱，在水溶液中存在下列解离平衡

$$CO_3^{2-} + H_2O \rightleftharpoons HCO_3^- + OH^-$$

$$K_{b_1}=K_w/K_{a_2}=1.0 \times 10^{-14}/(4.7 \times 10^{-11})=2.1 \times 10^{-4}$$

$$HCO_3^- + H_2O \rightleftharpoons H_2CO_3 + OH^-$$

$$K_{b_2}=K_w/K_{a_1}=1.0 \times 10^{-14}/(4.5 \times 10^{-7})=2.2 \times 10^{-8}$$

因为 $\quad K_{b_1}/K_{b_2}>10^3$，$c_b/K_{b_1}>500$，且 $c_bK_{b_1}>20K_w$

所以 $\quad [OH^-]=\sqrt{K_{b_1}c_b}=\sqrt{2.1 \times 10^{-4} \times 0.100}(\text{mol} \cdot L^{-1})=4.6 \times 10^{-3}\text{mol} \cdot L^{-1}$

$$pOH=2.34, \quad pH=14-2.34=11.66$$

$$[CO_3^{2-}]=0.100\text{mol} \cdot L^{-1} - 4.6 \times 10^{-3}\text{mol} \cdot L^{-1}=0.095\text{mol} \cdot L^{-1}$$

以上结果表明，$0.100\text{mol} \cdot L^{-1}Na_2CO_3$ 溶液仅有约 5%解离成 HCO_3^-，溶液中存在的主要离子仍然是 CO_3^{2-} 及 Na^+。

2.3.4 两性物质溶液

酸碱质子理论指出既能够给出质子、又能够接受质子的物质为两性物质。这类物质在溶

液中的解离平衡是十分复杂的，这里仅简单讨论以下三种类型。

（1）负离子型

常见的负离子型两性物质有 HCO_3^-、$H_2PO_4^-$、HPO_4^{2-} 等。例如，HCO_3^- 的水溶液中，HCO_3^- 作为酸时解离平衡反应式为：

$$HCO_3^- + H_2O \rightleftharpoons H_3O^+ + CO_3^{2-}$$

$$K_a = \frac{[H_3O^+][CO_3^{2-}]}{[HCO_3^-]} = K_{a_2} = 4.7 \times 10^{-11}$$

HCO_3^- 作为碱时解离平衡反应式为：

$$HCO_3^- + H_2O \rightleftharpoons OH^- + H_2CO_3$$

$$K_b = \frac{[OH^-][H_2CO_3]}{[HCO_3^-]} = \frac{K_w}{K_{a_1}} = 2.2 \times 10^{-8}$$

（2）弱酸弱碱型

常见的弱酸弱碱型两性物质有 NH_4Ac、NH_4CN、$(NH_4)_2CO_3$ 等。例如，NH_4Ac 的水溶液中，NH_4Ac 作为酸时解离平衡反应式为：

$$NH_4^+ + H_2O \rightleftharpoons NH_3 + H_3O^+$$

$$K_a = \frac{[NH_3][H_3O^+]}{[NH_4^+]} = \frac{K_w}{K_b} = 5.6 \times 10^{-10}$$

NH_4Ac 作为碱时解离平衡反应式为：

$$Ac^- + H_2O \rightleftharpoons OH^- + HAc$$

$$K_b = \frac{[HAc][OH^-]}{[Ac^-]} = \frac{K_w}{K_a} = 5.71 \times 10^{-10}$$

（3）氨基酸型

氨基酸是一类特殊的两性物质，分子内既含有羧基可以给予质子，显酸性；又含有氨基可以接受质子，显碱性；例如，甘氨酸（$NH_3^+ \cdot CH_2 \cdot COO^-$）在水中的解离平衡反应式为：

$$NH_3^+ \cdot CH_2 \cdot COO^- + H_2O \rightleftharpoons NH_2 \cdot CH_2 \cdot COO^- + H_3O^+$$

$$K_a = K_{a_2} = 1.56 \times 10^{-10}$$

$$NH_3^+ \cdot CH_2 \cdot COO^- + H_2O \rightleftharpoons NH_3^+ \cdot CH_2 \cdot COOH + OH^-$$

$$K_b = \frac{K_w}{K_{a_1}} = 2.24 \times 10^{-12}$$

上述两性物质不管哪一种类型，在水溶液中的酸碱性均取决于相应的 K_a 与 K_b 的相对大小，即有以下关系。

$K_a > K_b$，溶液呈酸性，如 NaH_2PO_4、NH_4F、$HCOONH_4$、$NH_3^+ \cdot CH_2 \cdot COO^-$。

$K_a < K_b$，溶液呈碱性，如 $NaHPO_4$、$NaHCO_3$、$(NH_4)_2CO_3$、NH_4CN 等。

$K_a \approx K_b$，溶液呈中性，如 NH_4Ac 等。

现以二元弱酸的酸式盐 NaHB 为例，推导两性物质溶液中 H_3O^+ 浓度的计算公式。NaHB 是强电解质，在水溶液中完全解离为 Na^+ 和 HB^-。溶液中酸碱性主要体现在 HB^- 的解离平衡。

$$HB^- + H_2O \rightleftharpoons H_3O^+ + B^{2-}$$

$$K_{a_2}=\frac{[H_3O^+][B^{2-}]}{[HB^-]}$$

$$HB^- + H_2O \rightleftharpoons OH^- + H_2B$$

$$K_{b_2}=\frac{K_w}{K_{a_1}}=\frac{[OH^-][H_2B]}{[HB^-]}$$

$$H_2O + H_2O \rightleftharpoons H_3O^+ + OH^-$$

$$K_w=[H_3O^+][OH^-]$$

当质子转移达到平衡时，碱得到的质子数等于酸失去的质子数，则有：

$$[H_3O^+]+[H_2B]=[B^{2-}]+[OH^-]$$

$$[H_3O^+]+\frac{[H_3O^+][HB^-]}{K_{a_1}}=\frac{[HB^-]K_{a_2}}{[H_3O^+]}+\frac{K_w}{[H_3O^+]}$$

整理上式可得

$$[H_3O^+]=\sqrt{\frac{K_{a_1}([HB^-]K_{a_2}+K_w)}{[HB^-]+K_{a_1}}}$$

如果两性物质 HB^- 的 K_{a_1} 和 K_{a_2} 都很小，HB^- 给出质子或得到质子的能力都很弱，可近似认为 $[HB^-]\approx c_a$

则上式可以改写为

$$[H_3O^+]=\sqrt{\frac{K_{a_1}([HB^-]K_{a_2}+K_w)}{c_a+K_{a_1}}} \qquad (2\text{-}18)$$

式(2-18) 是计算两性物质 HB^- 溶液 H_3O^+ 浓度的近似公式。

如果 $c_a>20K_{a_1}$，且 $K_{a_2}c_a>20K_w$

则式(2-18) 可以简化为：

$$[H_3O^+]=\sqrt{K_{a_1}K_{a_2}} \qquad (2\text{-}19)$$

式(2-19) 是计算两性物质 HB^- 溶液 H_3O^+ 浓度的最简公式。

【例 2-8】 计算 25℃时，0.1mol・L^{-1} $NaHCO_3$ 溶液的 pH 值，已知 H_2CO_3 的 $K_{a_1}=4.2\times10^{-7}$，$K_{a_2}=5.6\times10^{-11}$。

解： 因为 $NaHCO_3$ 是一种两性物质，可根据式(2-19) 计算。

$[H_3O^+]=\sqrt{K_{a_1}K_{a_2}}=\sqrt{4.2\times10^{-7}\times5.6\times10^{-11}}(mol\cdot L^{-1})=4.8\times10^{-9}mol\cdot L^{-1}$

即 $pH=-\lg(4.8\times10^{-9})=8.32$

【例 2-9】 计算 25℃时，0.1mol・L^{-1} NaH_2PO_4 溶液的 pH 值，已知 H_3PO_4 的 $pK_{a_1}=2.16$，$pK_{a_2}=7.21$，$pK_{a_3}=12.32$。

解： $[H_3O^+]=\sqrt{K_{a_1}K_{a_2}}$ 或

$pH=1/2(pK_{a_1}+pK_{a_2})=1/2\times(2.16+7.21)=4.68$

2.4 缓冲溶液

溶液的酸碱度是影响化学反应的重要因素之一，特别是生物体内的化学反应，必须维持在一定的 pH 值范围内才能够顺利进行。人体的各种体液都需保持在一定范围内，如正常血液的 pH 值为 7.34～7.45。在生命活动过程中，新陈代谢必然会产生一些酸性或碱性物质，如乳酸等。机体从外界摄取蔬菜或水果等食物时，也会吸收一些酸性或碱性物质。但是，人体血液的 pH 值仍然能够维持在正常的范围内。因此，研究缓冲溶液的 pH 值保持稳定的因素和原理，无论在化学上还是医学上都是非常必要的。

这种能够抵抗少量外加强酸、强碱，或在有限量稀释时，保持溶液的 pH 值基本不发生变化的溶液称为**缓冲溶液**（buffer solution）。缓冲溶液所具有的抵抗外加少量强酸、强碱或稀释的作用称为**缓冲作用**（buffer action）。

2.4.1 缓冲溶液的组成及作用机理

（1）缓冲溶液的组成

缓冲溶液通常是由两种物质组成的溶液。一种是能够抵抗外来 H^+ 的成分，称为抗酸成分；另一种是能够抵抗外来 OH^- 的成分，称为抗碱成分。这两种成分合称为**缓冲系**（buffer system）或**缓冲对**（buffer pair）。常见的缓冲系如表 2-6 所示，缓冲系通常由一定浓度或适当比例的共轭酸碱对组成，其中共轭酸为抗碱成分，共轭碱为抗酸成分。因此，缓冲系主要分为以下两种类型。

表 2-6 常见的缓冲系

缓冲体系	抗碱成分	抗酸成分	质子转移平衡	pK_a(25℃)
HAc-NaAc	HAc	Ac^-	$HAc(aq)+H_2O(l) \rightleftharpoons Ac^-(aq)+H_3O^+(aq)$	4.756
H_2CO_3-$NaHCO_3$	H_2CO_3	HCO_3^-	$H_2CO_3(aq)+H_2O(l) \rightleftharpoons HCO_3^-(aq)+H_3O^+(aq)$	6.35
H_3PO_4-NaH_2PO_4	H_3PO_4	$H_2PO_4^-$	$H_3PO_4(aq)+H_2O(l) \rightleftharpoons H_2PO_4^-(aq)+H_3O^+(aq)$	2.16
Tris · HCl-Tris①	Tris · H^+	Tris	$Tris \cdot H^+(aq)+H_2O(l) \rightleftharpoons Tris(aq)+H_3O^+(aq)$	7.85
$H_2C_8H_4O_4$-$KHC_8H_4O_4$②	$H_2C_8H_4O_4$	$HC_8H_4O_4^-$	$H_2C_8H_4O_4(aq)+H_2O(l) \rightleftharpoons HC_8H_4O_4^-(aq)+H_3O^+(aq)$	2.943
NH_4Cl-NH_3	NH_4^+	NH_3	$NH_4^+(aq)+H_2O(l) \rightleftharpoons NH_3(aq)+H_3O^+(aq)$	9.25
$CH_3NH_3^+Cl^-$-$CH_3NH_2$③	$CH_3NH_3^+$	CH_3NH_2	$CH_3NH_3^+(aq)+H_2O(l) \rightleftharpoons CH_3NH_2(aq)+H_3O^+(aq)$	10.66
NaH_2PO_4-Na_2HPO_4	$H_2PO_4^-$	HPO_4^{2-}	$H_2PO_4^-(aq)+H_2O(l) \rightleftharpoons HPO_4^{2-}(aq)+H_3O^+(aq)$	7.21
Na_2HPO_4-Na_3PO_4	HPO_4^{2-}	PO_4^{3-}	$HPO_4^{2-}(aq)+H_2O(l) \rightleftharpoons PO_4^{3-}(aq)+H_3O^+(aq)$	12.32

①三（羟甲基）甲胺盐酸盐；②邻苯二甲酸-邻苯二甲酸氢钾；③盐酸甲胺-甲胺。

① 共轭酸碱对　如 HAc-NaAc、H_2CO_3-$NaHCO_3$、$H_2C_8H_4O_4$（邻苯二甲酸）-$KHC_8H_4O_4$（邻苯二甲酸氢钾）、NH_3-NH_4Cl、CH_3NH_2-CH_3NH_3Cl 等。

② 两性物质　如 $NaHCO_3$-Na_2CO_3、NaH_2PO_4-Na_2HPO_4、$KHC_8H_4O_4$（邻苯二甲酸氢钾）-$NaKC_8H_4O_4$（邻苯二甲酸钾钠）、$NaH_2C_6H_5O_7$（柠檬酸二氢钠）-$Na_2HC_6H_5O_7$（柠檬酸氢二钠）等。

（2）缓冲溶液的作用原理

缓冲溶液为什么具有缓冲作用呢？现以 HAc-NaAc 组成的缓冲溶液为例，说明缓冲溶液的作用原理。

在 HAc-NaAc 缓冲溶液中，HAc 是弱电解质，在水中解离度很小，并且来自 NaAc 的 Ac^- 产生同离子效应，进一步抑制 HAc 的解离，使 HAc 主要以分子形式存在于溶液中。NaAc 是强电解质，在溶液中完全解离，以 Na^+ 和 Ac^- 存在。因此，在 HAc-Ac^- 缓冲溶液中存在着大量的 HAc 和 Ac^-，并且 HAc 和 Ac^- 是共轭酸碱对。这个缓冲溶液还有一定的 $[H_3O^+]$，即具有一定的 pH 值。

在 HAc-NaAc 缓冲溶液中存在如下解离平衡：

$$\underset{(\text{大量})}{HAc} + H_2O \rightleftharpoons H_3O^+ + \underset{(\text{大量})}{Ac^-}$$

① 当向缓冲溶液中加入少量强酸，如 HCl 时，则增加了溶液的 $[H_3O^+]$ 浓度。假设不发生其他反应，溶液的 pH 值应该减小，酸性增强。但是由于抗酸组分的存在，共轭碱 Ac^- 与增加 H_3O^+ 结合形成了 HAc 和 H_2O，使平衡向左移动即向着生成 HAc 的方向移动，直至建立新的平衡。因为加入的 H^+ 较少，溶液中 Ac^- 浓度较大，外加的 H^+ 绝大多数转变为 HAc。因此，溶液的 H_3O^+ 浓度无明显升高，溶液的 pH 值基本保持不变。

$$H_3O^+ + Ac^- \rightleftharpoons HAc + H_2O$$

② 当向缓冲溶液中加入少量强碱，如 NaOH 时，则增加了溶液的 $[OH^-]$ 浓度。假设不发生其他反应，溶液的 pH 值应该增大，碱性增强。但是由于抗碱组分的存在，共轭酸 HAc 与增加 OH^- 结合形成了更难解离的 H_2O，使平衡向右移动即向着生成 H_3O^+ 和 Ac^- 的方向移动，直至加入的 OH^- 大部分转变成 H_2O，建立新的平衡。因为加入的 OH^- 较少，溶液中 HAc 浓度较大，外加的 OH^- 绝大多数转变为了 H_2O。因此，溶液的 OH^- 浓度无明显升高，溶液的 pH 基本保持不变。

③ 当缓冲溶液稍加稀释时，其中 $[H_3O^+]$ 的浓度降低，但 $[Ac^-]$ 的浓度也降低，同离子效应减弱，HAc 的解离程度增加，进一步产生 $[H_3O^+]$，可维持溶液的 pH 值不发生明显的变化。

故缓冲溶液具有抗酸、抗碱和抗稀释的作用。

2.4.2 缓冲溶液的 pH 值

以共轭酸碱对 $HB\text{-}B^-$ 为例，推导缓冲溶液的 pH 计算公式。在 $HB\text{-}B^-$ 的缓冲溶液中，质子转移平衡为：

$$HB + H_2O \rightleftharpoons H_3O^+ + B^-$$

$$K_a = \frac{[H_3O^+][B^-]}{[HB]}$$

整理得

$$[H_3O^+] = K_a \frac{[HB]}{[B^-]}$$

将等式两边取负对数，得

$$pH = pK_a + \lg\frac{[B^-]}{[HB]} = pK_a + \lg\frac{[\text{共轭碱}]}{[\text{共轭酸}]} \tag{2-20}$$

式(2-20) 是计算缓冲溶液 pH 值的最简公式，也称为**亨德森-哈塞尔巴赫方程式** (Henderson-Hasselbalch equation)，简称亨德森方程。式中，pK_a 为共轭酸解离常数的负对数；$[HB]$ 和 $[B^-]$ 分别是缓冲溶液中共轭酸和共轭碱的平衡浓度。$[B^-]$ 与 $[HB]$ 的比值称为**缓冲比** (buffercomponent ratio)。

若设上述缓冲溶液中 HB 的初始浓度为 $[HB]_0$，B^- 的初始浓度为 $[B^-]_0$，则 HB 和 B^- 的平衡浓度分别为

$$[HB] = [HB]_0 - [H_3O^+]$$

$$[B^-] = [B^-]_0 + [H_3O^+]$$

由于缓冲溶液中 B^- 的同离子效应，使 HB 的解离度更小，所解离出来的 H_3O^+ 可以忽略，

即$[HB] \approx [HB]_0$，$[B^-] \approx [B^-]_0$。式(2-20) 又可表示为：

$$pH = pK_a + \lg \frac{[B^-]_0}{[HB]_0} \tag{2-21}$$

若设缓冲溶液的体积为V，有 $[HB]_0 = n(HB)/V$，$[B^-]_0 = n(B^-)/V$，式(2-21) 又可表示为：

$$pH = pK_a + \lg \frac{n(B^-)V}{n(HB)V} = pK_a + \lg \frac{n(B^-)}{n(HB)} \tag{2-22}$$

如使用相同初始浓度、体积分别为$V(HB)$ 的弱酸和$V(B^-)$ 的共轭碱混合配制缓冲溶液；由于$n(HB) = [HB]_0 V(HB)$，$n(B^-) = [B^-]_0 V(B^-)$，$[HB]_0 = [B^-]_0$，则式(2-22) 又可表示为：

$$pH = pK_a + \lg \frac{[B^-]_0 V(B^-)}{[HB]_0 V(HB)} = pK_a + \lg \frac{V(B^-)}{V(HB)} \tag{2-23}$$

由以上各式可知：缓冲溶液的 pH 值取决于一元弱酸的 pK_a 和缓冲比。当 pK_a 一定时，缓冲溶液的 pH 值随缓冲比的改变而改变；当缓冲比等于 1 时，$pH = pK_a$。在一定范围内加水稀释时，弱酸和共轭碱的浓度同等程度减小，缓冲溶液的缓冲比不变，溶液的 pH 值不会发生改变。因此，缓冲溶液除能抵抗外加少量强酸和强碱外，还具有一定的抗稀释作用。当过度稀释时，不能维持缓冲系物质的足够浓度，缓冲溶液将丧失缓冲能力。弱酸的解离常数 K 与温度有关，所以温度对缓冲溶液的 pH 值有影响，但温度的影响比较复杂。

【例 2-10】 25℃时，$K_b = 1.8 \times 10^{-5}$，0.5L 0.200mol·L^{-1} 氨水溶液中，加入 4.78g NH_4Cl 固体，并配制成 1.0L 缓冲溶液，试计算该缓冲溶液的 pH 值。

解：由 $K_b = 1.8 \times 10^{-5}$ 得知，$NH_3 \cdot H_2O$ 的 $pK_b = 4.75$。

则 NH_4^+ 的 $pK_a = 14.00 - 4.75 = 9.25$

$$[NH_4Cl] = \frac{4.78g}{53.5g \cdot mol^{-1} \times 1L} = 0.0893 mol \cdot L^{-1}$$

$$[NH_3] = \frac{0.200 mol \cdot L^{-1} \times 0.5L}{1L} = 0.100 mol \cdot L^{-1}$$

代入式(2-22) 得

$$pH = pK_a + \lg \frac{n(B^-)}{n(HB)} = 9.25 + \lg \frac{0.100}{0.0893} = 9.30$$

【例 2-11】 25℃时，0.30mol·L^{-1}的 HAc 溶液 100mL 和 0.2mol·L^{-1}的 NaOH 溶液 100mL 混合，配制成缓冲溶液，计算溶液的 pH 值。

解：溶液混合前，$n(HAc) = 0.30 mol \cdot L^{-1} \times 0.1L = 0.03 mol$，$n(NaOH) = 0.20 mol \cdot L^{-1} \times 0.1L = 0.02 mol$。

根据反应方程式

$$HAc + NaOH = NaAc + H_2O$$

溶液混合后，剩余的 HAc 的量为 $n(HAc) = 0.03mol - 0.02mol = 0.01mol$，生成 NaAc 的量为 $n(NaAc) = 0.02mol$。

代入式(2-22) 得

$$pH = pK_a + \lg \frac{n(Ac^-)}{n(HAc)} = 4.75 + \lg \frac{0.02}{0.01} = 5.05$$

2.4.3 缓冲容量和缓冲范围

(1) 缓冲容量

缓冲溶液的缓冲能力有一定的限度，只能抵抗少量的外来强酸或强碱而保持溶液的 pH 值基本不变。若加入的强酸或强碱超过一定量时，缓冲溶液中抗酸组分或抗碱组分耗尽时，缓冲溶液就会失去缓冲能力。1922 年，范斯莱克（Vanslyke）提出用缓冲容量作为衡量缓冲溶液缓冲能力大小的尺度。**缓冲容量**（buffer capacity）用符号 β 表示，是指单位体积缓冲溶液的 pH 值发生一定变化时，所能抵抗的外加 H^+ 或 OH^- 的物质的量，用微分式定义为：

$$\beta=-\frac{dc_a}{dpH}=\frac{dc_b}{dpH} \tag{2-24}$$

根据式(2-24)，一般规定缓冲容量是使 1L 的缓冲溶液 pH 值变化 dpH 单位时所需的强酸或强碱的物质的量 dc_a 或 dc_b。酸的加入使 pH 数值降低，为保证 β 为正值，在 $-\frac{dc_a}{dpH}$ 前添加负号。

(2) 影响缓冲容量的因素

由式(2-24) 可以推导缓冲容量与缓冲溶液总浓度的关系，推导过程较复杂，在此省略，感兴趣可以参考有关读物。

$$\beta=2.303\times\left(\frac{[HB]}{[HB]+[B^-]}\times\frac{[B^-]}{[HB]+[B^-]}\right)\times c_{总} \tag{2-25}$$

① 缓冲溶液总浓度对缓冲容量的影响　从 β 的表达式可以推知，当缓冲比一定时，溶液总浓度 $c_{总}$ 增大时，[HB] 和 $[B^-]$ 都以相同的倍数增大，β 值也增大。所以缓冲溶液的总浓度越大，缓冲容量越大，反之亦然。表 2-7 列举了缓冲比一定时，不同浓度 $HAc\text{-}Ac^-$ 溶液的缓冲容量。

表 2-7　缓冲容量与总浓度的关系

缓冲溶液	$c_{总}/mol\cdot L^{-1}$	β
Ⅰ	0.050	0.0029
Ⅱ	0.10	0.058
Ⅲ	0.15	0.086
Ⅳ	0.20	0.115
Ⅴ	0.30	0.173

② 缓冲比对缓冲容量的影响　当缓冲溶液的总浓度（$[HB]+[B^-]$）一定时，缓冲比 $\frac{[B^-]}{[HB]}$ 越接近 1，乘积 $[HB][B^-]$ 的值就越大，缓冲容量就越大。当缓冲比 $\frac{[B^-]}{[HB]}=1$ 时，即 $[HB]=[B^-]$ 时，表达式 $\frac{[HB]}{[HB]+[B^-]}\times\frac{[B^-]}{[HB]+[B^-]}=\frac{1}{1+1}\times\frac{1}{1+1}$，缓冲系有最大缓冲容量：$\beta_{最大}=2.303\times\frac{1}{1+1}\times\frac{1}{1+1}\times c_{总}=0.5758c_{总}$。

表 2-8 列举了总浓度为 $0.10mol\cdot L^{-1}$ HAc-Ac 的缓冲容量与缓冲比的关系。

表 2-8 缓冲容量与缓冲比的关系

缓冲溶液	$[B^-]/[HB]$	β	缓冲溶液	$[B^-]/[HB]$	β
Ⅰ	1∶19	0.0109	Ⅴ	4∶1	0.0368
Ⅱ	1∶9	0.0207	Ⅵ	9∶1	0.0207
Ⅲ	1∶4	0.0368	Ⅶ	19∶1	0.0109
Ⅳ	1∶1	0.0576			

(3) 缓冲范围

由表 2-8 中数据可以得出以下结论。

① 总浓度为 $0.10mol \cdot L^{-1}$ HAc-Ac^- 缓冲溶液，随着缓冲比的不同，缓冲容量也随着改变。当缓冲比为 1∶1，即 $[B^-]/[HB]=1$ 时，缓冲容量达到最大值。此时缓冲溶液的 $pH=pK_a$。

② 缓冲比直接影响缓冲溶液的缓冲能力，缓冲比等于 1 时，缓冲容量最大；缓冲比愈偏离 1，缓冲容量愈小。一般认为，当缓冲比小于 1∶10 或大于 10∶1 时，缓冲溶液已基本丧失了缓冲能力。因此，缓冲比从 1∶10 到 10∶1 是保证缓冲溶液具有足够缓冲能力的变化区间。这一区间通过 Henderson-Hasselbalch 方程式可转化为缓冲溶液的 pH 允许范围，即 pH 允许范围为 (pK_a-1) 到 (pK_a+1)。

通常把缓冲溶液的 pH 从 (pK_a-1) 到 (pK_a+1) 的取值范围定为缓冲作用的有效区间，称为缓冲溶液的有效**缓冲范围**（buffer effective range）。当 $pH=pK_a$，取最大值，缓冲系有最大缓冲容量。一般当 pH 超出 $pK_a \pm 1$ 的范围，β 低于允许值，缓冲溶液失效。

2.4.4 缓冲溶液的配制

在实际工作和科学研究中，常需要配制一定 pH 值的缓冲溶液。配制缓冲溶液可以按以下原则和步骤进行。

① 选择合适的缓冲系，预配制的缓冲溶液的 pH 值应在所选择的缓冲对的缓冲范围 $(pK_a \pm 1)$ 之内，且应尽量地接近弱酸的 pK_a，以使缓冲溶液具有较大的缓冲能力。例如，配制 pH 值为 4.5 的缓冲溶液，因为 HAc 的 $pK_a=4.76$，与 4.5 接近，所以可以选择 HAc-Ac^- 缓冲系。

② 缓冲溶液的总浓度要适当，总浓度太低时，缓冲溶液的缓冲能力太小。总浓度太高时，则溶液离子强度太大而不适用。实际应用中，缓冲溶液总浓度一般控制在 $0.05 \sim 0.2mol \cdot L^{-1}$。

③ 所选的缓冲系不能与反应物或者产物发生任何反应。医用的缓冲系还应具有无毒、稳定、能透过生物膜等性能。例如，硼酸-硼酸盐缓冲系有毒，不能用于培养细菌或配制注射液或口服液。

④ 计算缓冲系的量，确定缓冲系之后，根据 Henderson-Hasselbalch 方程式计算所需共轭酸和共轭碱的量。为了操作方便，常使用同浓度的共轭酸和共轭碱溶液。在实际工作中还可利用酸碱反应形成缓冲系，如过量弱酸和强碱反应体系或过量弱碱和强酸反应体系：

$$HAc(过量)+NaOH \rightleftharpoons NaAc+H_2O$$

或

$$NaAc(过量)+HCl \rightleftharpoons NaCl+HAc$$

⑤ 校正 pH 值，根据计算结果把相应的共轭酸和共轭碱配制成一定体积的缓冲溶液，由于忽略了离子强度的影响，该缓冲溶液 pH 值的真实值与计算结果存在差别。因此，需要

精确配制时，还应使用 pH 计或精密 pH 试纸对缓冲溶液的 pH 值进行校正。

【例 2-12】 如何配制 1000mL、pH=5.00 的缓冲溶液？

解：(1) 选择缓冲系：因 HAc 的 $pK_a=4.756$，接近 pH=5.00，选用 $HAc\text{-}Ac^-$ 缓冲系。

(2) 确定总浓度：一般要求具备中等缓冲能力，选用 $0.10mol \cdot L^{-1}$ HAc-$0.10mol \cdot L^{-1}$ NaAc 缓冲系。

(3) 设需 HAc 溶液的体积为 V_a，NaAc 的体积为 V_b，则

$$V_a+V_b=1000$$

又因

$$pH=pK_a+\lg\frac{V_b}{V_a}$$

故

$$5.00=4.756+\lg\frac{V_b}{V_a}=4.756+\lg\frac{V_b}{1000-V_b}$$

$$\frac{V_b}{1000-V_b}=1.754$$

解得 $V_b=637mL$，$V_a=1000-V_b=363mL$

(4) 将 $0.1mol \cdot L^{-1}$ HAc 溶液 363mL 与 $0.1mol \cdot L^{-1}$ NaAc 溶液 637mL 混合，即可配制 pH 值为 5.00 的缓冲溶液。如需精确 pH 值，应采用适当方法进行校正。

【例 2-13】 求解在 $0.1mol \cdot L^{-1}$ 的 HAc 溶液 100mL 中加入多少毫升相同浓度的 NaOH 溶液才能配制 pH=6.00 的缓冲溶液？[忽略溶液混合时引起的体积变化，已知 $K_a(HAc)=1.75\times10^{-5}$]

解：设需加入 NaOH 的体积为 xL，此时溶液的总体积为 $(x+0.10)$L，则反应形成的 Ac^- 的浓度为$\frac{0.1x}{0.10+x}mol \cdot L^{-1}$，剩余 HAc 的浓度为$\frac{0.010-0.1x}{0.10+x}mol \cdot L^{-1}$

由 $pH=pK_a+\lg\frac{[B^-]_0}{[HB]_0}$得：

$$6.00=4.756+\lg\frac{0.1x}{0.01-0.1x}$$

$$x=0.0946\ L=94.6mL$$

将 94.6mL $0.1mol \cdot L^{-1}$ 的 NaOH 溶液加入 100mL $0.1mol \cdot L^{-1}$ 的 HAc 溶液，混合均匀后就配制成 pH=6.00 的缓冲溶液。

实际工作中可查阅相关手册，按配方直接配制所需缓冲溶液。例如，磷酸盐缓冲系可用表 2-9 所列配方配制。若需配制医用磷酸盐缓冲溶液，还需考虑加入适量 NaCl、KCl 调节渗透压。

表 2-9 $H_2PO_4^-$ 和 HPO_4^{2-} 组成的缓冲溶液（25℃）[①]

pH	x/mL	β	pH	x/mL	β
5.80	3.6	—	6.40	11.6	0.021
5.90	4.6	0.010	6.50	13.9	0.024
6.00	5.6	0.011	6.60	16.4	0.027
6.10	6.8	0.012	6.70	19.3	0.030
6.20	8.1	0.015	6.80	22.4	0.033
6.30	9.7	0.017	6.90	25.9	0.033

续表

pH	x/mL	β	pH	x/mL	β
7.00	29.1	0.031	7.60	42.8	0.015
7.10	32.1	0.028	7.70	44.2	0.012
7.20	34.7	0.025	7.80	45.3	0.010
7.30	37.0	0.022	7.90	46.1	0.007
7.40	39.1	0.020	8.00	46.7	—
7.50	41.1	0.018			

①x 表示所需 0.1mol·L^{-1} NaOH 溶液的体积。配制方法为：在 50mL 0.1mol·L^{-1} KH_2PO_4 溶液中加入 xmL 0.1mol·L^{-1}NaOH 溶液，然后稀释至 100mL。

2.4.5 缓冲溶液的应用

(1) 在化学、化工生产中的应用

在制备难溶金属氢氧化物、难溶金属硫化物和碳酸盐中，由于它们开始形成沉淀和沉淀完全时所需的 pH 值不同，为了使沉淀完全，需要使用缓冲溶液控制溶液的 pH 值。例如，绝大多数金属的氨络合离子在酸性溶液里是不能存在的，因为它们的配体氨分子会与氢离子结合形成铵根离子，从而使配离子不复存在。绝大多数金属的氰络合离子在酸性溶液中也不能存在，因为它们的配体氰根离子会与氢离子结合生成剧毒性的氢氰酸。还有些金属离子的配离子稳定常数较小，且这些金属离子氢氧化物十分难溶，在碱性溶液中，这些金属的配离子会因生成金属氢氧化物沉淀而破坏。所以必须利用缓冲溶液控制 pH 值。

在化工生产中，如对含有杂质 Fe^{3+} 的 $ZnSO_4$ 溶液进行分离，若单纯考虑除去 Fe^{3+}，pH 越高，则 Fe^{3+} 沉淀越完全，Fe^{3+} 被除得越干净。但是在实际过程中，溶液的 pH 值不能太大，因为会使 Zn^{2+} 生成沉淀 $Zn(OH)_2$。因此，在工业化生产化学试剂 $ZnSO_4$ 过程中，为了提纯含有杂质 Fe^{3+} 的 $ZnSO_4$ 溶液，一般利用缓冲溶液调节 pH 值在一定范围内，既保证 Fe^{3+} 沉淀完全，又保证不形成沉淀 $Zn(OH)_2$，然后经过滤除去 $Fe(OH)_3$，将 Zn^{2+} 和 Fe^{3+} 分开。

(2) 在印染工业上的应用

在织物染色过程中，染浴的 pH 值往往会因为一些因素而发生波动，因此，需要使用缓冲溶液保证染浴的 pH 值在正常范围内，保证染色的织物颜色均匀、纯正。例如，织物清洗不彻底，可能残留少量的酸性或碱性物质，带入染浴中，添加的非中性染料助剂使染浴的 pH 值改变。有些染料本身的 pH 值过高或过低，会导致染浴的 pH 值变化。例如，使用高温高压溢流染色机分散染料对涤纶织物进行染色时，由于许多分散染料对染浴的 pH 值比较敏感，在不同的 pH 值条件下染色，得到的色泽差异较大，只有在弱酸性（pH＝5±0.5）的染浴中染色，得到的色泽最纯正。所以，常使用乙酸和乙酸钠缓冲溶液使染浴的 pH 值在染色过程中始终保持良好的稳定性。

在活性印花工艺中，所需的固色碱剂若采用碱性较强的 Na_2CO_3，当色浆与织物接触时，染料极容易被活化，导致染料对纤维的亲和力被急剧提高，渗透扩散能力相应降低，从而造成织物的纤维表面固色不匀。若采用碱性较弱的 $NaHCO_3$ 作为固色碱剂，染料的固色率较低。当采用 Na_2CO_3 和 $NaHCO_3$ 混合碱作为固色碱剂时，印花色浆更稳定，织物色泽更纯正。

(3) 在食品加工中的应用

磷酸盐几乎是所有食物的天然成分之一，磷也是人体所必需的矿物质元素。磷酸盐的

pH 值从中等酸性（pH≈4）到强碱性（pH≈12），当不同的磷酸盐以不同的比例配合时，可以得到 pH 值稳定在 4.5～11.7 的不同缓冲溶液。而大多数食品的 pH 值在 3.5～7.5，在食品加工工艺中，根据磷酸盐的 pH 值以及缓冲作用，来合理选用磷酸盐作为食品配料和功能添加剂。例如，肉制食品加工过程中，利用磷酸盐缓冲溶液的作用使肉的 pH 值上升，使其高于肉蛋白的等电点，从而使肉的持水能力得到提高，保证肉的鲜嫩度和原始风味。

（4）在医学上的应用

在生物体如人体和其他高等动物中，缓冲溶液的作用极其重要。H_3O^+ 浓度的微小变化就能对人体细胞的正常功能产生很大的影响，所以人体内各种体液必须保持在一定的 pH 范围内。如动脉血液的 pH 正常值为 7.45，若 pH 值小于 7.35，就会发生酸中毒。若 pH 值大于 7.45，就会发生碱中毒。若血液的 pH 值小于 6.8 或者大于 8.0，几秒钟就会导致死亡。表 2-10 中列出了一些体液的 pH 值。

表 2-10　一些体液的 pH 值

体液	pH	体液	pH
胃液	1.0～3.0	脊椎液	7.3～7.5
唾液	6.0～7.5	血液	7.35～7.45
乳汁	6.6～7.6	尿液	4.8～7.5

血液为何能够保持如此狭窄的 pH 范围呢？主要是血液中存在多种缓冲系，并且与肾、肺共同协调作用的结果。血液中存在的缓冲系如下所述。

血浆中主要有：H_2CO_3-HCO_3^-、$H_2PO_4^-$-HPO_4^{2-}、血浆蛋白-血浆蛋白盐等；

红细胞内液中主要有：HHb（血红蛋白）-KHb、$HHbO_2$（氧合血红蛋白）-$KHbO_2$、H_2CO_3-HCO_3^- 等；

以上缓冲系中，碳酸缓冲系的浓度最高，缓冲能力最强，在维持血液 pH 的正常范围中发挥着重要作用。在血浆中，H_2CO_3-HCO_3^- 缓冲系存在如下解离平衡：

$$CO_2(\text{溶解}) + H_2O \rightleftharpoons H_2CO_3 \rightleftharpoons H^+ + HCO_3^-$$

正常人体中，$[HCO_3^-]$ 与 $[CO_2]$ 的浓度分别为 $24mmol \cdot L^{-1}$ 和 $1.2mmol \cdot L^{-1}$，37℃时，血浆中的离子强度为 0.16，H_2CO_3 经校正后的 $pK'_{a_1}=6.10$，由 Henderson-Hasselbalch 方程得血浆中 pH 为：

$$pH = pK'_{a_1} + \lg\frac{[HCO_3^-]}{[H_2CO_3]} = 6.10 + \lg\frac{24}{1.2} = 7.40$$

计算结果表明，只要血浆中 H_2CO_3-HCO_3^- 缓冲系的缓冲比保持为 20∶1，血浆的 pH 值即可维持在 7.40。

正常情况下，当体内酸性物质增加时，血浆中大量存在的抗酸成分 HCO_3^- 与 H_3O^+ 结合生成 H_2CO_3，使上述解离平衡向左移动。生成物被血液带到肺部并以 CO_2 的形式排出，减少的抗酸组分 HCO_3^- 则由肾脏的调节得到补充，从而使得 $[H_2CO_3]/[HCO_3^-]$ 比例基本不变，血浆的 pH 值也维持恒定。当碱性物质进入血液时，血浆中存在的 H_3O^+ 与碱解离产生的 OH^- 结合生成 H_2O，大量存在的抗碱组分 H_2CO_3 解离，以补充消耗的 H_3O^+，上述平衡向右移动。减少的抗碱组分 H_2CO_3 可由肺控制对 CO_2 的呼出量来补偿，而增多的 HCO_3^- 则由肾脏排出，从而使得 $[H_2CO_3]/[HCO_3^-]$ 比例基本不变，血浆的 pH 值也维持恒定。

总之，血液中各种缓冲系的缓冲作用以及机体的肺、肾的协同作用，使正常人血液的pH值维持在7.35～7.45。如果某一机体的功能出现故障，体内蓄积的酸过多，血液的pH值就会低于7.35，出现酸中毒症状；而当体内蓄积的碱过多时，血液的pH值就会高于7.45，出现碱中毒症状。酸中毒或碱中毒严重时可以危及人的生命。

由于强电解质溶液中离子间存在相互作用，每个离子不能够完全自由地发挥它们的导电作用。因此，1907年美国化学家路易斯（G. N. Lewis）提出了活度（activity）概念。离子活度是表示离子在溶液中实际能起作用的离子浓度。它可以通过校正离子浓度而得到，将离子浓度乘上一个校正系数，这个校正系数称为活度系数，用γ表示。设离子的浓度为c，活度系数为γ，则离子的活度a为：

$$a=c\gamma$$

式中，γ是量纲为1的量，活度系数γ反映电解质溶液中离子间相互作用的强弱。一般而言，离子的活度都比离子浓度小，故$\gamma<1$。活度系数越大，表示离子间相互牵制作用越弱，离子自由活动的程度越大。溶液愈稀，离子间的距离愈大，活度系数愈接近于1。当溶液无限稀释时，活度系数等于1，这时离子在溶液中能够完全自由地运动，离子活度就等于离子浓度。因此得出以下结论。①当强电解质溶液中的离子浓度很小，且离子所带的电荷数也少时，活度接近浓度，此时$\gamma\approx1$；②溶液中的中性分子也有活度和浓度的区别，不过不像离子的区别那么大，所以通常把中性分子的γ视为1；③对于弱电解质溶液，因其离子浓度很小，一般把弱电解质的γ也视为1。

习　题

1. 用酸碱质子理论判断下列分子或离子在水溶液中，哪些是酸，哪些是碱，哪些是两性物质：HS^-、CO_3^{2-}、PO_4^{3-}、NH_3、H_2O、NH_4^+、H_2SO_4、HCl。

2. 指出下列各酸的共轭碱：H_2O、H_3O^+、H_2CO_3、HCO_3^-、NH_4^+、H_2S、HS^-、C_6H_5OH。

3. 指出下列各碱的共轭酸：H_2O、NH_3、HPO_4^{2-}、NH_2^-、CO_3^{2-}、$C_6H_5O^-$。

4. 在水溶液中，将下列各酸按由强到弱的次序排列：HCl、H_2CO_3、HAc、H_2O、NH_4^+、HF。

5. 什么是水的离子积常数？在纯水中加入少量酸或碱后，水的离子积常数是否发生变化？为什么？

6. 说明：(1) H_3PO_4溶液中存在哪几种离子？请按各种离子浓度的大小排出顺序。其中H_3O^+浓度是否为PO_4^{3-}浓度的3倍？(2) $NaHCO_3$和NaH_2PO_4均为两性物质，但前者的水溶液呈碱性而后者的水溶液呈弱酸性，为什么？

7. 计算$0.10mol\cdot L^{-1}$的HClO中$[H_3O^+]$、$[ClO^-]$和解离度，已知$K_a=1.4\times10^{-8}$。

8. 镇痛药吗啡（$C_{17}H_{19}NO_3$）是一种弱碱，主要由未成熟的罂粟籽提取得到，其$K_b=7.9\times10^{-7}$。试计算$0.015mol\cdot L^{-1}$吗啡水溶液的pH值。

9. 在剧烈运动时，肌肉组织中会积累一些乳酸（$CH_3CHOHCOOH$），使人产生疼痛或疲劳的感觉。已知乳酸的$K_a=1.4\times10^{-4}$，测得某样品的pH值为2.45，计算该样品中乳酸的浓度。

10. 叠氮化钠（NaN_3）加入水中可起杀菌作用。计算 0.010mol·L^{-1} NaN_3 溶液中各种物质的浓度。已知叠氮酸（HN_3）的 $K_a=1.9\times10^{-5}$。

11. 计算 0.20mol·L^{-1}NaCN 溶液的 $[H_3O^+]$、$[CN^-]$ 和解离度，已知 $K_a=7.2\times10^{-10}$。

12. 将 H_2S 气体通入纯水中至饱和，浓度为 0.10mol·L^{-1}，计算 H_2S 溶液中 $[H_3O^+]$、$[HS^-]$、$[S^{2-}]$、$[OH^-]$。已知 $K_{a_1}=1.1\times10^{-7}$，$K_{a_2}=1.3\times10^{-13}$。

13. 有一浓度为 0.100mol·L^{-1}的 BHX 溶液，测得 pH＝8.00。已知 B 是弱碱，$K_b=1.0\times10^{-3}$；X^{-1}是弱酸 HX 的阴离子。求 HX 的 K_a。

14. 计算 0.1mol·L^{-1} 的 NH_4Ac 溶液的 pH 值。已知 $K_a(HAc)=1.8\times10^{-5}$，$K_b(NH_3)=1.8\times10^{-5}$。

15. 什么是缓冲溶液？试以血液中的 H_2CO_3-HCO_3^{-1} 缓冲系为例，说明缓冲作用的原理及其在医学上的重要意义。

16. 什么是缓冲容量？影响缓冲容量的主要因素有哪些？总浓度均为 0.10mol·L^{-1}的 HAc-NaAc 和 H_2CO_3-HCO_3^{-1}缓冲系的缓冲容量相同吗？

17. 下列化学物质组合中，哪些可用来配制缓冲溶液？

（1）HCl＋$NH_3\cdot H_2O$　（2）HCl＋Tris　（3）HCl＋NaOH

（4）Na_2HPO_4＋Na_3PO_4　（5）H_3PO_4＋NaOH　（6）NaCl＋NaAc

18. 计算 100mL、0.10mol·L^{-1} HAc 和 0.10mol·L^{-1} NaAc 的缓冲溶液的 pH 值。（1）向此缓冲溶液中加入 0.10mL、1.0mol·L^{-1}的 HCl，计算溶液的 pH 值。（2）若向此缓冲溶液中加入 0.10mL、1.0mol·L^{-1}的 NaOH，计算溶液的 pH 值。（3）若将缓冲溶液稀释 10 倍，计算溶液的 pH 值。

19. 将 0.30mol·L^{-1}吡啶（C_5H_5N，$pK_b=8.77$）和 0.10mol·L^{-1} HCl 溶液等体积混合，混合液是否为缓冲溶液？求溶液的 pH 值。

20. 计算下列溶液的 pH 值：（1）100mL、0.10mol·L^{-1}的 H_3PO_4 与 100mL、0.20mol·L^{-1}的 NaOH 相混合；（2）100mL、0.10mol·L^{-1} Na_3PO_4 与 100mL、0.20mol·L^{-1} HCl 相混合。

21. 向 100mL 某缓冲溶液中加入 0.20g NaOH 固体，所得缓冲溶液的 pH 值为 5.60。已知原缓冲溶液共轭酸 HB 的 $pK_a=5.30$，$[HB]=0.25$mol·L^{-1}，求原缓冲溶液的 pH 值。

22. 若需配置 pH＝9.00 的缓冲溶液，应在 500mL、0.10mol·L^{-1}的 $NH_3\cdot H_2O$ 溶液中加入固体 NH_4Cl 多少克？假设加入固体后溶液的总体积保持不变，已知 $pK_b=4.74$。

23. 用 0.020mol·L^{-1} H_3PO_4 溶液和 0.020mol·L^{-1} NaOH 溶液配制 100mL pH＝7.40 的生理缓冲溶液，求需 H_3PO_4 溶液和 NaOH 溶液的体积（mL）。

24. 解热镇痛药阿司匹林（乙酰水杨酸，以 HAsp 表示）是一元弱酸，结构式为

COOH
OCOCH$_3$

，患者服用后以未解离的分子在胃中吸收，如果患者先吃了调节胃液酸度的药物，使胃液的 pH 值为 2.95，然后再口服阿司匹林 0.65g。假设服后阿司匹林立即溶解，且不改变胃液的 pH 值，问患者可以从胃中立即吸收的阿司匹林为多少克（乙酰水杨酸的 $M_r=180.2$g·mol^{-1}，$pK_a=3.48$）？

25. 0.10mol·L^{-1} HAc 溶液和 0.10mol·L^{-1} NaOH 溶液以 3∶1 的体积比混合，求此缓冲溶液的 pH 值及缓冲容量。

26. 某生物化学实验中需用巴比妥缓冲溶液，巴比妥（$C_8H_{12}N_2O_3$）为二元有机酸（用 H_2Bar 表示，$pK_{a_1}=7.43$）。今称取巴比妥 18.4g，先加蒸馏水配成 100mL 溶液，在 pH 计监控下，加入 6.00mol·L^{-1}NaOH 溶液 4.17mL，并使溶液最后体积为 1000mL。求此缓冲溶液的 pH 值和缓冲容量。已知巴比妥的 $M_r=184g\cdot mol^{-1}$。

27. 分别加 NaOH 溶液或 HCl 溶液于柠檬酸氢钠（缩写 Na_2HCit）溶液中。写出可能配制的缓冲溶液的抗酸成分、抗碱成分和各缓冲系的理论有效缓冲范围。如果上述三种溶液的物质的量浓度相同，它们以何种体积比混合，才能使所配制的缓冲溶液有最大缓冲容量（已知 H_2HCit 的 $pK_{a_1}=3.13$，$pK_{a_2}=4.76$，$pK_{a_3}=6.40$）？

28. 三位住院患者的化验报告如下：

甲：$[HCO_3^-]=24.0mol\cdot L^{-1}$，$[H_2CO_3]=1.20mol\cdot L^{-1}$

乙：$[HCO_3^-]=21.6mol\cdot L^{-1}$，$[H_2CO_3]=1.35mol\cdot L^{-1}$

丙：$[HCO_3^-]=56.0mol\cdot L^{-1}$，$[H_2CO_3]=1.40mol\cdot L^{-1}$

已知在血浆中校正后的 H_2CO_3 的 $pK_{a_1}=6.10$，试计算以上三位患者血浆的 pH 值，并说明谁是正常的、谁是酸中毒、谁是碱中毒。

参 考 文 献

[1] 魏祖期，刘德育. 基础化学. 第 8 版. 北京：人民卫生出版社，2013.

[2] 游文玮. 医用化学. 第 2 版. 北京：化学工业出版社，2014.

[3] 徐春祥. 医学化学. 第 2 版. 北京：高等教育出版社，2008.

[4] 游文章. 基础化学. 北京：化学工业出版社，2010.

3 沉淀溶解平衡

进行X光透射时为什么要让受检者预先服用“钡餐”？菠菜与豆腐一起做如何能够既美味又保留其营养元素？人体内“结石”形成的机理是什么……这一系列与生命体、日常生活有关的问题，都涉及难溶电解质的沉淀和溶解。本章将讨论沉淀溶解平衡的规律及其应用。

3.1 难溶强电解质的沉淀溶解平衡

在自然界中，完全不溶于水的物质是不存在的。不同物质的溶解度存在很大差异，根据溶解度大小把物质大致分为三类：

难溶 | 0.001 | 微溶 | 0.1 | 可溶 → 溶解度($mol \cdot L^{-1}$)

例如AgCl、$BaSO_4$这类难溶物虽然溶解度很低，但其溶解的部分几乎全部电离，这类物质称为难溶强电解质。本章所研究的主要对象是难溶强电解质。

3.1.1 溶度积常数

在一定温度下，将难溶强电解质放入水中，会发生溶解和沉淀两个过程。例如AgCl晶体放于水中，一方面，由于溶剂水分子作用，部分AgCl会解离为Ag^+和Cl^-，这一过程称为溶解；另一方面，在水溶液中Ag^+和Cl^-又会结合形成AgCl固体沉淀，这一过程称为沉淀。在某一条件下，当沉淀速率与溶解速率相等时，固体AgCl和溶液中的离子达到动态多相平衡，称为沉淀-溶解平衡。此时，水溶液中Ag^+和Cl^-的浓度达到动态稳定，其水溶液为饱和溶液。

AgCl沉淀与溶液中Ag^+和Cl^-之间的平衡可表示为：

$$AgCl(s) \underset{沉淀}{\overset{溶解}{\rightleftharpoons}} Ag^+(aq) + Cl^-(aq)$$

根据化学平衡原理，溶液中各离子浓度与未溶解的固体浓度间存在下列关系：

$$K^{\ominus} = \frac{([Ag^+]/c^{\ominus})([Cl^-]/c^{\ominus})}{[AgCl]/c^{\ominus}}$$

式中，$[Ag^+]$、$[Cl^-]$ 分别为达到平衡时溶液中 Ag^+ 和 Cl^- 的浓度；$[AgCl]$ 为未溶解的固体浓度，可视为常数，并入常数项，得：

$$K_{sp}^{\ominus}(AgCl)=([Ag^+]/c^{\ominus})([Cl^-]/c^{\ominus})$$

$K_{sp}^{\ominus}$称为溶度积常数，简称溶度积。

一定温度下，对于任何难溶强电解质，其沉淀溶解平衡的反应通式为：

$$A_mB_n(s)\underset{沉淀}{\overset{溶解}{\rightleftharpoons}}mA^{n+}(aq)+nB^{m-}(aq)$$

达到沉淀溶解平衡时溶度积常数表达式为：

$$K_{sp}^{\ominus}(A_mB_n)=([A^{n+}]/c^{\ominus})^m([B^{m-}]/c^{\ominus})^n$$

此常数表示在一定温度下，难溶强电解质饱和溶液中各离子浓度项幂次乘积为一常数，与溶液中各种离子浓度变化无关。与其他平衡常数一样，K_{sp}可以经过实验测定，也可以经过热力学相关计算得到，并且只随着温度发生变化。在实际工作中常用 298K 时的溶度积数值（实验测得），一些常见难溶电解质的 K_{sp}值见附录四。

比如，对 $BaSO_4$ 而言，其沉淀溶解平衡表达式为

$$BaSO_4(s)\underset{沉淀}{\overset{溶解}{\rightleftharpoons}}Ba^{2+}(aq)+SO_4^{2-}(aq)$$

达到溶度积常数表达式为：

$$K_{sp}^{\ominus}(BaSO_4)=([Ba^{2+}]/c^{\ominus})([SO_4^{2-}]/c^{\ominus})$$

又如，对 Ag_2CrO_4 而言，其沉淀溶解平衡表达式为

$$Ag_2CrO_4(s)\underset{沉淀}{\overset{溶解}{\rightleftharpoons}}2Ag^+(aq)+CrO_4^{2-}(aq)$$

其溶度积常数表达式为：

$$K_{sp}^{\ominus}(Ag_2CrO_4)=([Ag^+]/c^{\ominus})^2([CrO_4^{2-}]/c^{\ominus})$$

值得注意的是：上述溶度积常数表达式虽是根据难溶强电解质的多相离子平衡推导出来的，但其结论同样适用于难溶弱电解质的多相离子平衡。

3.1.2 溶度积和溶解度的关系

难溶强电解质的溶解度（S）是指在一定温度下，难溶强电解质的饱和溶液中难溶强电解质溶解的量，单位 $mol \cdot L^{-1}$。溶度积大小能够反映难溶强电解质的溶解趋势，与难溶强电解质的离子浓度无关。而溶解度则是定量表明物质溶解于水中的难易程度，除了与温度有关之外，还与溶液中难溶强电解质的离子浓度有关。两者在一定条件下可相互进行换算。

【例 3-1】 已知在 298K 时，AgCl 的 K_{sp}为 1.8×10^{-10}，求 AgCl 在水中的溶解度？

解： 设 AgCl 在水中的溶解度为 $S mol \cdot L^{-1}$

$$AgCl(s)\underset{沉淀}{\overset{溶解}{\rightleftharpoons}}Ag^+(aq)+Cl^-(aq)$$

反应平衡浓度　　　　　　　　S　　　　S

$$K_{sp}^{\ominus}(AgCl)=([Ag^+]/c^{\ominus})([Cl^-]/c^{\ominus})=(S/c^{\ominus})(S/c^{\ominus})=S^2/(c^{\ominus})^2$$

$$S=1.3\times10^{-5}mol \cdot L^{-1}$$

所以，此时 AgCl 在水中的溶解度为 $1.3\times10^{-5}mol \cdot L^{-1}$。

很明显，若已知某一难溶强电解质饱和溶液的溶解度，便可以计算其溶度积常数。

对于任意 A_mB_n 型难溶强电解质，其溶解度与溶度积关系如下：

$$A_mB_n \rightleftharpoons mA^{n+} + nB^{m-}$$
$$\qquad\qquad mS \qquad nS$$

$$K_{sp} = ([A^{n+}]/c^{\ominus})^m([B^{m-}]/c^{\ominus})^n = \frac{m^m n^n S^{m+n}}{(c^{\ominus})^{m+n}}$$

$$S = \sqrt[m+n]{\frac{K_{sp}}{m^m n^n}}c^{\ominus}$$

【例 3-2】 已知在室温时，AgCl 的 K_{sp}数值为 1.8×10^{-10}，Ag_2CrO_4 的 K_{sp}数值为 1.1×10^{-12}，请比较两个物质在水中溶解度的大小。

解： 根据上题已知 AgCl 在水中的溶解度为 1.3×10^{-5} mol·L^{-1}，设 Ag_2CrO_4 在水中的溶解度为 Smol·L^{-1}。

$$Ag_2CrO_4(s) \underset{沉淀}{\overset{溶解}{\rightleftharpoons}} 2Ag^+(aq) + CrO_4^{2-}(aq)$$

反应平衡浓度 $\qquad 2S \qquad S$

$$K_{sp}^{\ominus}(Ag_2CrO_4) = ([Ag^+]/c^{\ominus})^2([CrO_4^{2-}]/c^{\ominus}) = (2S/c^{\ominus})^2(S/c^{\ominus}) = 4S^3$$

$$S = 6.5\times10^{-5}\text{ mol}\cdot L^{-1}$$

所以，室温时 AgCl 在水中的溶解度小于 Ag_2CrO_4。

通过此例，可以总结出：①对于同类型的难溶强电解质，如同为 AB 或 AB_2 型，可以直接通过溶度积常数比较溶解度的大小。一般来讲，溶度积常数越大，其溶解度就越大。②对于不同类型的难溶强电解质，如 AB 和 AB_2 型，不可以直接通过溶度积常数比较溶解度的大小，只能通过溶解度与溶度积的换算进行比较。

3.1.3 溶度积规则

某一难溶强电解质在一定条件下，沉淀能否生成或溶解，可以根据溶度积规则来判断。在任意难溶强电解质溶液中，其离子浓度的幂次乘积称为离子积，用 Q 表示。

例如任意 A_mB_n 型难溶强电解质

$$Q = ([A^{n+}]/c^{\ominus})^m([B^{m-}]/c^{\ominus})^n$$

Q 与 K_{sp}的表达式相同，但两者的概念是有区别的。K_{sp}表示在一定温度下，难溶性强电解质饱和溶液中各离子浓度项幂的乘积为一常数，与溶液中各种离子浓度变化无关。而 Q 则表示任何情况下离子浓度幂次的乘积，其数值不定。而 K_{sp}仅仅是 Q 的一个特例。

对某一溶液，Q 与 K_{sp}的关系分为以下几种。

① $Q=K_{sp}$，表示溶液刚好为饱和溶液，达到沉淀溶解平衡，既无沉淀析出又无沉淀生成。

② $Q<K_{sp}$，表示溶液还未达到饱和状态，将不会有沉淀生成。

③ $Q>K_{sp}$，表示此时溶液为过饱和溶液，将会有沉淀生成。

以上就是用于判断体系沉淀生成与否的规则，称为溶度积规则。

【例 3-3】 已知现有 0.100mol·L^{-1}的 $MgCl_2$ 溶液，其与等体积的 0.100mol·L^{-1}的氨水混合后，是否有 $Mg(OH)_2$ 沉淀能够生成？$K_{sp}[Mg(OH)_2]=5.61\times10^{-12}$，$K_b(NH_3)=1.77\times10^{-5}$。

解： $MgCl_2$ 溶液与氨水等体积混合后，Mg^{2+} 的浓度变为 $c(Mg^{2+})=0.050$mol·L^{-1}，溶液中的 OH^- 主要来源于 NH_3 与水的平衡体系，混合初始，NH_3 的浓度变为 $c_0(NH_3)=0.050$mol·L^{-1}，设平衡时 OH^- 的浓度为 x：

$$NH_3 + H_2O \rightleftharpoons NH_4^+ + OH^-$$

反应平衡浓度 $\quad 0.050-x \qquad x \qquad x$

$$K_b=([NH_4^+]/c^{\ominus})([OH^-]/c^{\ominus})/[NH_3]=x^2/(0.050-x)$$

$$x=\sqrt{K_b\times 0.050}=9.41\times 10^{-4}\,mol\cdot L^{-1}$$

$$Q[Mg(OH)_2]=([Mg^{2+}]/c^{\ominus})([OH^-]/c^{\ominus})^2=0.050\times(9.41\times 10^{-4})^2=4.4\times 10^{-8}$$

$Q>K_{sp}$，表示此时混合溶液为过饱和溶液，将会有 $Mg(OH)_2$ 沉淀生成。

3.2 影响沉淀溶解平衡的因素

同其他平衡体系相同，沉淀溶解平衡也会随外界条件的改变发生移动，从而导致沉淀的生成或溶解。

3.2.1 同离子效应和盐效应

在沉淀溶解平衡体系中，同离子效应是指难溶强电解质溶液中加入含相同离子的其他强电解质时，会促进体系原有的沉淀溶解平衡向生成沉淀一侧移动的现象。在实际工作中，要把溶液中某种离子以沉淀形式除去，利用同离子效应可以促进沉淀完全。比如，在尚未达到饱和的 $BaSO_4$ 溶液中，逐滴加入一定浓度的 $BaCl_2$ 溶液，导致钡离子的浓度增大，直至 $Q(BaSO_4)$ 大于 K_{sp}，导致沉淀生成，在体系达到新的平衡后，钡离子与硫酸根离子的浓度项乘积仍等于溶度积常数，但相比于纯水中 $BaSO_4$ 溶解得到的钡离子浓度，在 $BaCl_2$ 溶液中钡离子的浓度要小很多，而这就是由同离子效应引起的。

【例 3-4】 已知 $K_{sp}(BaSO_4)=1.08\times 10^{-10}$，计算在室温时，$BaSO_4$ 在 $0.10mol\cdot L^{-1}$ 的 Na_2SO_4 溶液中的溶解度是多少？

解： 设此时 $BaSO_4$ 的溶解度为 x

$$BaSO_4(s)\underset{\text{沉淀}}{\overset{\text{溶解}}{\rightleftharpoons}}Ba^{2+}(aq)+SO_4^{2-}(aq)$$

反应平衡浓度　　　　　　　　　x　　　　$0.10+x$

$$K_{sp}^{\ominus}(BaSO_4)=([Ba^{2+}]/c^{\ominus})([SO_4^{2-}]/c^{\ominus})=x(0.10+x)\approx 0.10x=1.08\times 10^{-10}$$

$$x=1.08\times 10^{-9}\,mol\cdot L^{-1}$$

所以，室温时硫酸钡在 $0.10mol\cdot L^{-1}$ 的 Na_2SO_4 溶液中的溶解度为 $1.08\times 10^{-9}\,mol\cdot L^{-1}$，比在纯水中的数值 $1.04\times 10^{-5}\,mol\cdot L^{-1}$ 小很多。

与同离子效应相反，盐效应会使难溶强电解质的溶解度增大。盐效应是指难溶强电解质溶液中加入不含相同离子的其他强电解质时，会促进体系原有的沉淀溶解平衡向沉淀溶解一侧移动的现象。比如，在 $BaSO_4$ 的饱和溶液中加入强电解质 $NaNO_3$，Na^+ 与 NO_3^- 的存在能限制溶液中 Ba^{2+} 与 SO_4^{2-} 的结合能力，降低形成沉淀的速率，进而导致 $BaSO_4$ 的溶解度大于在纯水中的溶解度。其实，将 $BaSO_4$ 加入 Na_2SO_4 溶液中时，除了有同离子效应，盐效应也是存在的。但相比同离子效应，盐效应的影响非常小，所以就忽略了盐效应。今后我们的学习讨论过程中，也将只讨论同离子效应。

3.2.2 沉淀的生成

由溶度积规则可知，当 $Q>K_{sp}$ 时，则生成沉淀。因此，只要增大溶液中产生沉淀的某一离子的浓度，就会使沉淀溶解平衡向生成沉淀方向移动。例如加入沉淀剂（能使溶液中某种离子产生沉淀的试剂）。除此之外，对于某些能生成难溶弱酸盐和难溶氢氧化物等沉淀的反应，沉淀生成还与溶液的 pH 值有关，通过控制溶液的 pH 值，能达到沉淀生成的目的。

【例 3-5】 将等体积的 $0.004\text{mol}\cdot\text{L}^{-1}$ $AgNO_3$ 溶液和 $0.004\text{mol}\cdot\text{L}^{-1}$ 的 K_2CrO_4 溶液混合，有无砖红色的 Ag_2CrO_4 沉淀析出？已知 $K_{sp}^{\ominus}(Ag_2CrO_4)=1.1\times10^{-12}$。

解：溶液等体积混合后，浓度减小一半，故

$$Q=\left(\frac{[Ag^+]}{c^{\ominus}}\right)^2\times\left(\frac{[CrO_4^{2-}]}{c^{\ominus}}\right)=\left(\frac{0.004}{2}\right)^2\times\frac{0.004}{2}=8.0\times10^{-9}>K_{sp}^{\ominus}(Ag_2CrO_4)$$

所以溶液中有 Ag_2CrO_4 沉淀生成。

【例 3-6】 某溶液中含有 Mg^{2+}，其浓度为 $0.01\text{mol}\cdot\text{L}^{-1}$，混有少量 Fe^{3+} 杂质，欲除去 Fe^{3+} 杂质，应如何控制溶液的 pH 值。已知 $K_{sp}^{\ominus}[Fe(OH)_3]=2.79\times10^{-39}$，$K_{sp}^{\ominus}[Mg(OH)_2]=5.61\times10^{-12}$。

解：当经过沉淀处理的溶液中残留的离子浓度小于 $1.0\times10^{-5}\text{mol}\cdot\text{L}^{-1}$ 时，即可认为沉淀完全。

使 Fe^{3+} 完全沉淀所需 OH^- 的最低平衡浓度为

$$K_{sp}^{\ominus}[Fe(OH)_3]=([Fe^{3+}]/c^{\ominus})([OH^-]/c^{\ominus})^3$$

$$[OH^-]/c^{\ominus}=\sqrt[3]{\frac{K_{sp}^{\ominus}[Fe(OH)_3]}{[Fe^{3+}]/c^{\ominus}}}=\sqrt[3]{\frac{2.79\times10^{-39}}{1.0\times10^{-5}}}$$

$$[OH^-]=6.5\times10^{-12}\text{mol}\cdot\text{L}^{-1},\text{pH}=14-\lg[OH^-]=2.8$$

使 Mg^{2+} 开始沉淀所需 OH^- 的最低平衡浓度为

$$K_{sp}^{\ominus}[Mg(OH)_2]=([Mg^{2+}]/c^{\ominus})([OH^-]/c^{\ominus})^2$$

$$[OH^-]/c^{\ominus}=\sqrt{\frac{K_{sp}^{\ominus}[Mg(OH)_2]}{[Mg^{2+}]/c^{\ominus}}}=\sqrt{\frac{5.61\times10^{-12}}{0.010}}$$

$$[OH^-]=2.4\times10^{-5}\text{mol}\cdot\text{L}^{-1},\ \text{pH}=14-\lg[OH^-]=9.4$$

应控制 pH 值在 2.8～9.4。

3.2.3 沉淀的溶解

根据溶度积规则，要使沉淀溶解，就必须使 $Q<K_{sp}$。只要降低难溶强电解质饱和溶液中离子的浓度，就能达到沉淀溶解的目的。一般来说有以下几种方法。

(1) 酸碱反应与沉淀的溶解

利用酸与难溶电解质的组分离子形成弱电解质或气体，例如（H_2O、H_2S 等），使 $Q<K_{sp}$，达到沉淀溶解的目的。

例如：$Mg(OH)_2$ 溶于盐酸溶液，反应过程如下：

$$Mg(OH)_2(s)\rightleftharpoons Mg^{2+}(aq)+2OH^-(aq)$$
$$+$$
$$2H^+\rightleftharpoons 2H_2O$$

由于 $Mg(OH)_2$ 解离出来的 OH^- 与盐酸解离出来的 H^+ 结合生成弱电解质 H_2O，使体系中 OH^- 浓度降低，使得 $Q<K_{sp}$，平衡向 $Mg(OH)_2$ 溶解的方向移动。

又如：$Mg(OH)_2$ 溶于氯化铵溶液，反应过程如下：

$$Mg(OH)_2(s)\rightleftharpoons Mg^{2+}(aq)+2OH^-(aq)$$
$$+$$
$$2NH_4^+\rightleftharpoons 2NH_3+2H_2O$$

由于 $Mg(OH)_2$ 解离出来的 OH^- 与氯化铵解离出来的 NH_4^+ 结合生成弱电解质 NH_3 和 H_2O，使体系中 OH^- 浓度降低，使得 $Q<K_{sp}$，平衡向 $Mg(OH)_2$ 溶解的方向移动。

对于生成含弱酸根难溶强电解质或者金属氢氧化物沉淀时，反应体系的酸度会对沉淀的生成与溶解产生重要的影响。此时，必须准确控制体系的酸碱度，才能确保沉淀的生成与溶解。体系的酸度对沉淀溶解平衡的影响，称为酸效应。酸效应其实就是将酸碱平衡与沉淀溶解平衡综合考虑的结果。

(2) 氧化还原反应与沉淀的溶解

利用氧化还原反应降低难溶电解质组分离子的浓度。

例如 CuS 可以溶于硝酸，S^{2-} 被 HNO_3 氧化为 S，使 S^{2-} 的浓度明显降低，导致 $Q<K_{sp}$，CuS 向沉淀溶解方向进行。

$$3CuS+8H^++2NO_3^- \rightleftharpoons 3Cu^{2+}+3S+2NO+4H_2O$$

(3) 配位反应与沉淀的溶解

如果溶液中存在组分能和难溶电解质组分离子形成配离子时，配位平衡的存在会使难溶强电解质的溶解度增大。

例如，在 AgCl 沉淀中继续滴加过量氨水溶液，AgCl 沉淀可能会进一步形成配离子形式而溶于水中。配位效应涉及配位平衡与沉淀溶解平衡的综合计算，将放在配位平衡章节进行讲解。

$$AgCl(s) \rightleftharpoons Ag^+ + Cl^-$$

$$+2NH_3 \rightleftharpoons [Ag(NH_3)_2]^+$$

生成稳定 $[Ag(NH_3)_2]^+$，大大降低了 Ag^+ 的浓度，使得 $Q<K_{sp}$，故 AgCl 会溶解。

3.2.4 沉淀的转化

沉淀的转化是指通过化学反应可以使一种沉淀转变为另外一种沉淀，一般是生成溶解度更小的沉淀。

比如，现有 $BaSO_4$ 及其饱和溶液的试管，向其中滴加 Na_2S 并振荡，可以很明显地发现有黑色沉淀生成，表明白色 $BaSO_4$ 沉淀转变为了黑色 BaS 沉淀，这一过程就是沉淀的转化。其中 $K_{sp}(BaSO_4)=2.50\times10^{-8}$，$K_{sp}(BaS)=8.00\times10^{-28}$，很明显，BaS 的溶解度比 $BaSO_4$ 小很多。原本的 $BaSO_4$ 饱和溶液中的 Ba^{2+} 与 SO_4^{2-} 的浓度就很低，当加入 S^{2-} 后，由于 BaS 的溶解度更小，BaS 非常容易沉淀出来。因为 Ba^{2+} 的浓度减小，对 $BaSO_4$ 而言变为不饱和溶液，沉淀就会进一步溶解补充 Ba^{2+}。只要一直滴加 Na_2S，$BaSO_4$ 沉淀应该能够全部转变为 BaS 沉淀。这一过程可以表示为：

$$BaSO_4 \underset{沉淀}{\overset{溶解}{\rightleftharpoons}} Ba^{2+}(aq)+SO_4^{2-}(aq)$$

$$+$$

$$S^{2-} \rightleftharpoons BaS(s)$$

如果上述两个沉淀溶解同时达到平衡，体系中的 Ba^{2+} 必须同时满足两个溶度积常数的表示式。通过计算可以得出，只要维持 $[S^{2-}]/[SO_4^{2-}]>10^{20}$，$BaSO_4$ 沉淀就会持续不断地变为 BaS 沉淀，而要达到这一条件是非常容易的，同时也表明，$BaSO_4$ 沉淀能够完全转变为 BaS 沉淀。

沉淀的转化在实际生活、生产中也有非常多的例子。比如锅炉中的炉垢组分包含

$CaSO_4$，常常用碳酸钠溶液来浸泡，可以将其转变为易用酸清洗的 $CaCO_3$ 沉淀；工业上生产锶盐时，原料天青石的主要组分是 $SrSO_4$，为了转变为易加工、处理的产物，常用饱和碳酸钠溶液浸泡，使 $SrSO_4$ 转变为 $SrCO_3$。

3.2.5 分级沉淀

一般溶液中含有多种离子时，当加入沉淀剂时，可能几种离子都能与之生成沉淀。当加入沉淀剂之后，溶液中先后发生沉淀的现象叫分步沉淀或分级沉淀。需要较少沉淀剂即可达到 $Q>K_{sp}$ 的可先生成沉淀，反之则后沉淀。

【例 3-7】 某溶液中含有 Ca^{2+} 和 Ba^{2+}，浓度均为 $0.10 mol \cdot L^{-1}$，向溶液中滴加 Na_2SO_4 溶液，开始出现沉淀时 SO_4^{2-} 浓度应为多大？当 $CaSO_4$ 开始沉淀时，溶液中剩下的 Ba^{2+} 浓度为多大？能否用此方法分离 Ca^{2+} 和 Ba^{2+}？已知 $K_{sp}^{\ominus}(BaSO_4)=1.08\times10^{-10}$，$K_{sp}^{\ominus}(CaSO_4)=4.93\times10^{-5}$。

解：$BaSO_4$ 开始沉淀时，溶液中 $c(SO_4^{2-})$ 为

$$[SO_4^{2-}]/c^{\ominus}=\frac{K_{sp}^{\ominus}(BaSO_4)}{[Ba^{2+}]/c^{\ominus}}=\frac{1.08\times10^{-10}}{0.10}=1.08\times10^{-9}$$

$CaSO_4$ 开始沉淀时，溶液中 $[SO_4^{2-}]$ 为

$$[SO_4^{2-}]/c^{\ominus}=\frac{K_{sp}^{\ominus}(CaSO_4)}{[Ca^{2+}]/c^{\ominus}}=\frac{4.93\times10^{-5}}{0.10}=4.93\times10^{-4}>1.08\times10^{-9}$$

先沉淀的是 $BaSO_4$，此时 $[SO_4^{2-}]$ 为 $1.08\times10^{-9} mol \cdot L^{-1}$。

当 $CaSO_4$ 开始沉淀时，溶液中的 $[Ba^{2+}]$ 为

$$[Ba^{2+}]/c^{\ominus}=\frac{K_{sp}^{\ominus}(BaSO_4)}{[SO_4^{2-}]/c^{\ominus}}=\frac{1.08\times10^{-10}}{4.93\times10^{-4}}=2.19\times10^{-7}<1.0\times10^{-5}$$

故可用此法分离 Ca^{2+} 和 Ba^{2+}。

对于同类型的难溶强电解质，且被沉淀离子浓度接近时，加入沉淀剂，溶度积小的先沉淀，溶度积大的后沉淀。对于不同类型的难溶强电解质，生成沉淀的先后顺序就不能只根据溶度积大小做出判断，必须通过计算才能确定。

3.3 沉淀溶解平衡在生物医学中的应用

沉淀溶解平衡原理除了在人类生产生活中体现其重要价值外，在生命体组成等方面也有着重要的体现。如人体内肾结石的形成、骨骼的形成与龋齿的产生等都涉及沉淀溶解平衡的原理。

3.3.1 骨骼和牙齿的组成成分——羟基磷灰石

羟基磷灰石，化学式为 $[Ca_{10}(OH)_2(PO_4)_6]$，是骨骼和牙齿的主要无机成分。其化学组成包含两个重要部分：羟基及磷灰石。其中，羟基能够被其他阴离子如氟离子、氯离子或碳酸根离子取代；而钙离子也能通过离子交换被其他金属离子取代。羟基磷灰石展现了非常高的生物活性及生物兼容性，在牙釉质和骨骼中非常丰富。实验表明，羟基磷灰石组分与牙釉质生物相容性非常好，能对牙齿进行再矿化、脱敏以及美白，达到口腔保健目的。

羟基磷灰石是一种难溶强电解质，其 K_{sp} 为 2.5×10^{-59}，解离会生成 Ca^{2+}、PO_4^{3-} 和 OH^-。牙齿上的残留物会分解产生 H^+，影响体内羟基磷灰石的沉淀溶解平衡，逐渐腐蚀牙釉质并产生龋齿，这一过程称为去矿化过程。

$$Ca_{10}(OH)_2(PO_4)_6(s)+8H^+ \rightleftharpoons 10Ca^{2+}+6HPO_4^{2-}+2H_2O$$

为预防这一腐蚀过程，使用含氟牙膏成为一种非常有效的保护措施。引入氟离子能够取代羟基，形成更加难溶且耐酸的含氟矿物质氟磷灰石，反应式为：

$$Ca_{10}(OH)_2(PO_4)_6(s)+2F^- \rightleftharpoons Ca_{10}F_2(PO_4)_6(s)+2OH^-$$

因此，相当于给牙釉质涂抹了一层保护膜。但氟的摄取量一定要适当，六岁以下的儿童使用含氟牙膏更要注重用量。

3.3.2 草酸钙的形成和肾结石

肾结石的形成过程其实就是沉淀溶解平衡的体现，由于某种因素造成结晶物质的浓度过高，达到过饱和状态，根据溶度积规则，结晶析出并聚集形成结石。导致肾结石形成的因素有很多种，其中最主要的原因就是饮食习惯问题。另外，现在已知的肾结石有三十多种，其中最常见的为草酸钙结石。肾结石很少由单一结晶物质构成，绝大部分含有多种结晶物质，并以某一种为主要成分。

草酸钙结石最为常见，其形成的原因主要是草酸堆积过多。比如平常爱吃的菠菜、大豆、橘子等食物，草酸含量都较高。长期摄入此类草酸含量较高的食物，体系草酸含量较高，如果水摄入量不够，极易导致形成草酸钙结石。所以，在吃菠菜前一般先要用开水烫一烫，去除部分草酸。

3.3.3 沉淀溶解平衡在医药中的应用

沉淀溶解平衡在医药中最典型的应用就是"钡餐"。硫酸钡不溶于水和酸，并且 X 射线不易穿透并在 X 光片上呈白色，因此，"钡餐"造影就是利用硫酸钡作为造影剂，主要用于检查消化道疾病。硫酸钡进入消化道系统后，会附着在消化道壁上并显现消化道的轮廓，用以检测消化道壁是否出现缺损、溃疡等，也可检测消化道器官中是否存在肿瘤。硫酸钡并不会一直存在于人体内，过一段时间后它就会随着人体代谢排出体外。

习 题

1. 选择题

(1) $CaCO_3$ 在下列溶液中的溶解度较大的是______。

A. $Ca(NO_3)_2$　　B. Na_2CO_3　　C. $NaNO_3$　　D. K_2CO_3

(2) 对 A_2B 型难溶电解质的 $K_{sp}^{\ominus}$ 与 S 之间的关系为______。

A. $S=(K_{sp}^{\ominus}/2)^{1/2}$　　B. $S=(2K_{sp}^{\ominus})^2$　　C. $S=(K_{sp}^{\ominus})^{1/3}$　　D. $S=(K_{sp}^{\ominus}/4)^{1/3}$

(3) 已知 $K_{sp}^{\ominus}(AB_2)=3.2\times10^{-11}$，$K_{sp}^{\ominus}(AB)=4.0\times10^{-8}$，则两者在水中溶解度关系为______。

A. $S(AB)<S(A_2B)$　　B. $S(AB)>S(A_2B)$

C. $S(AB)=S(A_2B)$　　D. 不能确定

(4) 难溶电解质 AB_2 的 $S=1.0\times10^{-3}mol\cdot L^{-1}$，其 $K_{sp}^{\ominus}$ 是______。

A. 1.0×10^{-6}　　B. 1.0×10^{-9}　　C. 4.0×10^{-6}　　D. 4.0×10^{-9}

(5) 在饱和的 $BaSO_4$ 溶液中，加入适量的 NaCl，则 $BaSO_4$ 的溶解度______。

A. 增大　　B. 不变　　C. 减小　　D. 无法确定

(6) $K_{sp}^{\ominus}(AgCl)=1.8\times10^{-10}$，AgCl 在 $0.010mol\cdot L^{-1}$ NaCl 溶液中的溶解度为______。

A. $1.8\times10^{-10}mol\cdot L^{-1}$　　B. $1.8\times10^{-8}mol\cdot L^{-1}$

C. $1.3\times10^{-5}mol\cdot L^{-1}$　　D. $0.01mol\cdot L^{-1}$

(7) $Mg(OH)_2$ 在下列哪种溶液中的溶解度较大______。

A. 纯水　　B. $0.10mol\cdot L^{-1}$ HAc

C. $0.10mol\cdot L^{-1}NH_3\cdot H_2O$　　D. $0.10mol\cdot L^{-1}MgCl_2$

(8) 在含有相同浓度的 Cl^-、Br^-、I^- 的溶液中，逐滴加入 $AgNO_3$ 溶液，沉淀顺序为______。

A. AgBr、AgCl、AgI　　B. AgI、AgBr、AgCl

C. AgBr、AgI、AgCl　　D. AgCl、AgBr、AgI

(9) 下列原因中可减小沉淀溶解度的是______。

A. 酸效应　　B. 盐效应　　C. 同离子效应　　D. 配位效应

(10) 溶度积常数越小的难溶电解质，溶解度______。

A. 越小　　B. 越大　　C. 相等　　D. 不能确定

2. 填空题

(1) 难溶电解质溶液处于沉淀溶解平衡时，溶液为______溶液。

(2) 分析化学认为某离子沉淀完全是指该离子浓度小于__________。

(3) 溶度积常数和其他平衡常数一样，与物质的______和______有关，但与离子______无关。

(4) 对 $BaSO_4$ 多相平衡系统，如果加入 $BaCl_2$ 溶液，由于______效应，溶解度______；如果加入 NaCl，由于______效应，溶解度______。

(5) 对同一类型的难溶强电解质，溶度积常数相差______，利用分步沉淀来分离离子效果越好。

(6) 分步沉淀的次序不仅与溶度积常数及沉淀的______有关，而且与溶液中相应离子______有关。

3. 计算题

(1) 已知 25℃时，AgI 溶度积为 8.5×10^{-17}，分别求：①在纯水中；②在 $0.01mol\cdot L^{-1}$ KI 溶液中 AgI 的溶解度。

(2) 1L 溶液中含有 0.4mol NH_4Cl 和 0.2mol NH_3，试计算：

① 该溶液的 $[OH^-]$ 和 pH；

② 在此条件下若有 $Fe(OH)_2$ 沉淀析出，溶液中 Fe^{2+} 的最低浓度为多少？

(3) 设溶液中 Cl^- 和 CrO_4^{2-} 的浓度均为 $0.01mol\cdot L^{-1}$，当慢慢滴加 $AgNO_3$ 溶液时，AgCl 和 Ag_2CrO_4 哪个先沉淀？当 Ag_2CrO_4 沉淀时，溶液中的 Cl^- 浓度是多少？

(4) PbI_2 和 $PbSO_4$ 的溶度积常数非常接近，那么两者的饱和溶液中 Pb^{2+} 的浓度是否也非常接近，通过计算说明。

(5) 将等体积（各 1L）$0.04mol\cdot L^{-1}$ $MgCl_2$ 溶液和 $0.04mol\cdot L^{-1}$ 氨水溶液混合，求：混合溶液是否有沉淀生成，请通过计算说明。若有沉淀生成，需要加多少克氯化铵才能使

$Mg(OH)_2$ 沉淀溶解。

（6）某难溶电解质 AB_2（相对分子量为 80），常温下，1L 水中最多可溶解 0.0024g，请计算 AB_2 的溶度积常数。

（7）一溶液中含有 Fe^{2+} 和 Fe^{3+}，浓度均为 $0.01mol \cdot L^{-1}$，若想控制 Fe^{3+} 生成沉淀，而 Fe^{2+} 不沉淀，溶液的 pH 值应控制在什么范围？

（8）分别用 Na_2CO_3 和 Na_2S 溶液处理 AgI，沉淀能否转化？请通过计算说明。

参 考 文 献

[1] 魏祖期，刘德育．基础化学．第 8 版．北京：人民卫生出版社，2013.

[2] 游文玮．医用化学．第 2 版．北京：化学工业出版社，2014.

[3] 呼世斌．无机及分析化学．第 3 版．北京：高等教育出版社，2010.

[4] 游文章．基础化学．北京：化学工业出版社，2010.

4 物质的结构

本章通过玻尔理论、薛定谔方程等阐述微观粒子的量子化和波粒二象性特征，介绍波函数、量子数、原子轨道和电子云及其图像，讨论多电子原子核外电子的排布规律，还讨论共价键理论、杂化轨道理论、价层电子对互斥理论、分子轨道理论以及分子间作用力。

4.1 微观粒子的基本特征

原子、分子和离子是物质参与化学变化的基本单元，了解原子的内部组成、结构和性能，是理解化学变化本质的前提要素，是化学科学的核心内容。现代量子力学揭示了电子等微观粒子的波粒二象性和量子化特征，又提出了原子核外电子运动的概率波动方程，为研究分子的结构和性质奠定了基础。

4.1.1 原子的组成

19 世纪以前，人们一直认为宇宙万物都是由原子组成，原子是最微小、最坚硬、不可分的物质**基本粒子**（elementary particle）。电子的发现打破了千百年来原子不可分的观念。

1879 年，英国人克鲁克斯（Crookes）在进行低气压导电性能实验时，发现阳极上出现了荧光，说明这是一种带负电的粒子，克鲁克斯将其称为**阴极射线**（cathode ray），这个真空管就称为阴极射线管（见图 4-1）。1897 年，英国物理学家汤姆生（J. J. Thomson），利用阴极射线管测定了这种带电粒子的电荷（e）和质量（m）之比，简称**荷质比**（e/m）（ratio of charge and mass）。他发现无论什么气体，也不论什么材料做成的阴极，所产生粒子的荷

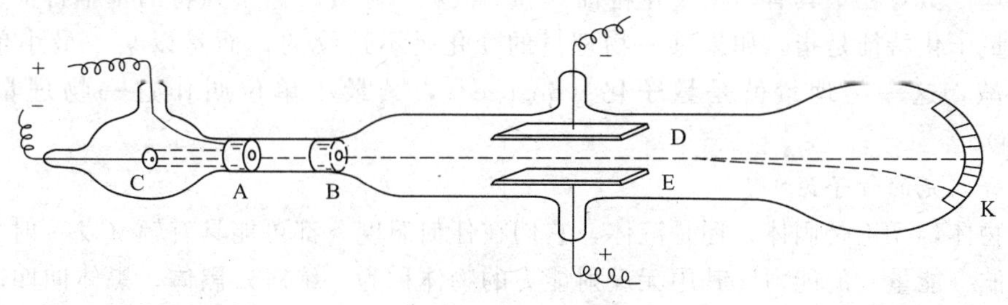

图 4-1 阴极射线管

质比均相同，说明这些粒子是同一种东西，于是汤姆生推断：存在着比原子更小的粒子。后来人们将这种粒子称为**电子**（electron），1909 年密立根（Robert Millikan）通过油滴实验测量出电子的电荷。

原子是电中性的，原子中既然存在带负电荷的电子，就必然还有带正电荷的物质，α 粒子散射实验证实了这种推断。1896 年，卢瑟福（E. Rutherford）用 α 射线轰击金箔时发现一个奇特的现象，多数的 α 粒子畅通无阻，只有少数 α 粒子在前进中像遇到了不可穿透的壁垒一样，被折射和反弹回来（见图 4-2）。通过测定和计算发现，原子中存在着质量为原子质量的 99.9%以上，而大小仅为原子的 $1/10^{12}$ 的带正电荷的粒子，他将其称为**原子核**（atomic nucleus）。卢瑟福认为电子像行星绕太阳运转一样绕原子核运动，这就是原子结构的“行星式模型”。这是人类认识微观世界的里程碑。

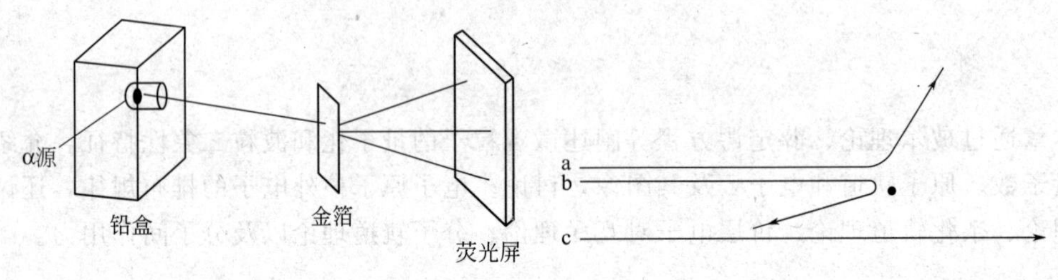

图 4-2　α 粒子散射实验图

卢瑟福在 α 粒子散射实验中还发现，被轰击的原子中还可能跑出带正电荷的粒子，这种粒子所带的电量和质量也与原子种类无关，而其电荷正好等于 1 个电子电量的正值。卢瑟福将其命名为**质子**（proton）。

既然原子的质量集中于原子核，那么核内质子的总质量应当近似等于原子的质量。但是对于绝大多数原子来说，其质子的总质量小于原子的质量。因此，卢瑟福指出：原子核内还可能存在一种质量与质子相似的电中性粒子。这种预见于 1932 年被实验所证实，他将其称为**中子**（neutron）。

根据原子及其内部微粒的电荷关系，英国人莫斯莱（Moseley）研究证明：原子核内的质子数和核外的电子数都恰好等于原子序数，即：原子序数 Z＝核内质子数＝核电荷数＝核外电子数。也就是说，质子数相同的原子属于同种元素。

4.1.2　微观粒子的量子化特征

在化学反应中，原子核并不变化，而只有原子核外电子，特别是**价电子**（valence electron）的运动状态发生变化。然而，原子的核外电子属于微观粒子，与宏观物体相比，电子的质量极微，运动范围极小而运动速度极快，并不服从已经为人们普遍接受的经典牛顿力学的基本原理，微观粒子具有“量子化特征”和“波粒二象性”两个独特的基本特征。所谓微观粒子的量子化特征是指，如果某一物理量的变化是不连续的，而是以某一最小单位作跳跃式的增减，这一物理量就是**量子化**（quatized），其最小单位叫作这一物理量的量子（quantum）。

（1）普朗克的量子论

任何物体，无论是固体，还是液体，它们在任何温度下都可能具有辐（发）射、反射和吸收电磁波（能量）的能力。其中无反射能力的物体称为（绝对）**黑体**，黑体向四周辐射的能量称为辐射能。辐射能的大小及其波长的分布都取决于辐射体的温度，所以将这种辐射称为热辐射。然而，根据物理量连续变化的这种传统观念，总是不能圆满解释辐射实验曲线。1900年，普朗克（M. Plank）首次提出，要想圆满解释黑体辐射实验事实，应抛弃一切物理量都是连续变化的传统观念，只有引入不连续概念才是解释实验事实的关键，即必须假设：

① 在吸收（或辐射）过程中，谐振子的能量及其变化都是不连续的，只能是一群分立的量值，而且这些量值 E_n 只能是某一最小能量单元的整数倍，即：

$$E_n = nE \quad n=1,2,3,\cdots \tag{4-1}$$

能量的这种不连续性，称为**（能量）量子化**，E 称为**（能）量子**。

② 谐振子吸收（或辐射）能量的方式，必须是一份一份（即一个 E，一个 E）地进行。普朗克根据推算后指出，最小能量单元应与谐振子的频率成正比，即：

$$E = h\nu \quad h = 6.626\times10^{-34}\,\text{J}\cdot\text{s} \tag{4-2}$$

式中，h 是普朗克引入的比例常数，人们将 h 称为普朗克常数。h 是标志微观世界特征的一个普适常数，它与微观世界的各种理论、学说，以及微观世界的各种物理量都有密切关系，即凡是含有 h 常数的物理学公式，所反映的都是微观世界的运动规律，否则所反映的都是宏观物体的运动规律。普朗克提出的（能量）量子化概念不仅精确地解释了黑体辐射的实验结果，更为重要的是，这一概念被后来的理论和实验证明是微观粒子运动的最重要的特征之一。普朗克的量子假说，否定了“一切自然过程都是连续的”观点，成为“20世纪整个物理学研究的基础”。

(2) 氢原子光谱与玻尔理论

1913年，丹麦物理学家玻尔（N. Bohr）借鉴普朗克的量子化假说，成功地解释了氢原子光谱实验，并提出了玻尔理论，在原子结构的研究领域又迈出了重要的一步。当光线通过棱镜（或光栅）时，不同频率的光将沿不同方向折射，并可以通过照相机或光电管来检测。由太阳、白炽灯和固体加热所发出的是白光，包含各种频率，在谱图上所得谱线十分密集，连成一片，称为带状光谱或连续光谱。如果光源只含有少数几种频率，在光谱图中就会出现少数几条孤立的谱线，称为线状光谱或不连续光谱。如果用充有氢气的放电管，在高电压下电离放电发出的光作为光谱实验的光源，得到的光谱称为氢原子发射光谱，简称氢原子光谱（见图4-3）。

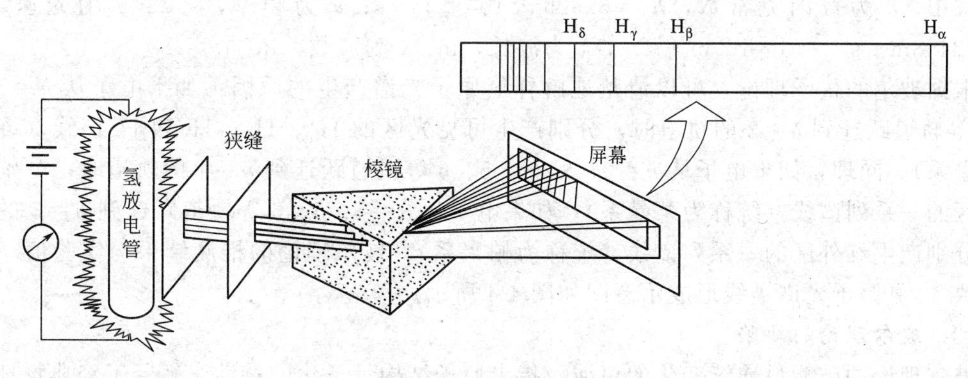

图4-3　氢原子光谱

所以原子发光是原子内部电子运动状态发生变化的标志，原子光谱携带大量的信息，能直接反映原子内部结构和电子的运动状况。

根据经典的**电磁理论**（electromagnctic theory），人们认为既然氢原子核外电子的能量是连续变化的，由此所得到的光谱也应该是连续光谱。然而氢原子光谱实验的结果却出人意料，得到的不是连续光谱，而是线状光谱。在可见光区可得到四条比较明显的谱线，分别称为：H_α、H_β、H_γ和H_δ谱线，它们的**波长**（wavelength）（λ）分别为656.3nm、486.1nm、434.1nm和410.2nm。虽然科学家们根据氢原子光谱各谱线的频率规律，归纳出了谱线的波数公式，却无法解释其物理意义。

玻尔在卢瑟福原子结构的“行星式模型”的基础上，引入了普朗克的量子化概念，比较满意地解释了氢原子光谱规律，玻尔理论的要点如下所述。

① 氢原子核外电子只能在具有确定半径和能量的轨道上运动，电子在这些轨道上运动时并不辐射出能量。故原子总处于一种“稳定能量”状态，称为**“定态”**（stationary state）。每个定态都对应一个**能级**（energy level）。当原子处在最低能量状态时，称为原子的**“基态”**（ground state），其他能量较高的状态称为**“激发态”**（excited state）。电子运动轨道的半径为：

$$r_n = a_0 n^2 \tag{4-3}$$

式中，n为量子数，$n=1,2,3\cdots$；a_0为比例常数，称为玻尔半径，$a_0=53\text{pm}=5.3\times10^{-11}\text{m}$。

轨道的能量为：

$$E_n = -B/n^2 \tag{4-4}$$

式中，B为比例常数，$B=13.6\text{eV}=2.179\times10^{-18}\text{J}$。

② 定态间的跃迁　正常情况下，核外电子尽可能处在离核最近的轨道上，这时原子的能量最低，原子处于基态。当原子接受加热、辐射或通电时，会从外界获得能量，使核外电子跃迁到离核更远（能量更高）的轨道上，这时原子处于激发态。处于激发态的电子不稳定，可以跃迁到离核较近（能量较低）的轨道上，以光辐射的形式释放出能量。辐射能的大小，取决于跃迁前后两个轨道的能量差，因此电子的辐射能是不连续的。

$$E_{辐射} = \Delta E = E_{高} - E_{低} = B[(1/n_{低})^2 - (1/n_{高})^2] \tag{4-5}$$

③ 根据光量子的概念可知，由于电子的辐射能不连续，原子光谱的谱线也是不连续的，**氢原子光谱**（hydrogen atom spectrum）的**频率**（frequency）（ν）、波长（λ）和波数（wavenumber）（$\tilde{\nu}$）可由下式决定：

$$E_{光子} = h\nu = hc/\lambda = hc\tilde{\nu} \tag{4-6}$$

式中，h为普朗克常数，$h=6.626\times10^{-34}\text{J}\cdot\text{s}$；$\nu$为频率，$\text{s}^{-1}$；$c$为光速，$c=299792458\text{m}\cdot\text{s}^{-1}\approx3\times10^8\text{m}\cdot\text{s}^{-1}$；$\lambda$为波长，m；$\tilde{\nu}$为波数，$\text{m}^{-1}$。

根据玻尔的量子理论，可以清楚地解释氢原子光谱产生的原因：如果电子从$n=3$、4、5、6等轨道跃迁到$n=2$的轨道时，分别产生可见光区的H_α、H_β、H_γ和H_δ谱线（统称为巴尔麦系）。同理，如果电子从$n=2$、3、4、5、6等轨道跃迁到$n=1$的轨道时，分别产生紫外区的一系列谱线（统称为莱曼系）；如果电子从$n=4$、5、6等轨道跃迁到$n=3$的轨道时，分别产生红外区的一系列谱线（统称为帕兴系）。玻尔理论的推测结果与实验值“惊人地一致”，氢原子光谱谱线形成示意图如图4-4所示。

（3）玻尔理论的缺陷

玻尔理论冲破能量连续变化的束缚，指出原子结构量子化的特性，解释了经典物理理论无法解释的原子结构和氢光谱的关系。而它的缺陷恰恰又在于未能完全冲破经典物理理论的束缚，勉强地加进了一些假定。由于没有考虑电子运动的另一个重要特征波粒二象性，使电子在原子核外的运动采取了宏观物体的固定轨道，致使玻尔理论在解释多电子原子的光谱和光谱线在磁场中的分裂、谱线的强度等实验结果时遇到了难以解决的困难。例如，对于含有

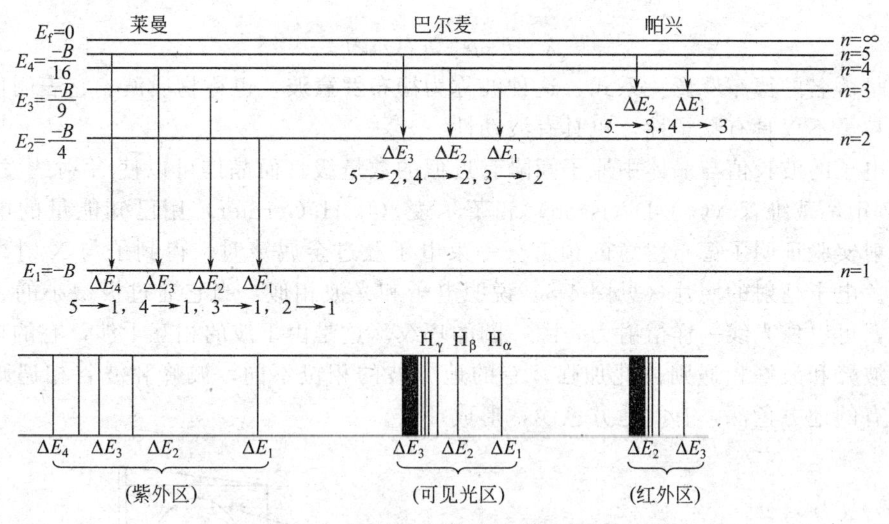

图 4-4　氢原子光谱谱线形成示意图

两个或两个以上电子的多电子原子（如 He 等），若用玻尔理论来计算能量和波长，与实验值的误差大于 5%，这已远远超出误差所能允许的范围。

人们不得不反思：是否因为人类对电子的属性尚未明了，才会导致上述的种种困惑。

4.1.3　微观粒子的波粒二象性

（1）爱因斯坦的光子学说

人类对电子属性的认识，得益于对光子属性的认识。至 19 世纪末，人们发现不能用光的电磁波学说解释黑体辐射和光电效应等现象。普朗克的量子假设虽然成功地解释了黑体辐射，但当时深受经典物理理论概念束缚的大多数物理学家不愿接受这一概念，爱因斯坦（A. Einstein）将能量量子化的概念应用于光电效应，提出了光子学说：可以将单色光看成一粒一粒以光速 c 前进的粒子流，这种粒子称为光（量）子。通过质能联系方程：

$$E=mc^2 \tag{4-7}$$

即可算出光子的动量 p：

$$p=h/\lambda \tag{4-8}$$

能量 E：

$$E=h\nu \tag{4-9}$$

质量 m：

$$m=h\nu/c^2 \tag{4-10}$$

式中，λ 和 ν 是反映波动性的特征物理量；E、p 和 m 是反映粒子性的特征物理量。现在这两个对立的概念被爱因斯坦用普朗克常数 h 联系在同一个数学表达式中，表明，光既是一束电磁波，也是一束由光子组成的粒子流。光的这两种对立的属性，可在不同场合或不同条件下，分别表现出来，光的这种性质称为**波粒二象性**（wave-particle-duality）。根据光的波粒二象性，不仅成功地解释了光电效应的实验规律，而且结束了几百年来关于光是波还是粒子的争论，并对量子力学的建立起到了巨大的促进作用。

（2）德布罗意的物质波假说

法国青年物理学家德布罗意（L. De Broglie）在光的波粒二象性的启示下，于 1924 年大胆地假设：波粒二象性不只是光才有的特性，而是一切微观粒子共有的本性。即原来认为只有粒子性的微观粒子，也应具有波动性，并且假设：具有动量 p 和能量 E 的自由粒子（势能＝0）的运动状态，可以用波长 λ 和频率 ν 的平面波来描述，二者之间的关系为：

$$\lambda = h/p = h/(m\nu) \tag{4-11}$$

这就是著名的德布罗意关系式，这种波称为**德布罗意波**，也称物质波。它表明像电子这样的微观粒子不仅具有粒子性，也具有波动性。

由于电子的波长值与晶体中原子间隔有近似的数量级，而晶体可以使X射线发生衍射，因此1927年，戴维森（C. J. Davisson）和革尔麦（L. H. Germer）用已知能量的电子在晶体上的衍射实验证明了德布罗意的预言。一束电子经过金属箔时，得到了与X射线相像的衍射图样。电子衍射的照片（见图4-5）说明电子和光波相似，当它通过极微小的金属晶体的小孔时，可以像光线一样衍射为一圈一圈的环纹。这是由于波的相互干涉，有的地方的相位相同，波峰和波峰相遇则彼此加强，有的地方波的相位不同，波峰和波谷相遇则彼此减弱，所以有的地方色深，有的地方色浅，形成环纹。

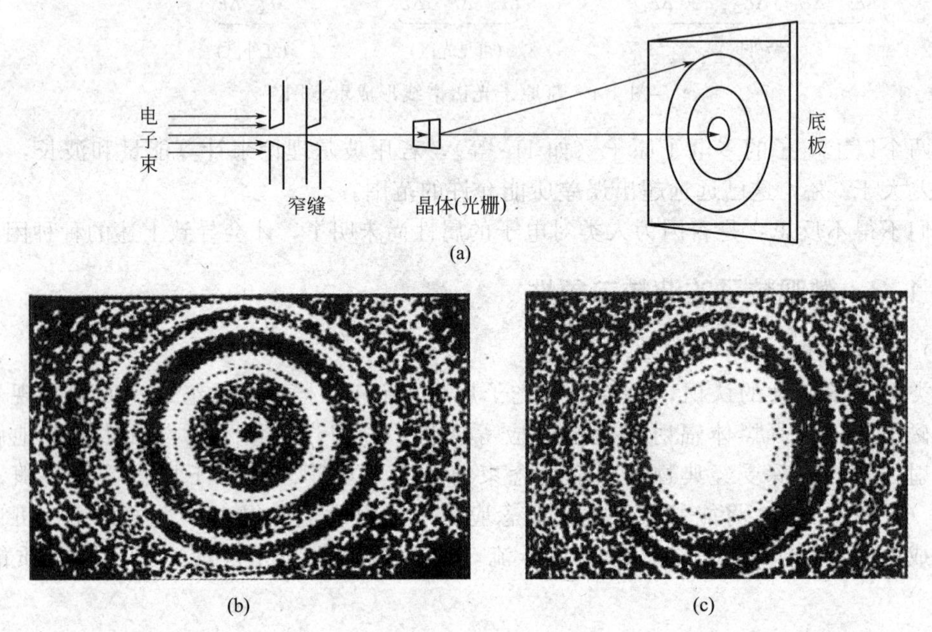

图4-5　电子衍射的装置及照片

实验结果证明，电子不仅是一种具有一定质量高速运动的带电粒子，而且能呈现波动的特性。电子显微镜就是利用高速运动的电子束代替光波的一种显微镜。

4.1.4　不确定原理

电子既然是具有波粒二象性的微观粒子，那么能否像经典力学中确定宏观物体的运动状态一样，同时用位置和速度等物理量来准确描述电子的运动状态呢？1927年海森堡（W. Heisenberg）给出了否定的回答，他认为微观粒子的位置和动量之间应有以下的不确定关系：

$$\Delta x \Delta p_x \geqslant h/4\pi \tag{4-12}$$

这种关系称为不确定原理又称测不准原理，式中，Δx 与 Δp_x 分别称为空间某一方向的坐标和动量分量的不确定量、不准确度或误差。对于具有波粒二象性的微观粒子（含实物粒子），其运动都必须服从不确定关系。不确定关系式表明：欲用经典物理理论中的物理量——坐标和动量来描述微观粒子的运动状态时，只能达到一定的近似程度。

4.2 单电子原子的结构

4.2.1 核外电子运动状态的描述

(1) 波函数与薛定谔方程

受不确定关系的限制，对于像核外电子这样的微观粒子的运动，已经不能沿用牛顿力学原理进行描述，而只能使用量子力学的方法进行处理。奥地利物理学家薛定谔(E. Schrödinger)受到德布罗意物质波的启发，针对氢原子中电子的运动规律，于1926年提出了能同时反映粒子性和波动性的微观粒子的运动方程，人们将其称为**薛定谔方程**，方程的数学形式如下：

$$\left[-\frac{h^2}{8\pi^2 m}\left(\frac{\partial^2}{\partial x^2}+\frac{\partial^2}{\partial y^2}+\frac{\partial^2}{\partial z^2}\right)-\frac{e^2}{4\pi\varepsilon_0 r}\right]\psi(x,y,z)=E\psi(x,y,z) \tag{4-13}$$

式中，h 为普朗克常数；m 为电子的质量；ε_0 为真空中的介电常数；e 为电子电荷；r 为电子到核的距离；$\psi(x, y, z)$ 为方程的解，它是在以原子核为原点的直角坐标系(x，y，z)中，电子绕核运动的状态波函数。比较等式两边可以发现，由于等式右边的值为电子总能量，所以等号左边的方括号内也是电子的总能量，又由于总能量等于动能与势能之和，所以等号左边的方括号内的第一项则是电子的动能，第二项是电子在核电荷作用下的势能。

(2) 薛定谔方程的合理解

薛定谔方程属二阶偏微分方程，其数学形式十分复杂，为了方便，可简写成下列形式：

$$f(x,y,z)=0 \tag{4-14}$$

其求解过程也十分复杂，要涉及较深的数学和物理知识，已超出本课程的基本要求，此处仅将求解思路和步骤做简要介绍。

① 坐标变换　核电荷产生的势场是球形对称的，求解薛定谔方程应在球坐标系中进行。为此，可通过坐标变换，将薛定谔方程由直角坐标系中的 $f(x, y, z)=0$ 的形式，变换成球坐标系的 $f(r, \theta, \varphi)=0$ 的形式。方程的解 ψ，也由 x、y、z 的函数 $\psi(x, y, z)$ 转化为 r、θ、φ 的函数 $\psi(r, \theta, \varphi)$。自变量 x、y、z 与自变量 r、θ、φ 之间的关系见图4-6。

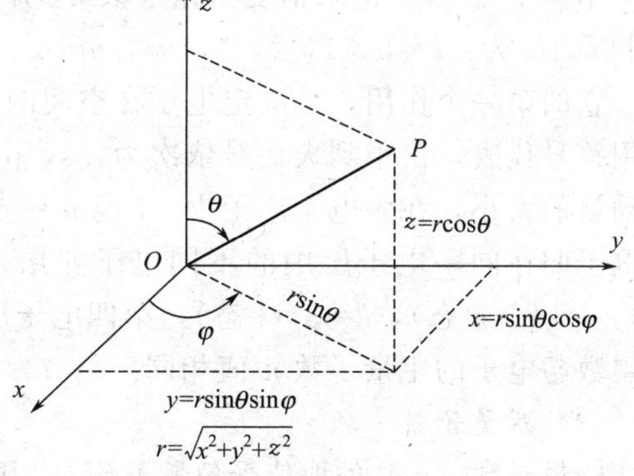

图4-6　球坐标与直角坐标关系

② 变量分离　由图4-6可知，自变量 r 为半径因素，θ 和 φ 为角度因素，两个不同的因素出现在同一个偏微分方程中，给求解增加了困难。在数学上，对于含有两组自变量的偏微分方程，通常采用分离变量的方法，将该方程分离成两个各含一组自变量的方程，方程的解也随之分离成单组分变量函数的乘积。

③ 方程的解　薛定谔方程是描述核外电子运动规律的数学公式，方程的解——波函数 $\psi(r, \theta, \varphi)$ 是表示核外电子运动状态(一定的能量状态)的函数式。虽然 ψ 的物理意义不

够明确，但 ψ^2 却有明确的物理意义，即电子云的概率密度随 r、θ、φ 的变化情况。经变量分离后所得的角度函数 $Y(\theta, \varphi)$ 的平方 Y^2 表示电子云的概率密度随 θ、φ 的变化情况；径向函数 $R(r)$ 的平方 R^2 则表示电子云的概率密度随 r 的变化情况。

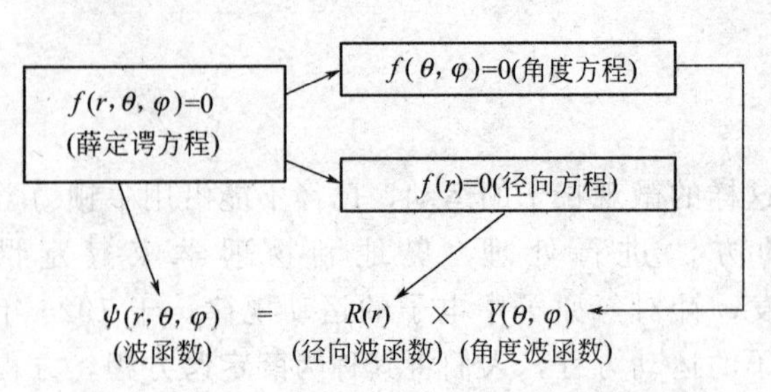

图 4-7 原子轨道的径向波函数和角度波函数

核外电子的量子化特征表现在：薛定谔方程只有在某些特定的条件下，才有合理的解（有确定的波函数）。表示这些特定条件的物理量称为量子数，分别为：主量子数 n、角量子数 l 和（轨道）磁量子数 m。这些量子数是在求解薛定谔方程的过程中自然产生的，因此，三个量子数的组合就对应着电子的一种能量状态（原子轨道），量子数确定的微观状态称为一个量子态，表示为 $\psi_{n,l,m}(r, \theta, \varphi)$，同理有 $R_{n,l}(r)$ 和 $Y_{l,m}(\theta, \varphi)$。既然电子的能量状态是不连续的，那么量子数的值也是不连续的。图 4-7 给出某些量子态（轨道）的波函数的数学形式。

4.2.2 量子数及其物理意义

（1）主量子数

主量子数（n）的取值为：1，2，3，4，…，n（n 为正整数)。它的第一个作用，是代表电子出现概率最大的区域离核的远近，n 值愈大的状态，其最大概率半径离核就愈远。n 相同的电子归为同一层，从小到大代号依次为 K，L，M，N，O，P，…层。它的第二个作用，是表征电子能量高低，因为 n 愈大，电子离核愈远，受核的吸引力就愈弱，其能量便愈高（负值的绝对值愈小）。对于氢原子来说，电子能量完全由 n 决定：

$$E_n = -2.179\times10^{-18}\times(1/n^2)\text{J}$$
$$= -13.6/n^2\,\text{eV}$$

对于多电子原子，电子能量的大小除了与主量子数 n 有关外，还与角量子数 l 有关。

（2）角量子数

角量子数（l）的取值受主量子数 n 的限制，取小于 n 的正整数和 0。对于一定的 n 值，l 可取的值为：$l=0, 1, 2, 3, \cdots, n-1$。（4-15）

它的第一个作用，是决定电子在空间的角度分布（即电子云的形状），角量子数 l 的值可用符号代表，由小到大代号依次为：s，p，d，f，…；它的第二个作用，是决定核外电子角动量的大小，在多电子原子中，l 与 n 一起决定电子的能量，所以通常将 n 相同、l 不同的电子归在同一电子层中的不同电子亚层，例如：$n=4$（N 层）：$l=0$（s 态），$l=1$（p 态），$l=2$（d 态），$l=3$（f 态），第四电子层共有 4s、4p、4d、4f 四个电子亚层，可见电子亚层数与电子的主量子数 n 值相同。

（3）磁量子数

磁量子数（m）的取值受角量子数 l 的限制：$m=0, \pm1, \pm2, \cdots, \pm l$，共 $2l+1$ 个值。m 决定了在外磁场作用下，电子绕核运动的角动量在磁场方向上的分量的大小，它反映原子轨道在空间的不同取向。也就是说，每个亚层中的电子可以有 $2l+1$ 个取向。例如，l 等于 0 的 s 轨道，在空中呈球形分布，因此只有一种取向（$2l+1=1$），而 l 等于 1、2、3 的 p、d、f 轨道，在空中都有多种取向，通常用原子轨道符号的右下标区分不同的取向。磁量子数 m 值的意义见表 4-1。

表 4-1　磁量子数 m 值的意义

项目	s($l=0$)	p($l=1$)	d($l=2$)
m 取值	0	$0,\pm1$	$0,\pm1,\pm2$
取向数	1	3	5
轨道符号	s	p_z，p_y，p_x	d_{xy}，d_{xz}，d_{yz}，$d_{x^2-y^2}$，d_{z^2}

电子在空间运动的状态数就等于磁量子数。这些状态的能量在没有外加磁场时是相同的。例如，p 电子的三种空间运动状态（p_x，p_y，p_z）能量完全相同，又称它们为**简并状态**。但在磁场的作用下，由于原子轨道的分布方向不同会显出能量的微小差别。这就是线状光谱在磁场中会发生分裂的原因。

由此可见，电子处于不同的运动状态，s、p、d 和 f，都有相应的原子轨道，要用不同的波函数来表示。而波函数 $\psi_{n,l,m}$ 就是由 n、l、m 决定的数学函数式，是薛定谔方程的合理解。$\psi_{n,l,m}$ 一般称为"原子轨道"（orbital），称为"轨道函数"更为合适，它与玻尔理论的"轨道"（orbit）是不同的。$\psi_{n,l,m}$ 并非仅是一个具体数值，而是一个函数式，它是量子力学中表征微观粒子运动状态的一个函数。

（4）自旋磁量子数

氢原子在无外磁场时，电子由 2p 能级跃迁到 1s 能级时得到的不是 1 条谱线，而是靠得很近的 2 条谱线。这一现象用前面 3 个量子数不能解释。氢原子或类氢原子射线束在不均匀磁场中向两个相反的方向偏移，说明电子有两种自旋状态。这两种自旋状态的自旋角动量在磁场方向 z 上的分量是不同的，用自旋磁量子数（m_s）来表示，它只有 $\pm1/2$ 两个取值，常用正、反箭头 ↑ 、↓ 表示。m_s 为描述原子中电子运动状态的第四个量子数。

（5）四个量子数的关系

4 个量子数 n、l、m、m_s 可规定原子中每个电子的运动状态：主量子数 n 决定电子的能量和电子离核的远近；角量子数 l 决定电子轨道的形状，在多电子原子中也影响电子的能量；磁量子数 m 决定磁场中电子轨道在空间伸展的方向不同时，电子运动角动量在磁场方向上分量的大小；自旋磁量子数 m_s 决定电子自旋角动量在磁场方向上分量的大小。

4.2.3　波函数与电子云的图形

（1）原子轨道与波函数的关系

原子轨道的波函数 $\psi_{n,l,m}(r,\theta,\varphi)$ 是一种比较复杂的函数，它不能直观地反映电子的运动状态，通常使用它们的函数图像来讨论化学问题。为此要先将径向函数 $R_{n,l}(r)$ 对径向坐标 r 画得原子轨道的径向分布图，将角度函数 $Y_{l,m}(\theta,\varphi)$ 对角度坐标 θ、φ 画得原子轨道的角度分布图，再把这两个图形叠合在一起构成原子轨道图像。

（2）波函数的角度分布图

以 $Y_{l,m}(\theta,\varphi)$ 的数值对 θ、φ 作图，选原子核为原点，引出方向为 θ、φ 的直线，使其长度等于 Y 的绝对值大小，所有这些直线的端点在空间构成一个立体曲面，这个曲面就是波函数的角度分布图，波函数角度分布图主要取决于量子数 l 和 m，而与量子数 n 无关，s、p、d、f 状态的角度分布图各不相同，图 4-8 给出的是前三者的剖面图。由图可见：p 态的 p_x、p_y、p_z 都是"8"字形双球面，其极大值分别沿 x、y、z 三个坐标轴的方向取向；s 态是一个球面；d 态共有五种取向，d_{xy}、d_{yz}、d_{xz}、d_{z^2}、$d_{x^2-y^2}$ 是"叶瓣"形曲面，前三个的曲面分别位于对应两个主轴之间，而 $d_{x^2-y^2}$ 的曲面落在主轴上，d_{z^2} 态有两个叶瓣是在

z 轴方向上，另有一个小环在 xy 平面上。

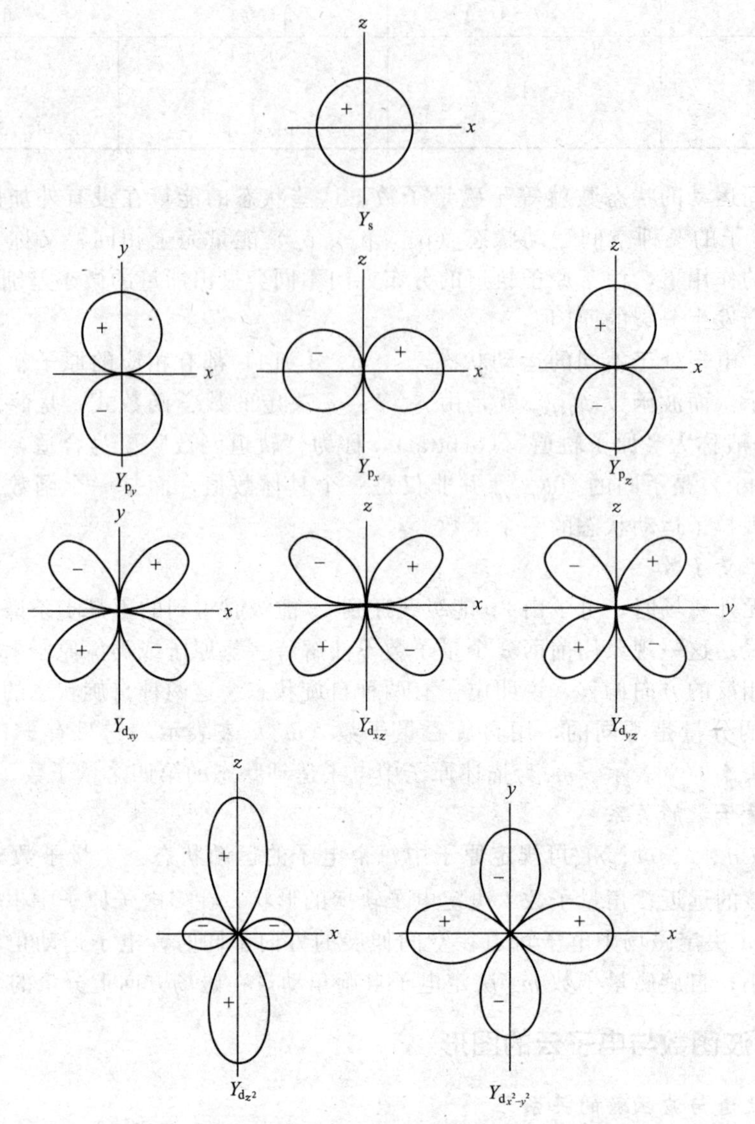

图 4-8　剖面图

下面以 p_z 轨道为例理解图像的意义。p_z 轨道的角度分布函数 $Y_{l,m}(\theta,\varphi)$ 的函数形式为：$Y_{p_z}=\sqrt{3/4\pi}\cos\theta$，由式可知，它仅为 $\cos\theta$ 的函数。取角度分别为 0°、30°、90°、150°、180°，分别求得 $\cos\theta$ 的值、Y_{p_z} 值列于表 4-2。

表 4-2　不同角度的 $\cos\theta$ 和 Y_{p_z} 的值

θ/(°)	0	30	90	150	180
$\cos\theta$	1.00	0.866	0.0	−0.866	−1.00
Y_{p_z}	0.489	0.423	0.00	−0.423	−0.489

p_z 轨道的波函数角度分布图绘图方法如下：从 z 轴的原点出发，作一系列射线，与 z 轴的夹角分别为 0°、30°、90°、150°、180°。在对应的射线上，分别按 Y_{p_z} 的绝对值截取线

段。用平滑曲线将各线段的端点连成上下两个曲线。再将圆弧绕 z 轴旋转 360°，得上下两个曲面（见图 4-9）。

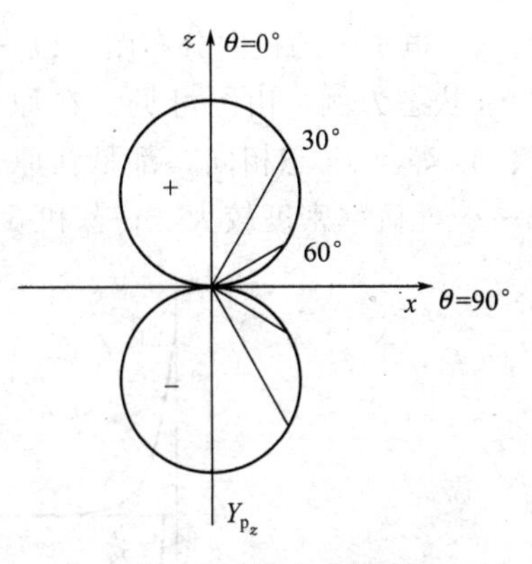

图 4-9 两个曲面图

图中标出的“+”“−”代表角度分布函数 Y 在不同区域内数值的正、负号，不要误解为正电荷和负电荷。波函数的角度分布图重点表示“原子轨道”的极大值以及“原子轨道”正、负号，它们在判断化学键成键方向和能否成键方面有重要意义。

为方便起见，在分析一般化学问题时，通常采用原子轨道的角度分布图近似代替原子轨道图像。

(3) 电子云图的角度分布与径向分布图

电子云是电子在核外空间出现概率密度分布的形象化描述，又可称作“概率云”。与波函数的表示方法相应，概率密度也可以分为角度部分和径向部分来图示。

① 电子云的角度分布图 $2p_y$ 轨道的电子云角度分布图因 $Y^2(p_y)$ 取了平方，“球壳”变得“瘦了”一些，好像两个对顶的“鸡蛋壳”。常用原子轨道的电子云角度分布图见图 4-10。

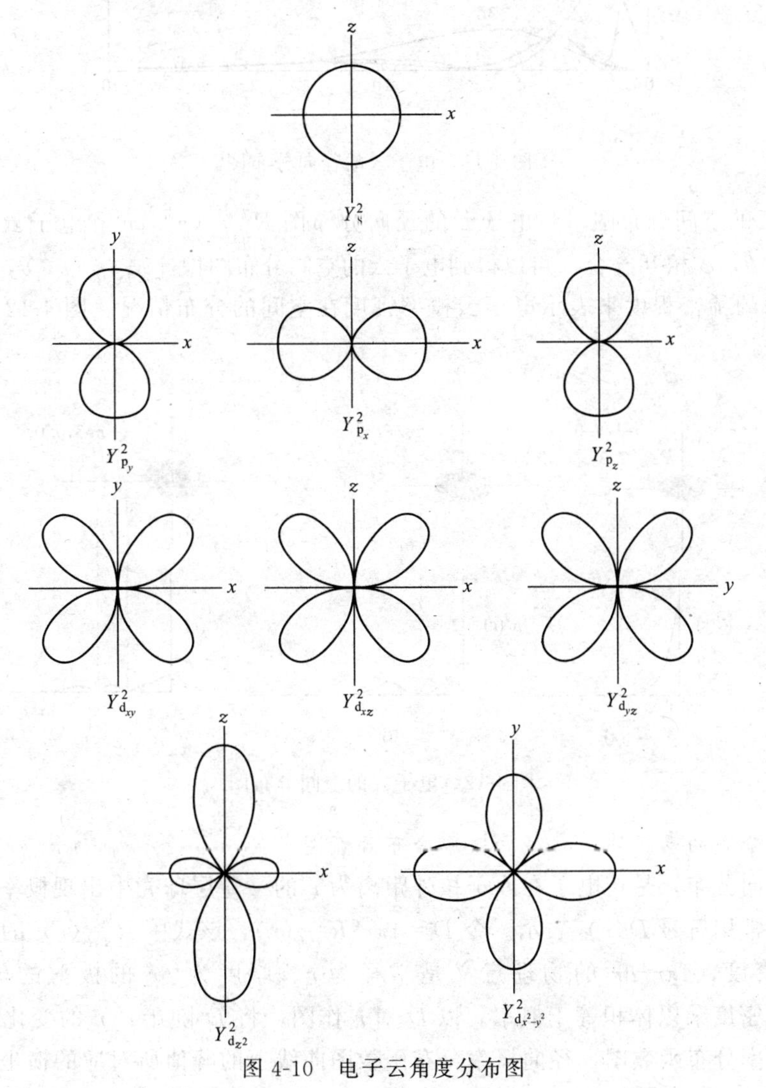

图 4-10 电子云角度分布图

② 电子云的径向分布图　以 $r^2R^2(r)$ 对 r 作图就得到电子云的径向分布图（见图 4-11），以 1s 状态为例，由图可见，在原子核附近概率密度最大，随着 r 的增大，密度逐渐减小；2s、3s 等与 1s 态相同，都是在原子核附近概率密度最大，但它们在离核较远处分别还有一、二……处概率密度较大。p 态和 d 态的特点是在原子核附近概率密度接近于零。

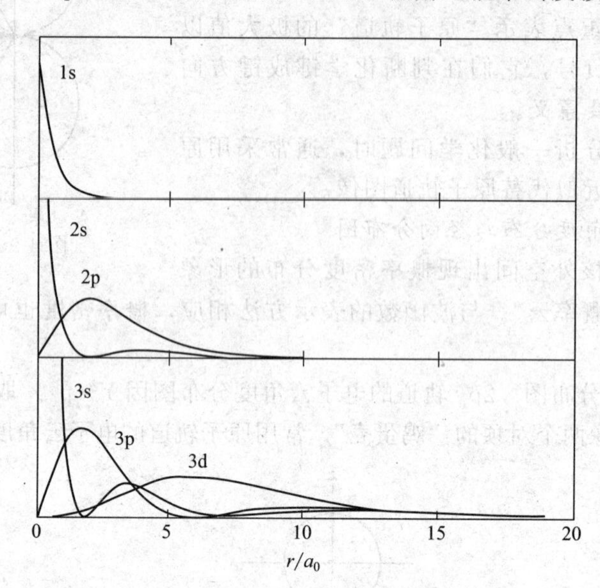

图 4-11　电子云的径向分布图

③ 电子云的空间分布图　将电子云的径向分布图 $R^2_{n,l}(r)$ -r 和电子云的角度分布图 $Y^2_{n,l,m}(\theta,\varphi)$-$\theta$，$\varphi$ 相互叠合，可以得到电子云的空间分布图像 [$\psi^2_{n,l,m}(r,\theta,\varphi)$-$r$，$\theta$，$\varphi$]。图中用小黑点的稀密程度来表示电子云概率密度在空间的分布情况。图 4-12 为部分电子云空间分布图像。

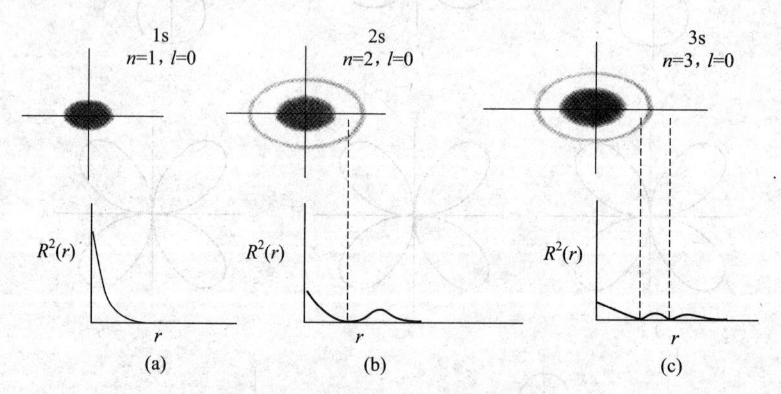

图 4-12　电子云的空间分布图

(4) 概率分布的表示法——径向概率分布函数图

概率的径向分布，是指电子在原子核外距离为 r 的一薄层球壳中出现概率随半径 r 变化的分布情况。常用符号 $D(r)$ 表示。令 $D=4\pi r^2R^2_{n,l}(r)$，该式中 $R^2_{n,l}(r)$ 的物理意义是电子云的概率密度，$4\pi r^2\mathrm{d}r$ 的物理意义是半径为 r、厚度为 $\mathrm{d}r$ 的极薄的球壳的体积为 $4\pi r^2\mathrm{d}r$。概率密度乘以体积等于概率。以 D 对 r 作图，将 D 随半径 r 的变化用图形表示出来即为径向概率分布函数图，径向概率分布函数图曲线上的峰值所对应的横坐标，就是电子云出现概率最大的区域离核的距离。从图 4-13 可以看出，氢原子 1s 态的最大概率半径为 a_0，此即玻尔半径。

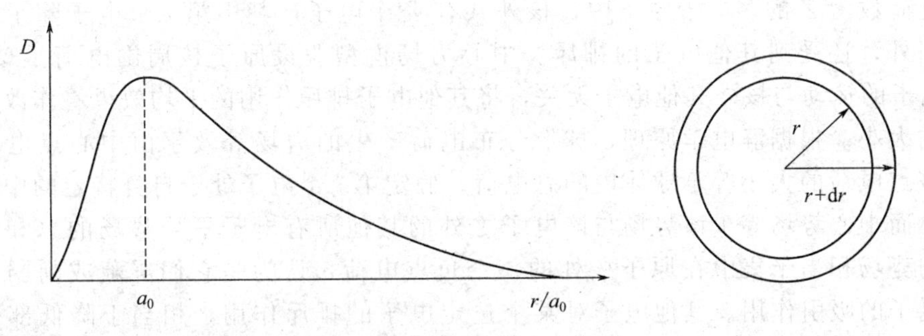

图 4-13　径向概率分布函数图

从径向概率分布图（见图 4-14）可以看到两个明显特点。

① 随着量子数 n 的增大，最大概率半径增大，即电子出现概率最大的球壳离核较远。

② 图中的峰数等于 $n-l$。n 一定时，l 值愈大的状态，其峰数愈少。例如 3s 和 3p 电子云的 $n=3$，$l=0$，1，故它们的径向分布图分别有 3 个和 2 个峰。

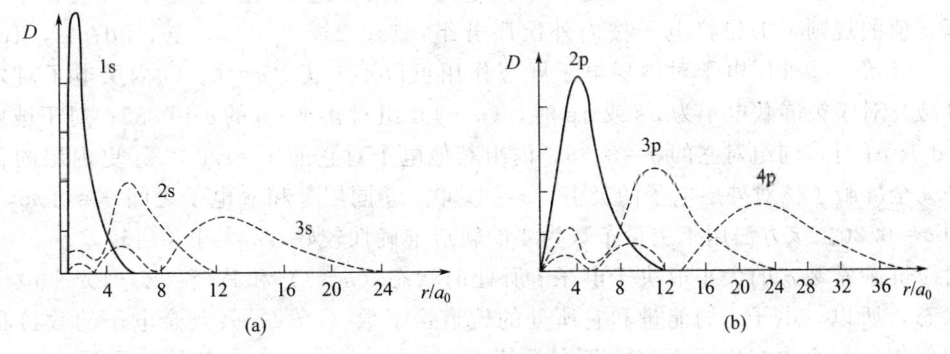

图 4-14　径向概率分布图

电子云的角度分布图表示了电子在空间不同角度出现概率密度的大小，从角度的侧面反映了电子概率密度分布的方向性。而径向概率分布图则表示电子在整个空间出现的概率随半径变化的情况，从而反映核外电子概率分布的层次及穿透性。通常用它来讨论多电子原子的能量效应。

4.3　多电子原子的结构

4.3.1　多电子原子的轨道能级

对于氢原子和类氢原子这样的简单体系，薛定谔方程可以精确求解，得出相应的描述电子运动状态的波函数和“轨道”能量。而在多电子原子体系中，电子间存在复杂的瞬时相互作用，其势能函数的形式比较复杂，虽然仍容易写出薛定谔方程，但无法精确求解，通常在已有精确解的氢原子结构基础之上进行近似处理。中心力场模型是一种近似处理方法，它将原子中其他电子对第 i 个电子的作用看成球对称的作用，只与离核远近有关，引入屏蔽效应（screening effect）和钻穿效应（penetrating effect）的概念来理解，处理的结果表现为对核外电子能量高低的影响。

(1) 屏蔽效应

核电荷数为 Z 的多电子原子中，核外共有 Z 个电子，其中第 i 个电子除了受到原子核的吸引外，还受到其他电子的排斥。中心力场模型假设原子核周围电荷呈球形分布，第 i 个电子的运动与核外其他电子无关，将其他电子排斥作用的平均效果看作改变原子核引力场的大小。根据静电学原理，球形分布电荷产生的力场等效于由中心点电荷产生的力场，该点电荷的大小等于球体内的总电荷。假定第 i 个电子处于自身特定的中心势场作用之下，而中心势场等于该势场与该电子之外的其他所有电子平均势场的总和。其他电子的平均势场相当于集中在原子核处的一个负点电荷，认为是它们屏蔽或削弱了原子核对选定电子的吸引作用。其他电子对某个选定电子的排斥作用，相当于降低部分核电荷对指定电子的吸引力，称为屏蔽作用。其他电子的屏蔽作用对选定电子 i 产生的效果叫作屏蔽效应，它使得原子核作用于所指定电子的核电荷由 Z 减至有效核电荷 Z^*。有效核电荷计算公式如下：

$$Z^* = Z - \sigma \tag{4-16}$$

式中，σ 称为**屏蔽常数**（screening constant），它相当于（$Z-1$）个电子对电子 i 的屏蔽作用的总和。斯莱特（Slater）在总结了大量光谱实验的基础上，于 1930 年提出了一套近似估算 σ 值的规则。①先将电子按内外次序分组：1s；2s，2p；3s，3p，3d；4s，4p，4d；5s，5p，5f 等。②外层电子对内层电子屏蔽作用可以不考虑，$\sigma=0$。③内层电子对外层电子有屏蔽。对于被屏蔽电子为 ns 或 np 时，（$n-1$）组对 ns、np 的 $\sigma=0.85$；对于被屏蔽电子为 nd 或 nf 时，同组对它的 $\sigma=0.35$，内组其他电子对它的 $\sigma=1.00$。④更内层的各组电子几乎完全屏蔽了核对外层电子的吸引，$\sigma=1.00$。⑤同层 s 和 p 电子之间 $\sigma=0.35$，1s 电子之间 $\sigma=0.30$。该方法用于主量子数为 4 的轨道准确性较好，n 大于 4 后较差。

由于屏蔽常数 σ 的大小取决于电子 i 所处的状态（n，l）和其余（$Z-1$）个电子的数目和状态，所以，电子 i 的能量和它所处的轨道量子数（n，l）及其余电子的数目和状态有关。例如，一个内层电子不仅由于它靠核近（n 小），而且它被其他电子屏蔽少，因而核对它的引力强，能量低；而一个外层电子不仅由于它离核远（n 大），而且它受内层电子的屏蔽强，故核对它的引力小而能量升高。多电子原子的总能量为每个电子的能量的总和。

(2) 钻穿效应

在多电子原子中，当 n 相同时，电子离核的平均距离相同，为什么 l 不同能量会有高低呢？其主要原因是 n 相同而 l 不同的轨道的电子径向概率分布不同，例如 3s 电子不仅径向分布峰的个数最多，而且在最靠近核处有一小峰，钻到核附近的机会比较多，3p 次之，3d 更小。电子钻得越深，受核吸引力越强，其他电子对它的屏蔽作用就越小。一般来说，在原子核附近出现概率较大的电子可以较多地避免其他电子的屏蔽作用，直接接受较大的有效核电荷的吸引，能量较低，在原子核附近出现概率较小的电子则相反，被屏蔽较多，能量较高。这种由于电子角量子数 l 不同，其概率的径向分布不同，电子钻到核附近的概率较大者受核的吸引作用较大，因而能量不同的现象，称为电子的钻穿效应。对于 n 相同而 l 不同的电子，钻穿程度依次为：$n\text{s} > n\text{p} > n\text{d} > n\text{f}$，能量高低顺序为 $E_{n\text{s}} < E_{n\text{p}} < E_{n\text{d}} < E_{n\text{f}}$。

总体来说，屏蔽效应来自其他电子对选定电子的屏蔽能力，而钻穿效应是选定电子回避其他电子屏蔽的能力。它们是从两个方面去描述多电子原子中电子之间的相互作用对轨道能量的影响，本质上都是一种能量效应。

(3) L. Pauling 近似能级图

美国著名结构化学家鲍林（L. Pauling）根据光谱实验结果，提出了多电子原子中轨道的近似能级图（见图 4-15）。图中用每个小圆圈代表一个原子轨道。近似能级图的意义是它反映了核外电子填充的一般顺序，与光谱实验得到各元素原子内电子的排布情况，大都是相符合的。

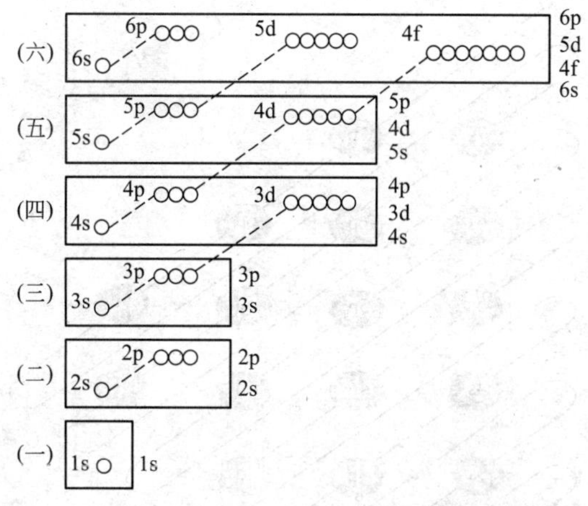

图 4-15 多电子原子中轨道的近似能级图

(4) 徐光宪的近似能级公式

我国著名化学家徐光宪总结归纳出了轨道能量高低与主量子数 n 和角量子数 l 的关系为（$n+0.7l$）的近似规律，能级组中各能级（$n+0.7l$）的第一位数字皆相同，并按照第一位数字，称为第几能级组。能级组的划分是将周期表中化学元素划分为周期的原因。

4.3.2 核外电子的排布规律

(1) 核外电子排布的基本原则

处于稳定状态的原子，核外电子将尽可能地按照能量最低原理排布。但是，微观粒子的运动状态是受量子化条件限制的，电子不可能都挤在一起，它们还要遵守泡利不相容原理。因此在多电子原子中，核外电子的排布服从下述三个基本原则。

① 泡利（W. Pauli）不相容原理　泡利不相容原理是在实验基础上总结出来的，它是量子力学的基本定律之一。该原理认为，在同一原子中没有四个量子数完全相同的电子。因此同一原子轨道只能容纳两个自旋相反的电子。所以，每一电子层、每一电子亚层所能容纳的电子数目是一定的。

② 最低能量原理　在不违背泡利不相容原理的前提下，基态时核外电子在各原子轨道中的排布方式应使整个原子的能量处于最低的状态。因此，应当按照轨道的能量从低到高的顺序（近似能级图）填充电子。即：

轨道	1s	2s 2p	3s 3p	4s 3d 4p	5s 4d 5p	6s 4f 5d 6p	7s 5f 6d 7p
能级组	1	2	3	4	5	6	7

③ 洪德规则　洪德（Hund）从光谱实验数据中发现，当电子在能量简并的轨道上排布时，总是以自旋相同的状态分占不同的简并轨道，从而使原子的能量最低，此规则称为**洪德规则**。它是对最低能量原理的补充。当电子简并轨道处于半充满状态（如 p^3、d^5、f^7）或全充满状态（如 p^6、d^{10}、f^{14}）时，原子核外电子的电荷在空间的分布呈球形对称，有利于降低原子的能量。例如根据最低能量原理，24 号元素 Cr 的核外电子排布式为：$1s^2 2s^2 2p^6 3s^2 3p^6 4s^2 3d^4$。但考虑洪德规则，实际的排布式为：$1s^2 2s^2 2p^6 3s^2 3p^6 4s^1 3d^5$。

(2) 基态原子中电子的填充顺序——斜线规则

基态原子中电子的填充顺序可以用斜线规则（见图 4-16）来帮助理解。该图按原子轨道能量高低的顺序排列，下方的轨道能量低，上方的轨道能量高。用斜线贯穿各原子轨道，基态原子中电子由下而上填充即可。

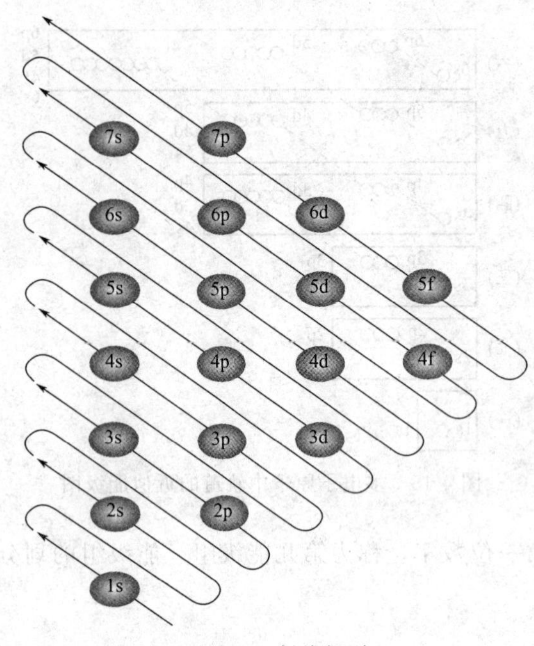

图 4-16　斜线规则

(3) 基态原子的电子层结构

原子的基态是指原子没有受到外界激发时的自然状态，又称基电子组态。处于基态的原子，能量最低，其核外电子的排布顺序符合上述的电子排布原理。为了简化电子组态的书写，通常将核外已填满电子的能级组，以其对应的惰性元素的原子符号（加方括号）来代替，并称为**原子芯**（atomic core）。例如：基态 In 原子的电子排布式可以简化为：[Kr] $4d^{10}5s^{2}5p^{1}$，原子芯以外的那部分电子称为**价电子**（valence electron）。在化学反应中价电子是最活跃的部分，是决定元素在周期表中的位置和化学性质的主要因素。

原子的基态电子结构还可以用"电子分布图"表示，它不仅可以表示电子所处的能级（轨道），还可以表示电子在各亚层中的自旋状态。用方格或短线表示一个轨道，分别用不同指向的箭头"↑"或"↓"，表示电子的自旋状态。

4.4 共价键理论

物质的性质取决于分子的性质和分子间的作用力，而分子的性质又是由分子的内部结构所决定的。通常条件下，纯物质都是以分子或晶体的形式存在的，它们都是由原子组合而成的。

分子或晶体的内部结构取决于原子组合的方式和空间构型。分子或晶体中各元素原子之间相互结合的作用力称为化学键（chemical bond）。根据原子间相互作用力的不同，化学键主要分为三类：离子键、共价键和金属键。分子或晶体中各原子或离子甚至分子之间相连接的顺序和空间排布的形状决定了分子或晶体的空间构型。

4.4.1 路易斯理论

若元素原子间电负性相等或相差不大时，原子之间形成共价键（covalent bond）。通常，分子和复杂离子内部的化学键主要是共价键。最早的共价键理论是 1916 年路易斯（G. N. Lewis）提出来的共用电子对理论。在量子力学发展的基础上，1927 年海特勒（W. Heitler）和伦敦（F. London）提出了价键理论（VB 法）。1931 年鲍林（L. Pauling）提出了杂化轨道理论。1931 年马利肯（R. S. Mulliken）和洪德（F. Hund）提出了分子轨道理论。

路易斯理论认为，稀有气体原子的 8 电子结构，即八隅体，最为稳定。当分子中两原子的电负性相等或相差不大时，谁也无法得到或失去电子；原子间只能通过共用电子对的办法而使每一个原子具有稀有气体的八隅体稳定结构，形成共价键，这就是八隅体规则。该规则仅氢原子例外，它形成氦原子的 2 电子结构，仍为稀有气体原子稳定结构，并无本质区别。

路易斯理论和路易斯结构式，成功地解释了一些简单分子的形成，初步揭示了共价键的本质。但路易斯理论把核外成键电子看成局限在两成键原子之间的静止不动的负电荷，没有跳出经典理论的范畴，也无法解释带负电荷的电子为什么不互相排斥，反而相互配对。此外，对共价键的方向性和一些非八隅体但很稳定的如 BF_3、PCl_3 等分子结构，也不能合理解释。随着量子力学的建立和形成，1927 年物理学家海特勒和伦敦在用量子力学处理氢分子的基础上，提出了价键理论（valence bond theory，VB），由此奠定了现代共价键理论的基础。

4.4.2 现代价键理论

(1) 量子力学处理氢分子的结果

海特勒和伦敦用量子力学处理 H_2 分子的形成过程中，通过近似求解氢分子的薛定谔方程，得到氢分子的能量曲线。如图 4-17 所示，结果表明：原子间的相互作用和成键电子的自旋方向密切相关。排斥态时，两原子轨道上的两个成键电子自旋方向相同，随着两者靠近，核间电子云密度减小，两原子电子间的排斥作用力占主导地位，系统的总能量总是大于两未成键原子能量之和，不能形成稳定的氢分子。基态时，两原子轨道上的两个成键电子自旋方向相反，在到达核平衡间距 R_0 之前，随着 R 的减小，电子运动的空间轨道发生重叠，电子在两核间出现的机会较多，核间的电子云密度增大，原子之间的相互作用力以引力为主，系统的能量也逐步降低，直到 $R=R_0$，系统对应能量最低值 D。之后，随着两原子间距离的进一步减小，原子核间的排斥力迅速升高，原子之间的相互作用力以排斥力为主，从而使原子重新回到平衡位置，即核间距离为 R_0 的位置，形成稳定的氢分子。海特勒和伦敦第一次把量子力学应用于处理氢分子的结构，揭示了共价键的本质问题。

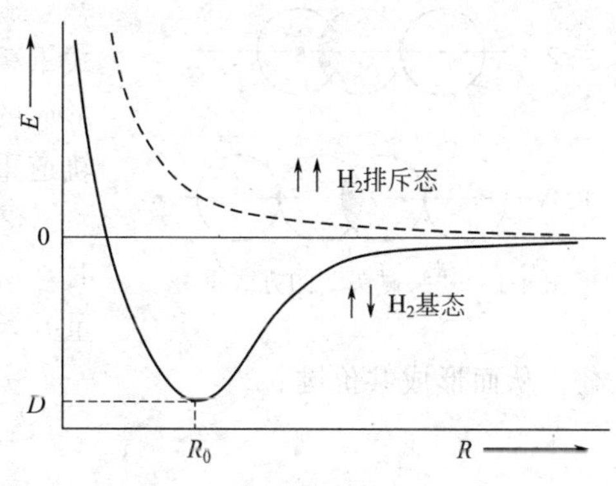

图 4-17 氢分子的能量曲线

(2) 价键理论（VB 法）的基本要点

将量子力学对 H_2 分子的研究结果推广到双原子分子和多原子分子，形成现代价键理论。其基本要点如下所述。

① 电子配对成键原理 只有当两原子的自旋方向相反的未成对电子相互接近时，彼此才因电子自旋产生的磁场方向相反而呈现相互吸引的作用，并使体系的能量降低，才能形成稳定的共价键。为了增加体系的稳定性，各原子价层轨道中的未成对电子应尽可能相互配对，以形成最多数目的共价键。当形成分子的 A、B 两个原子，各有一个自旋相反的未成对电子时，它们之间则形成共价单键；如果 A、B 两原子各有两个甚至三个自旋相反的未成对电子，则形成共价双键或叁键。至于 He 原子有两个 1s 电子，不存在未成对电子，所以 He 原子之间不能形成化学键，He 为单原子分子。

② 原子轨道最大重叠原理 在满足电子配对成键原理的条件下，原子组合形成分子，未成对电子所在的原子轨道一定会选择相互重叠并尽可能达到最大。重叠越多，核间电子云密度越大，共价键越牢固。

(3) 共价键的特点

① 共价键具有方向性 原子轨道的最大重叠原理决定了共价键的方向性。在形成共价

键时，s 轨道呈球形对称，在任何方向上都能形成最大重叠；而 p 轨道、d 轨道及 f 轨道在空间都有特定的伸展方向，它们只有沿着一定的方向才能保证成键时原子轨道的最大重叠。

② 共价键具有饱和性 一个原子的价层轨道中含有 n 个未成对电子，就只能与 n 个自旋方向相反的未成对电子配对成键。电子配对成键原理决定了共价键的饱和性。即未成对电子的多少，决定了该原子所能形成共价键的最大数目。例如氢原子，它有一个未成对的 1s 电子，与另一个氢原子 1s 电子配对形成 H_2 分子之后，不能与第三个氢原子的 1s 电子继续结合形成 H_3 分子。又如 N 原子外层有三个未成对的 2p 电子，可以同三个氢原子的 1s 电子配对形成三个共价单键，生成 NH_3 分子。

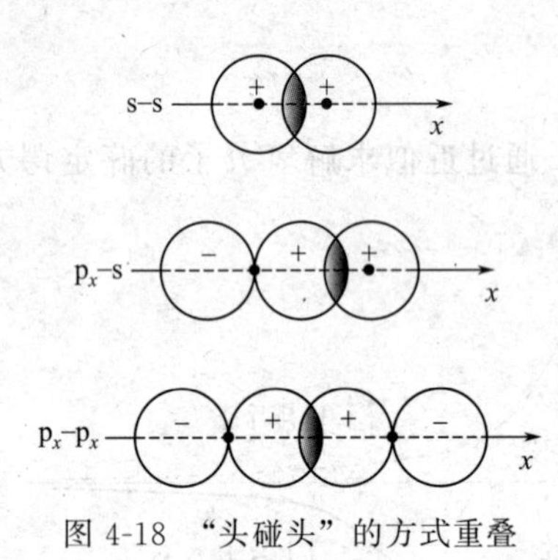

图 4-18 “头碰头”的方式重叠

(4) 共价键的类型

原子轨道最大重叠的方式因轨道的形状不同，在成键时，有很多情况，从而形成不同的键型。

① σ 键 当原子轨道沿键轴方向以“头碰头”的方式重叠时，成键轨道重叠部分围绕键轴呈圆柱形分布，形成的共价键称为 σ 键，如图 4-18 所示，σ 键的特点是轨道重叠程度大，键强，键稳定。

② π 键 当两个原子轨道以“肩并肩”的方式重叠时，所形成的共价键为 π 键。图 4-19(a) 为 p_x-p_x 轨道重叠，图 4-19(c) 为 d_{xz}-p_x 轨道重叠，都可以形成最大重叠，从而形成共价键。

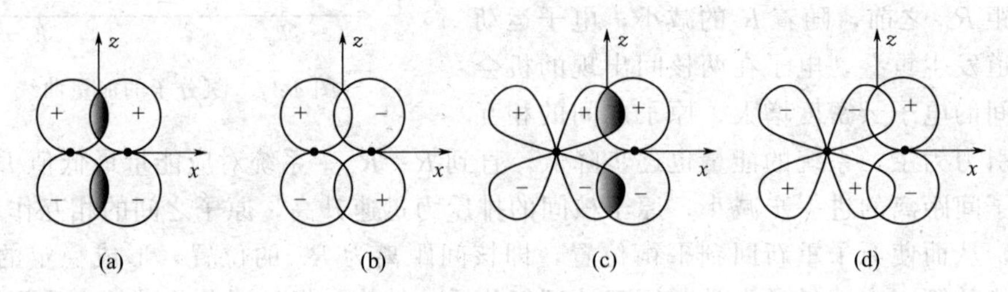

图 4-19 “肩并肩”的方式重叠

(5) 键参数

能表征化学键性质的物理量称为**键参数**。这些键参数主要是键能、键长、键角等。例如，键能表征键的强弱，键长、键角描述分子的空间构型，元素的电负性差值衡量键的极性等。

① 键能 在 298.15K 和 100kPa 下断裂 1mol 化学键所需的能量称为键能 E，$kJ \cdot mol^{-1}$。它是从能量的角度来衡量共价键强弱的物理量。键能越大，共价键越强，所形成的分子越稳定。

对于双原子分子，键能 E 是在上述温度、压力下，将 1mol 理想气态分子离解为理想气态单原子所需的能量，也被称为键的离解能 D。离解能可从键离解反应时的等压热求得。

② 键长 分子中两成键原子的核间平衡距离称为键长。现代理论和实验技术的发展，可用电子衍射、X 射线衍射、分子的光谱数据等相当精确地测定各类分子和晶体中共价键的键长。例如，氢分子中两个原子的核间距为 74.2pm，则 H—H 键的键长为 74.2pm。而且，同一种键在不同分子中的键长几乎相等。再者，键长越短，也可表示键越牢固。一般来说，单键键长＞双键键长＞叁键键长。

③ 键角　分子中同一原子所形成的两个化学键之间的夹角称为键角。键角和键长都是确定分子空间构型的重要参数。

对双原子分子，只有一个共价键，没有键角，分子总是直线形。对于多原子分子，分子中的原子在空间的排布情况不同，键角就不相等，空间构型也不一样。例如，BCl_3 键的键角是 120°，空间构型为平面三角形，而 NH_3 键角是 107°，空间构型则为三角锥形。

4.5 杂化轨道理论

价键理论揭示了共价键的本质，成功地解释了共价键的形成以及方向性、饱和性等特点，但用它来解释多原子分子的空间构型时却遇到了很大困难。

以 CH_4 为例，近代实验测定 CH_4 分子是一个正四面体构型。C 原子位于正四面体的中心，四个 H 原子占据四面体的四个顶点，键角是 109°28′。但 C 原子的价电子结构是：$2s^2 2p_x^1 2p_y^1$，仅 2p 轨道上有两个未成对电子，按价键理论只能与两个 H 原子形成两个 C—H 共价键，且键角是 90°，这是价键理论无法解释的。

当然，根据量子力学的结论，C 原子的 2s 和 2p 轨道能级相近，要形成四个 C—H 键，也可以假定 2s 轨道上的一个电子极易被激发到 2p 空轨道上，形成四个未成对电子而与 H 原子形成共价键。可是由于 2s 轨道和三个 2p 轨道在能量上、在空间中的伸展方向各不相同，所形成的四个 C—H 键应该也不会相同，但事实是这四个 C—H 键没有差别。再如 H_2O 分子，实验证明，两个 O—H 键的键角是 104°45′，与价键理论预测的 90°相差甚远。为了解释多原子分子的空间构型，鲍林等于 1931 年在价键理论的基础上，提出了杂化轨道理论。

4.5.1 杂化轨道理论的要点

原子轨道的杂化是基于电子具有波动性、波可以相互叠加的观点，认为原子轨道在成键过程中并不是一成不变的。受成键原子的影响，同一原子能量相近的不同类型的原子轨道在成键过程中经过叠加混合后重新组合成一系列能量相同的新轨道，而改变原来轨道的状态(能量、形状、方向)。也就是说，原子轨道经过重新分配能量、形状、方向，再混合均匀化，形成的新轨道称为杂化轨道。原子轨道的杂化只有在形成分子的过程中才发生，孤立的原子是不可能发生杂化的。

杂化轨道的成键能力强于杂化前的各原子轨道。杂化轨道不但在空间的伸展方向发生了变化，而且其相应的电子云分布更为集中，更有利于原子轨道间最大限度地重叠。杂化轨道的形状一头大、一头小，如图 4-20 所示。杂化轨道成键时，利用大头部分和其他原子轨道重叠成键，和原来的原子轨道相比，重叠部分会更多，成键能力得到很大的提高。

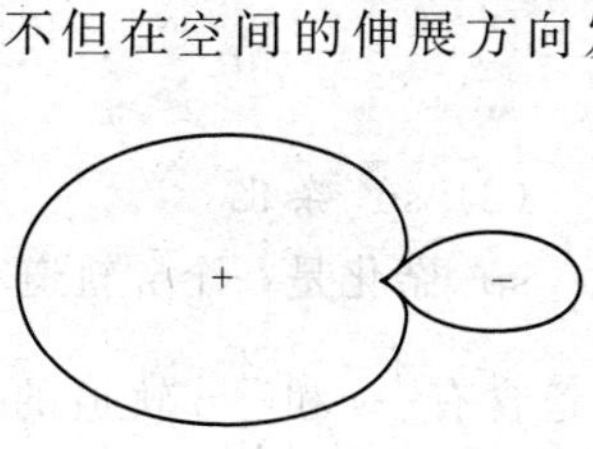

+　−

图 4-20　杂化轨道

杂化轨道与未杂化的原子轨道的成键能力的比较顺序如下：

$s < p < sp < sp^2 < sp^3 < dsp^2 < d^2sp^3 = sp^3d^2 < sp^3d$

此外，杂化轨道之间尽量远离，在空间取最大夹角分布，使成键电子间的斥力减小。

必须说明的是，同一原子中能量相近的不同类型的原子轨道才能组合成杂化轨道。2s 与 2p 可以组合，而 1s 和 2p 则不能组合成杂化轨道。

杂化轨道仍然是原子轨道，有几个原子轨道参加杂化就只能形成几个杂化轨道。如一个 2s 轨道和一个 2p 轨道可组合成两个杂化轨道。

归结起来，杂化轨道理论的要点就是轨道杂化时必须遵循以下原则。

① 能量相近原则　形成杂化轨道的原子轨道在能量上必须相近。

② 轨道数目守恒原则　原子轨道在杂化前后数目保持不变，杂化轨道和参与杂化的原子轨道数目相等。

③ 能量重新分配原则　原子轨道在杂化前能量不完全相同，但杂化后所形成的杂化轨道能量相等（不等性杂化除外）。

④ 杂化轨道对称性分布原则　杂化轨道在空间尽量呈对称性分布，轨道间取最大夹角，使成键电子间的斥力最小。

⑤ 最大重叠原则　价层电子的原子轨道在杂化时，都有 s 轨道的参与，s 轨道的波函数 ψ 值为正值，导致原子轨道的形状发生改变，使杂化轨道一头大（波函数 ψ 为正值的部分大）、一头小。成键时都是用大头部分和成键原子轨道进行最大重叠，形成最稳定的共价键。

4.5.2　轨道杂化类型与分子的空间构型

参与杂化的原子轨道类型不同，组成不同类型的杂化轨道。中心原子的杂化轨道类型不同，则分子的空间构型不同。杂化轨道有 sp 型和 spd 型两大类，本章主要讨论 sp 型杂化。

（1）sp 杂化

sp 杂化是一个 s 轨道与一个 p 轨道间的杂化。如 $BeCl_2$ 分子，中心原子 Be 原子外层电子结构为 $2s^2 2p^0$，经激发为 $2s^1 2p^1$，再采取 sp 杂化。杂化后得到的每一个 sp 杂化轨道，都含有 $\frac{1}{2}$s 和 $\frac{1}{2}$p 轨道的成分，能量相等。两个 sp 杂化轨道之间的夹角为 180°，如图 4-21(a) 所示，背靠背处在同一直线上。Be 原子的杂化轨道再分别与两个 Cl 原子的 p 轨道“头碰头”重叠而形成两个等同的 σ 键，键角也为 180°，空间构型呈对称分布的直线形，如图 4-21(b) 所示。

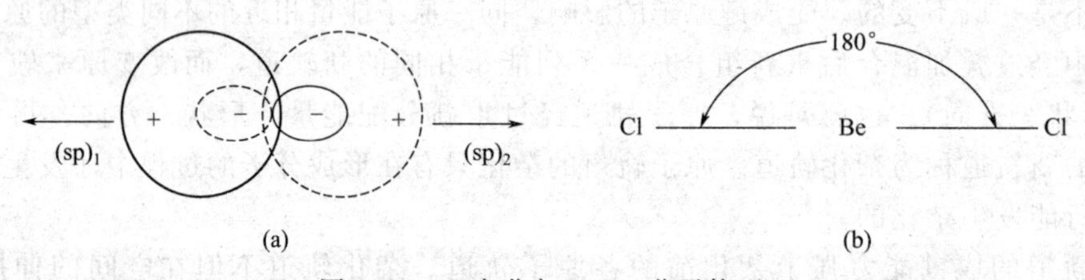

图 4-21　sp 杂化与 $BeCl_2$ 分子构型

（2）sp^2 杂化

sp^2 杂化是一个 s 轨道和两个 p 轨道间的杂化，形成三个 sp^2 杂化轨道，每个 sp^2 杂化轨道含有 $\frac{1}{3}$s 和 $\frac{2}{3}$p 轨道的成分。三个杂化轨道之间夹角为 120°，共处于一个平面上，如图 4-22(a) 所示。例如 BCl_3 分子中，中心原子 B 的外层电子结构为 $2s^2 2p^1$，经激发为 $2s^1 2p^2$，采取 sp^2 杂化形成三个 sp^2 杂化轨道，三个 Cl 原子的 2p 轨道与 B 原子的三个 sp^2 杂化轨道“头碰头”重叠，形成三个 B—Cl 键，形成 BCl_3 分子。形成的 BCl_3 分子为平面正三角形，B 原子位于正三角形的中心，三个 Cl 原子位于三角形的三个顶点，键角与杂化轨道之间的夹角 120°一致，成键轨道之间有最大限度的重叠。图 4-22(b) 为乙烯的 sp^2 杂化。

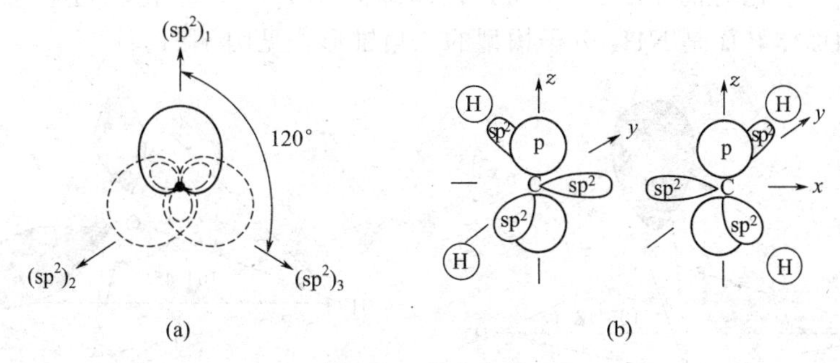

图 4-22　sp² 杂化

(3) sp^3 杂化

sp^3 杂化是一个 s 轨道和三个 p 轨道间的杂化，形成四个 sp^3 杂化轨道，每个 sp^3 杂化轨道含有$\frac{1}{4}$s 和$\frac{3}{4}$p 轨道的成分。杂化轨道在空间中呈四面体分布，中心原子位于四面体的中心，杂化轨道伸向四面体的四个顶点，杂化轨道之间的夹角为 109°28′，见图 4-23(a)。例如 CH_4 分子，中心原子 C 的外层电子结构是 $2s^2 2p^2$，激发为 $2s^1 2p^3$ 后，采取 sp^3 杂化，四个氢原子的 1s 轨道，以“头碰头”方式，沿杂化轨道的最大方向即四面体的四个顶点方向，与相应的 sp^3 杂化轨道重叠形成四个等同的 C—H 键，键角为 109°28′。所以 CH_4 分子具有如图 4-23(b) 所示的正四面体结构，C 原子位于四面体的中心。实际上，其他直链烷烃中的 C 原子都采取 sp^3 杂化。

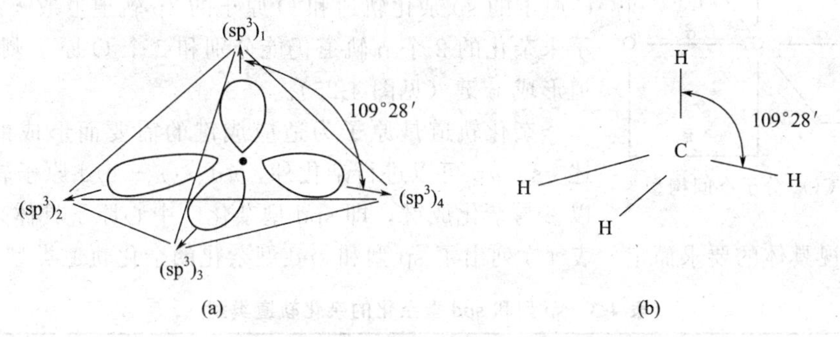

图 4-23　sp^3 杂化与 CH_4 分子结构

(4) 不等性 sp^3 杂化

中心原子的杂化类型与其价电子结构密切相关，但不能简单地从分子式是否相同来做出判断。如 BF_3 是 sp^2 杂化，分子呈平面正三角形，键角 120°。而实验测定表明，NH_3 分子呈三角锥形，键角是 107°18′。

N 原子的价电子结构是 $2s^2 2p^3$，按道理有三个单电子 2p 轨道，应该与三个 H 原子的 1s 轨道形成相互垂直的三个“头碰头”重叠的 σ 键。但实验事实并非如此，NH_3 分子呈三角锥形，只能用杂化轨道理论才能解释。即认为 NH_3 分子的中心原子 N 采取的是 sp^3 杂化，杂化后各杂化轨道所含 s 轨道和 p 轨道成分不相等，4 个 sp^3 杂化轨道，其中有一个被孤对电子所占据，其他 3 个杂化轨道各有一个电子，这种杂化称为不等性 sp^3 杂化。与其他三个参与成键的杂化轨道相比较，孤对电子所占据的杂化轨道所含的 s 轨道成分多、p 轨道成分少。孤对电子的电子云空间分布较为疏松，也更为靠近原子核，对其他三个单电子杂化轨道施加同性相斥的影响，使得它们与三个 H 原子的 1s 轨道形成的三个 N—H σ 共价键之间的

键角不是等性 sp^3 杂化时的 109°28′，而是被压缩到 107°18′。杂化轨道空间构型虽为四面体，但不是正四面体，而是 NH_3 分子构型的三角锥形，见图 4-24(a)。

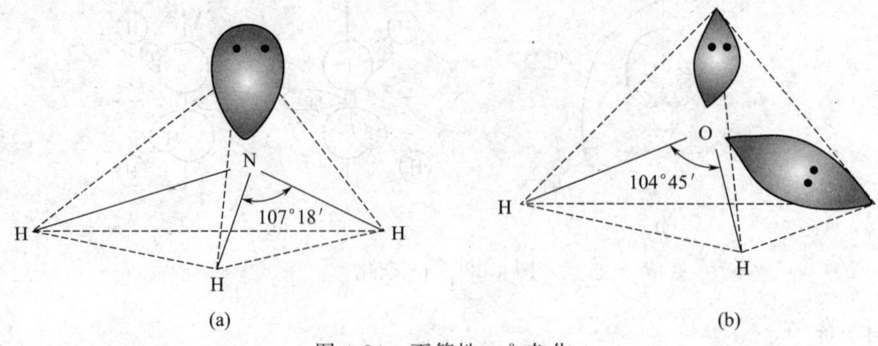

图 4-24 不等性 sp^3 杂化

H_2O 分子和 NH_3 分子类似，H_2O 分子的中心原子，也是采取不等性 sp^3 杂化。不同的是，O 原子的价电子结构是 $2s^2 2p^4$，有两对孤对电子占据两个杂化轨道，另外两个都是单电子杂化轨道，两对孤对电子对单电子杂化轨道的排斥作用更加强烈，使轨道夹角更偏离等性 sp^3 杂化的 109°28′，被压缩到 104°45′。它们再与两个氢原子的 1s 轨道重叠，分别形成两个 O—H 键，键角也为 104°45′。因此，H_2O 分子中 O 原子的杂化轨道空间构型为四面体形，而 H_2O 分子的构型为"V"形或角形，如图 4-24(b) 所示。

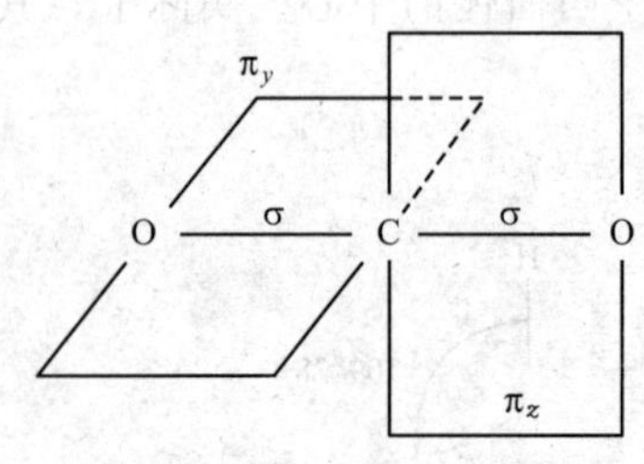

图 4-25 CO_2 分子空间构型

原子轨道的杂化有利于形成 σ 键，且为决定分子空间构型的主要因素，但这并不影响 π 键的形成。例如 CO_2 分子，C 原子的 sp 杂化轨道和 O 原子的 2p 轨道形成 σ 键后，C 原子未杂化的 2 个 p 轨道仍能分别和 2 个 O 原子剩下的 2p 轨道形成 π 键（见图 4-25）。

杂化轨道是原子为适应成键的需要而形成的。除了上述 ns、np 可以进行杂化外，nd、$(n-1)d$ 原子轨道等也可以参与杂化成键，即 spd 型杂化。中心原子具体采取哪种杂化类型，应视具体的要求而定。表 4-3 列出了 sp 型和 spd 型杂化的杂化轨道类型。

表 4-3 sp 型和 spd 型杂化的杂化轨道类型

杂化类型	sp	sp^2	sp^3	dsp^2	sp^3d	sp^3d^2
杂化的原子轨道数	2	3	4	4	5	6
杂化轨道的数目	2	3	4	4	5	6
杂化轨道间的夹角	180°	120°	109°28′	90°,180°	120°,90°,180°	90°,180°
杂化轨道的空间构型	直线形	三角形	四面体	正方形	三角双锥形	八面体形
实例	$BeCl_2$ $HgCl_2$	BF_3 NO_3^-	CH_4 NH_4^+	$PtCl_4^{2-}$	PCl_5	SF_6 SiF_6^{2-}

4.6 价层电子对互斥理论

运用杂化轨道理论能够比较成功地解释多原子共价分子的空间构型，但这是在先知道具体空间构型的前提下才加以解释的。要预测共价分子中的中心原子究竟采取哪一种杂化类型以及该分子的空间构型，却难以做到。美国的西奇维克（N. Y. Sidgwick）通过对一系列已知结构的分子和离子研究后，于1940年提出了中心原子最外层价电子对数与该分子（或离子）的结构紧密相关。后在吉勒斯匹（R. J. Gilespie）等努力下，发展成为价层电子对互斥理论（valence shell electron pair repulsion theory，VSEPR 法）。该理论能较简便地预测许多主族元素之间形成的 AB_n 型分子或离子的空间构型。

4.6.1 价层电子对互斥理论的基本要点

① 在 AB_n 型分子或离子中，中心原子 A 的周围配置的 B 原子或原子团（又称配体）的空间构型主要取决于中心原子的价层电子对数及这些电子对之间的相互静电排斥作用。这些电子对在中心原子周围按尽可能互相远离的位置排布，以使彼此间的排斥力达到最小，从而使 AB_n 型分子或离子处于稳定的低能量状态。

② 中心原子的价层电子对由孤电子对与形成 σ 键的成键电子对构成。不同价层电子对之间的排斥作用力是不同的。孤对电子只受一个中心原子核的吸引，电子对在空间分布较为疏松，对邻近的电子对的斥力较大；成键电子对同时受两个原子核的吸引，电子云分布紧密，对相邻电子对的斥力较小。具体的顺序是：

孤对电子间斥力＞孤对电子对与成键电子对间斥力＞成键电子对间斥力

对成键电子对，如果在形成 σ 键时还形成 π 键，则重键的电子云密度大，斥力较大：

叁键斥力＞双键斥力＞单键斥力

③ 价电子对之间，夹角越小，斥力越大。在对称空间中，斥力大的电子对尽量占据键角相对较大的位置。

4.6.2 价层电子对数的确定

价层电子对数＝(中心原子的价电子数＋配体提供的共用电子数)/2

① 作为配体，一个卤素原子或氢原子提供一个电子，氧族元素的原子不提供电子。

② 作为中心原子，按主族元素的族数提供电子，即卤素、氧族、氮族、碳族、硼族和碱土金属的元素原子依次按提供 7、6、5、4、3、2 个电子计算。

③ 对于复杂离子，在计算时应加上负离子的电荷数或减去正离子的电荷数。

④ 计算价层电子对数时，若剩余一个电子，也当作一对电子处理。

⑤ 不考虑 π 电子对，即双键或叁键作为一对电子处理，因为它们都只含一个 σ 电子对。

⑥ 孤电子对数＝价层电子对数－成键电子对数（即形成的 σ 键的键数）。

例如

$BeCl_2$：中心原子 Be 的电子对数＝1/2×(2＋2)＝2；孤电子对数＝2－2＝0。

CO_2：中心原子 C 的电子对数＝1/2×(4＋0)＝2；孤电子对数＝2－2＝0。

NO_3^-：中心原子 N 的电子对数＝1/2×(5＋1)＝3；孤电子对数＝3－3＝0。

NH_4^+：中心原子 N 的电子对数＝1/2×(5＋4－1)＝4；孤电子对数＝4－4＝0。

H_2O：中心原子 O 的电子对数＝1/2×(6＋2)＝4；孤电子对数＝4－2＝2。

ClO_2：中心原子 Cl 的电子对数＝1/2×(7＋0)＝3.5≈4；孤电子对数＝4－2＝2。

4.6.3 稳定结构的确定

根据价层电子对相互排斥最小的原则，分子的空间构型与价层电子对数及其理想几何构型的关系，列于表 4-4。至于同一价层电子对的理想几何构型中，为什么会因孤电子对数的不同而出现表中所列的分子空间构型，这涉及稳定结构的确定问题。

表 4-4　分子的空间构型与价层电子对数及其理想几何构型的关系

A 的价层电子对数	成键电子对数	孤电子对数	价层电子对的理想几何构型	中心原子 A 价层电子对的排列方式	分子的空间构型实例
2	2	0	直线形	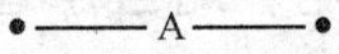	$BeCl_2$、HCN 直线形
3	3	0	平面三角形	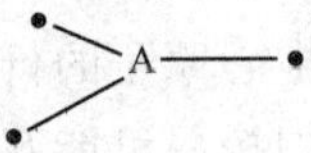	NO_3^-、BF_3 平面三角形
	2	1		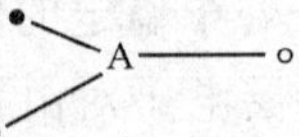	NO_2、$PbCl_2$ V 形
4	4	0	(正)四面体形	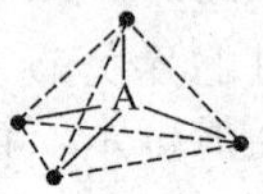	CH_4、SO_4^{2-} (正)四面体形
	3	1		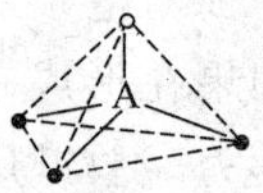	NH_3、NF_3 三角锥形
	2	2		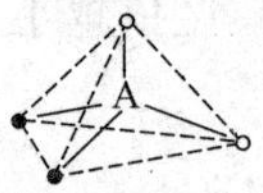	H_2O V 形
5	5	0	三角双锥形	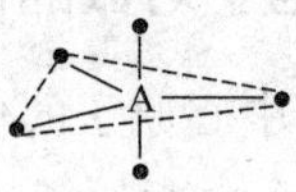	PCl_5 三角双锥形
	4	1		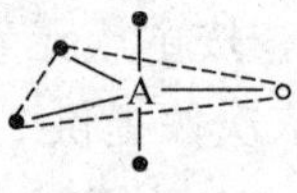	SF_4 变形四面体形
	3	2		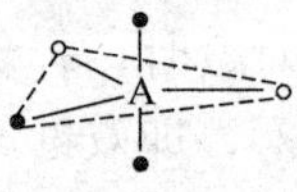	ClF_3 T 形
	2	3		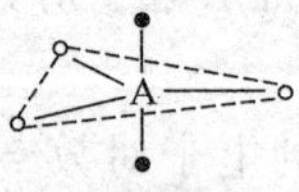	XeF_2 直线形
6	6	0	八面体形	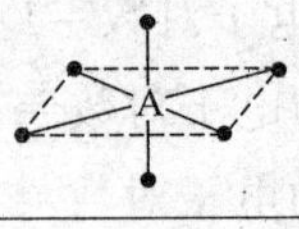	SF_6 八面体形
	5	1		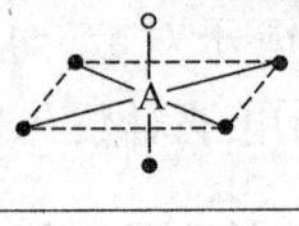	IF_5 四方锥形
	4	2		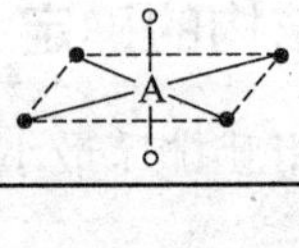	XeF_4、ICl_4^- 平面正方形

4.7 分子轨道理论

价键理论包含杂化轨道理论，能直观地说明许多分子的形成过程和空间构型，易于理解。但该理论在讨论共价键的形成时，只考虑未成对电子作为成键电子，而且只将成键电子定域在两个成键原子之间。这些局限性使价键理论对许多分子的结构和性质不能解释。例如，用它来处理 O_2 分子的结构时就遇到了困难，O 原子有两个未成对 2p 电子，两个 O 原子之间应该是配对形成一个 σ 键和一个 π 键，即分子内部的电子应都已配对。但根据磁性实验，测得 O_2 分子为顺磁性物质，说明 O_2 分子中存在未成对电子。又如，有些含有奇数电子的分子或离子，如 NO、NO_2、H^+ 等是能够稳定存在的，这些都与价键理论不符。此外，价键理论在解释离域 π 键时也遇到了困难。这些都需要用新的理论——分子轨道理论加以解释。

分子轨道理论（molecular orbital theory，MO）强调分子的整体性，认为原子形成分子以后，电子不再局限于原来所在每个原子的原子轨道上，而是在整个分子范围内运动，即在分子轨道上运动。本节仅介绍分子轨道理论的基本观点和结论，讨论简单双原子同核分子的结构。

4.7.1 分子轨道的形成

(1) 分子轨道

分子中每个电子的运动可视为在原子核和分子中其余电子形成的势场中运动，其运动可用单电子波函数 ψ 表示，ψ 叫作分子轨道函数，简称分子轨道。和原子轨道用光谱符号 s、p、d、f…表示一样，分子轨道常用对称符号 σ、π、δ…表示，在分子轨道符号的右下角表示形成分子轨道的原子轨道名称。

(2) 分子轨道是原子轨道的线性组合

分子轨道由原子轨道线性组合而成。分子轨道数与组合前的原子轨道数相等，即 n 个原子轨道经线性组合得到 n 个分子轨道。通常有一半的分子轨道能量比组合前的原子轨道的能量低，另一半分子轨道的能量比组合前的原子轨道能量高。能量比原子轨道低的分子轨道称为成键分子轨道，而能量比原子轨道高的分子轨道称为反键分子轨道。

如两个氢原子的原子轨道 ψ_a、ψ_b 组合成氢分子轨道，有两种组合方式，见图 4-26。

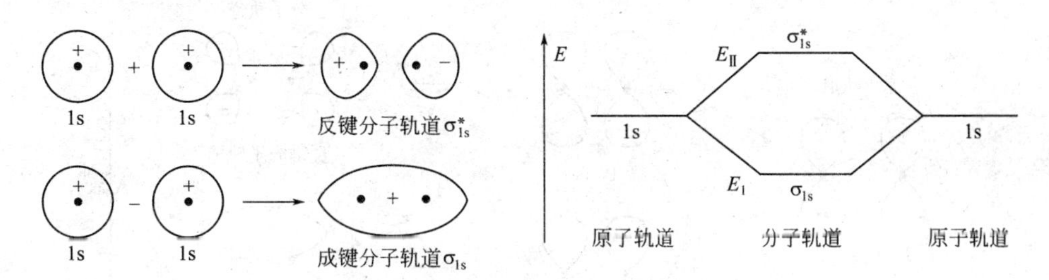

图 4-26　氢分子轨道

(3) 原子轨道组合分子轨道时需满足的条件

① 能量相近原则　只有能量相近的原子轨道才能有效组合成分子轨道，而且原子轨道能量相差越小，越有利于组合。例如 H、Cl、O、Na 各有关原子轨道的能量分别为：

$$1s(H)=-1318kJ \cdot mol^{-1} \qquad 3s(Na)=-502kJ \cdot mol^{-1}$$
$$2p(O)=-1322kJ \cdot mol^{-1} \qquad 3p(Cl)=-1259kJ \cdot mol^{-1}$$

从上述数据可知，H 的 1s 轨道同 Cl 的 3p 和 O 的 2p 轨道能量相近，它们可以线性组合成分子轨道。而 Na 的 3s 轨道同 Cl 的 3p 轨道和 O 的 2p 轨道能量相差较大，不能组合成分子轨道，只能发生电子转移形成离子键。

② 轨道最大重叠原则　原子轨道对称重叠程度越大，成键分子轨道的能量下降越多，形成的分子越稳定。

③ 对称性匹配原则　只有对称性匹配（symmetric match）的原子轨道才能有效组合成分子轨道。即原子轨道的波函数有正、负号之分，波函数同号的原子轨道相重叠，原子核间的电子云密度增大，形成的分子轨道能量比此前各原子轨道的能量都低，形成成键分子轨道；波函数异号的原子轨道相重叠时，核间电子云密度减小，形成的分子轨道能量高于原来的原子轨道，形成反键分子轨道。能形成成键分子轨道和反键分子轨道的组合，都符合对称性匹配原则。对称性匹配原则是首要的，它决定原子轨道能否组合成分子轨道，而能量相近原则和轨道最大重叠原则，所决定的是原子轨道的组合效率。图 4-27 是几种原子轨道的对称性组合。

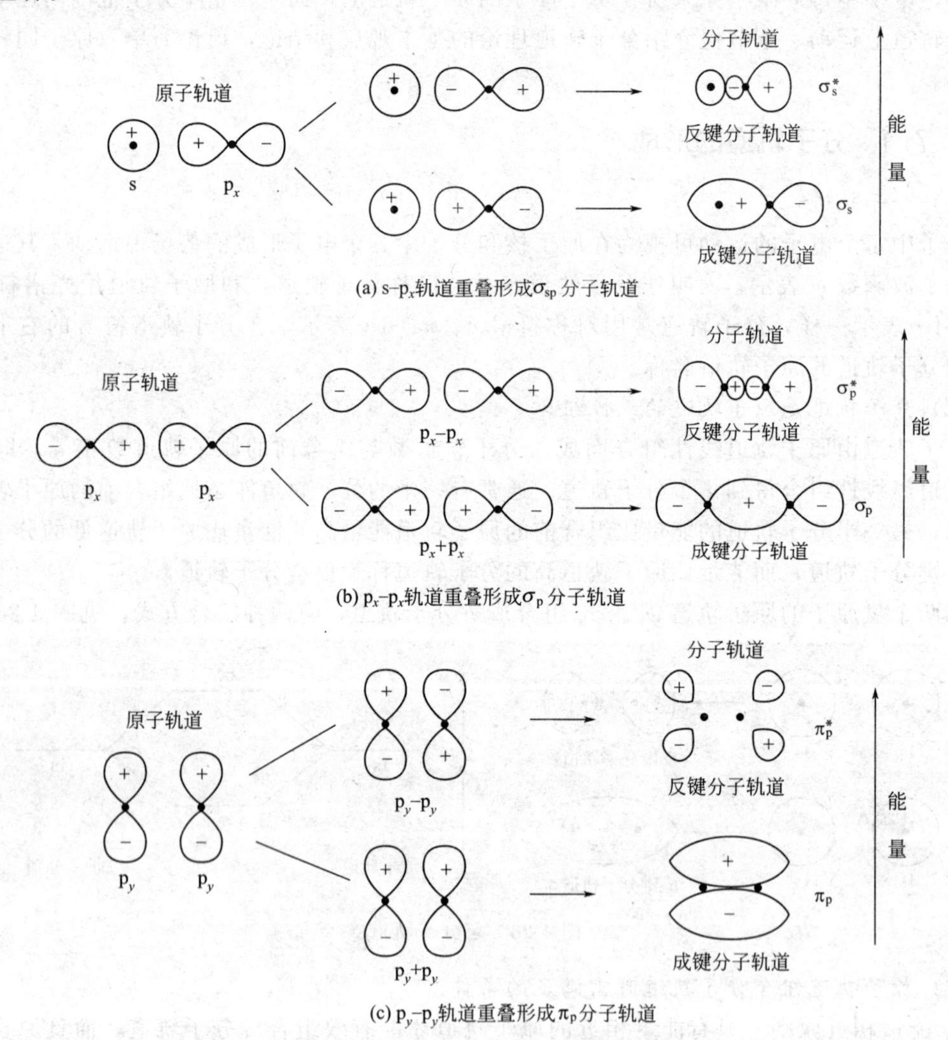

图 4-27　几种原子轨道的对称性组合

(4) 分子轨道能级

分子轨道同样具有相应的图像和能量。根据分子轨道形成时原子轨道重叠的方式不同，分子轨道分为 σ 轨道和 π 轨道。两种分子轨道的对称性也不同。当原子轨道以“头碰头”的方式重叠时，形成的分子轨道绕键轴呈圆柱形分布，为 σ 轨道。当原子轨道以“肩并肩”的方式重叠时，形成的分子轨道位于键轴的上、下方，呈反对称分布，为 π 轨道。σ 成键轨道和反键轨道分别用 σ 和 σ^* 表示，π 成键轨道和反键轨道分别用 π 和 π^* 表示。

所组合的分子轨道的能量取决于原子轨道的能量。原子轨道的能量越低，相应的分子轨道能量也低。事实上组合前原子轨道的总能量与组合后的分子轨道的总能量相等。

简并或等价原子轨道，组合方式不同，分子轨道的能量也不一样。一般是 σ 轨道的能量低于 π 轨道的能量，σ^* 轨道的能量高于 π^* 轨道的能量，如 O_2、F_2 分子轨道：

$$\sigma_{2p_x} < \pi_{2p_y}(\pi_{2p_z}), \sigma^*_{2p_x} > \pi^*_{2p_y}(\pi^*_{2p_z})$$

但第二周期其他元素的同核双原子分子的分子轨道能级顺序却不同：

$$\sigma_{2p_x} > \pi_{2p_y}(\pi_{2p_z}), \sigma^*_{2p_x} > \pi^*_{2p_y}(\pi^*_{2p_z})$$

主要是由于这些原子的 2s 与 2p 轨道的能量差比较小，2s、2p 轨道相互影响大，甚至发生组合。而 O、F 原子的 2s、2p 轨道能量相差比较大。图 4-28 是 2s、2p 轨道能级相差比较大的 O_2、F_2 分子的分子轨道能级图，图 4-29 是 B_2、C_2、N_2 等第二周期其他分子的分子轨道能级图。

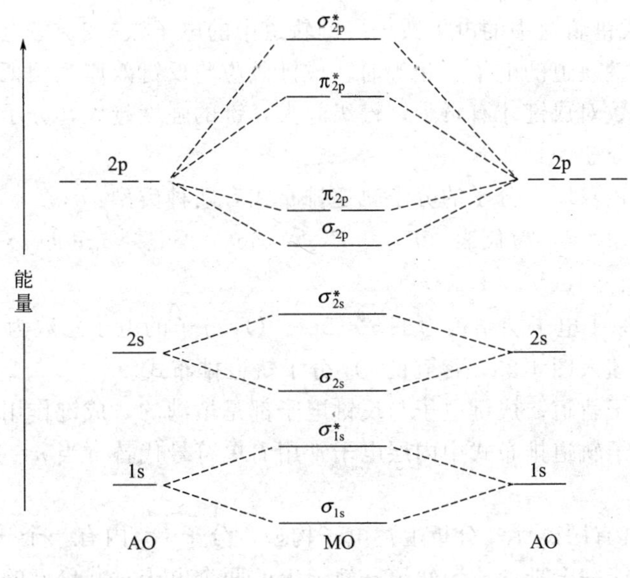

图 4-28 O_2、F_2 分子的分子轨道能级图

4.7.2 分子轨道的应用示例

(1) 电子在分子轨道中的填充

根据分子轨道理论，电子不再属于原子，而是属于整个分子。所有电子一起在分子轨道中的填充，同样遵循能量最低原理、泡利不相容原理和洪德规则，依能量由低到高的顺序进入分子轨道。分子轨道中的电子总数等于各原子的电子数之和。

分子最终能否稳定存在，取决于成键轨道中的电子数和反键轨道中的电子数多少。反键

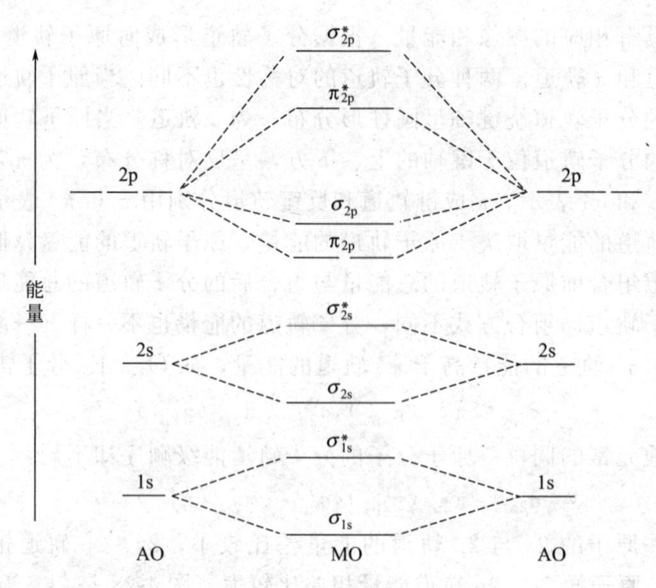

图 4-29　B_2、C_2、N_2 等第二周期其他分子的分子轨道能级图

电子的存在可以抵消成键电子对化学键的贡献。两原子组成的分子的稳定性大小可用键级（bond order）来表示，其计算式如下：

键级=(成键轨道中的电子数－反键轨道中的电子数)/2=净电子数/2

当成键轨道和反键轨道的电子数相等时，成键效应与反键效应互相抵消，对成键没有贡献，只有净成键电子数对成键才有贡献，键级越大，键的强度越大，分子越稳定。

(2) 同核双原子分子

第二周期元素同核双原子分子的分子轨道排布式有两种类型：

O_2、F_2 为一类，以 O_2 为代表（$E_{2p}-E_{2s}>15eV$），$\pi_p>\sigma_p$；$Li_2\sim N_2$ 为另一类，以 N_2 为代表（$E_{2p}-E_{2s}\approx 10eV$），$\sigma_p>\pi_p$。

① O_2 分子　O 原子电子层结构为 $1s^2 2s^2 2p^4$，O_2 分子的电子总数为 16，按电子填入分子轨道的原则，依次填入图 4-28，得到的 O_2 分子轨道排布式。

分子中的内层分子轨道，成键电子与反键电子都是填满的，成键作用相互抵消，对成键没有贡献，所以在分子轨道排布式中内层电子常用简单符号代替（当 $n=1$ 时，用 KK；$n=2$ 时，用 LL 等）。

O_2 分子为什么具有顺磁性？分析上述电子构型，分子 O_2 内有一个 σ 键。反键轨道 π^* 轨道上的一个电子不能完全抵消成键轨道 π 轨道上的两个电子对共价键的贡献，它们一起构成三电子 π 键，又称两中心三电子 π 键，记为 π_2^3。这样就有 2 个三电子 π 键。所以 O_2 分子内的共价键，由一个 σ 键和两个三电子 π 键构成。由于 O_2 分子有两个三电子 π 键；有两个未成对电子，自旋平行，所以 O_2 分子有顺磁性。O_2 分子的键级为 (8－4)/2=2。

② N_2 分子　N 原子电子层结构为 $1s^2 2s^2 2p^3$，N_2 分子的电子总数为 14，按电子填入分子轨道的原则，依次填入图 4-29，得到的 N_2 分子轨道排布。

N_2 分子中存在由四个电子形成的两个 π 键和由两个电子形成的一个 σ 键。N_2 分子的键级为 (8－2)/2=3，每个原子有一对 2s 电子贡献的孤对电子。分子轨道理论不仅适用于分子，也能用于讨论离子的结构及性质。

4.8 分子间作用力

在常温常压条件下，物质之所以具有不同的聚集状态，是因为组成物质的分子与分子之间存在着不同的相互作用力。这种分子间作用力的概念是荷兰物理学家范德华（Van Der Waals）在研究真实气体的行为时提出来的，所以分子间力又称范德华力。其强度弱于化学键，一般低于 $10kJ \cdot mol^{-1}$，作用范围为 0.3～0.5nm。与决定物质化学性质的化学键不同，分子间力主要影响物质的物理性质，如熔点、沸点、汽化热、熔化热、溶解度、强度、表面张力等。

1930 年，伦敦用量子力学原理阐明了范德华力的本质仍为电性引力。

4.8.1 分子的极性与分子的极化

对于双原子分子，分子的极性与键的极性是相同的。同核双原子分子的化学键为非极性共价键，构成的分子一定是非极性分子，如 H_2、O_2 等分子；异核双原子分子的化学键为极性共价键，构成的分子一定是极性分子，如 HF、HCl 等分子。

对于多原子分子，如果分子中所有的化学键为非极性共价键，该分子一定是非极性分子；如果化学键为极性共价键，该分子是否是极性分子，不仅取决于键的极性，而且还与分子的空间构型有关。如 BF_3 和 NH_3，BF_3 分子的空间构型为平面三角形，是非极性分子；NH_3 分子的空间构型为三角锥形，是极性分子。

多原子分子是根据分子中正、负电荷重心是否重合，将分子分为极性分子和非极性分子。正、负电荷重心重合的分子是非极性分子；正、负电荷重心不重合的分子是极性分子。分子的极性用电偶极矩来衡量。极性分子或极性键都可以看成是由两个大小相等，符号相反的电荷 δ^+ 和 δ^- 组成的偶极子，电偶极矩的定义为正、负电荷重心的距离 d 与正或负电荷重心上的电量 δ 的乘积，公式如图 4-30 所示。

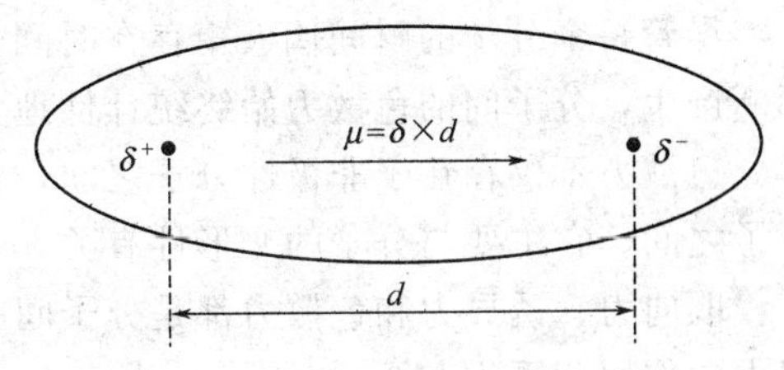

图 4-30 电偶极矩公式及示意图

电偶极矩是一个矢量，化学上规定其方向是从正电荷重心指向负电荷重心，其数量级为 $10^{-30}C \cdot m$。电偶极矩是量度分子极性大小的依据，分子电偶极矩为零的是非极性分子，分子电偶极矩不为零的是极性分子，并且电偶极矩越大表示分子极性越强。

4.8.2 范德华力

(1) 取向力

极性分子本身具有固有偶极，当两个极性分子相互接近时，就会发生同极相斥、异极相吸的作用，分子将发生相对转动，由于静电作用互相靠拢，在一定距离时吸引与排斥达到平衡，使体系能量达到最小值。也就是说，极性分子的排列受到周围其他分子排列的影响，在空间存在一定的取向限制，见图 4-31(a)。这种由于极性分子固有偶极的取向而产生的分子间作用力，称为取向力。取向力只存在于极性分子之间，其大小主要取决于分子的固有偶极矩。固有偶极矩越大，极性分子之间的取向力也越大。

（2）诱导力

当极性分子与非极性分子靠近时，极性分子的固有偶极相当于一个外电场，可诱导邻近的分子发生电子云变形而导致诱导偶极的产生。诱导偶极与固有偶极之间的作用力称为诱导力，见图 4-31(b)。

诱导力与极性分子的固有偶极矩、被诱导分子的变形性有关。偶极矩越大，分子的极化率越大，诱导力就越大。诱导力还存在于极性分子之间。极性分子相互靠近时，在发生取向的同时，相互之间也互为电场而使对方变形极化，在固有偶极的基础上分别产生诱导偶极。

（3）色散力

非极性分子没有固有偶极矩，但存在着瞬间偶极矩。因为分子内部原子核在不停地振动，电子在不停地运动，原子核与电子之间会发生瞬间的相对位移，使分子产生瞬间偶极。

瞬间偶极与瞬间偶极之间的相互作用力称为色散力，如图 4-31(c) 所示。

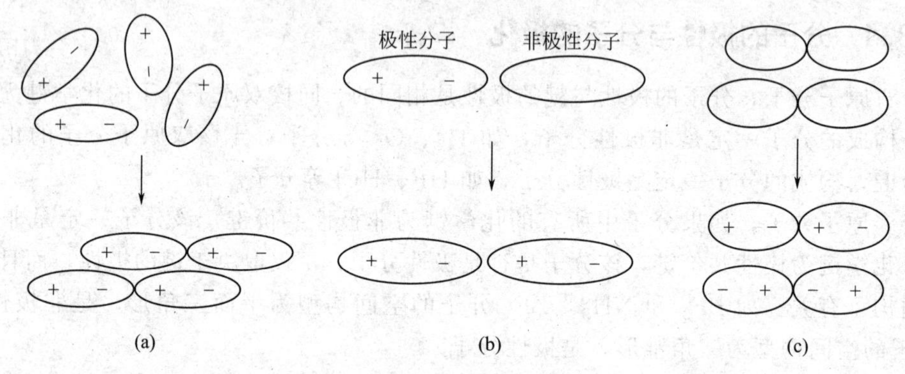

图 4-31　两个极性分子相互接近

尽管每个分子的瞬间偶极矩存在时间很短，但电子和原子核的不断运动，使瞬间偶极矩不断产生，分子间的色散力始终统计性地大量存在，从而成为分子之间的一种主要作用力。

色散力不仅存在于非极性分子之间，也存在于极性分子与非极性分子、极性分子与极性分子之间。它主要与分子的变形性有关，分子的变形性越大，色散力越强。

取向力、诱导力和色散力都是分子间的作用力，统称为分子间力，也称范德华力。分子间力的作用范围为 0.3～0.5nm，小于 0.3nm 时分子斥力迅速增加，大于 0.5nm 时分子间力显著衰减。分子间力的本质是电性作用力，既无方向性，也无饱和性。

对于大多数分子而言，色散力占主导地位，只有极性很大、变形性很小的分子（例如 H_2O），取向力才占主要，诱导力一般很小。三种分子间力的关系一般是：色散力＞取向力＞诱导力。

范德华力对物质的物理性质影响很大。范德华力越大，物质的熔点、沸点越高，硬度也越大。对结构相似的同系列物质，其熔点和沸点一般随分子量的增大而升高，原因在于分子之间的主要范德华力——色散力一般也随分子量的增大而增强。例如，F_2、Cl_2、Br_2、I_2 分子的熔点、沸点依次升高。

4.8.3　氢键

（1）氢键的形成

当氢原子与电负性很大、半径很小的 X 原子（如 F、O、N）以共价键结合成 H—X 时，共用电子对强烈地偏向 X 原子，使 H 原子几乎成为裸露的质子，这种几乎裸露的质子与另一共价键上电负性大、半径小、并在外层含有孤对电子的 Y 原子（如 F、O、N）产生定向吸引（通常以虚线表示），形成 X—H…Y 结构，其中 H 原子与 Y 原子之间的静电作用力称为氢键。

如 H 的电负性为 2.1，F 的电负性为 4.0，两元素的电负性相差很大。在固体 HF 分子晶体中，H 原子和 F 原子之间形成的是强极性共价键，共用电子对强烈地偏向 F 原子而使 H 原子几乎成为裸露的原子核。HF 分子中 H 原子带有部分正电荷，与另一 HF 分子中电负性大的 F 原子中任一孤电子对产生静电作用力，形成氢键，如图 4-32 所示。这样在整个 HF 晶体中，分子间的作用力得到加强，导致固体 HF 存在反常高的熔点。HF 分子间的氢键，也存在于液体 HF 分子间。

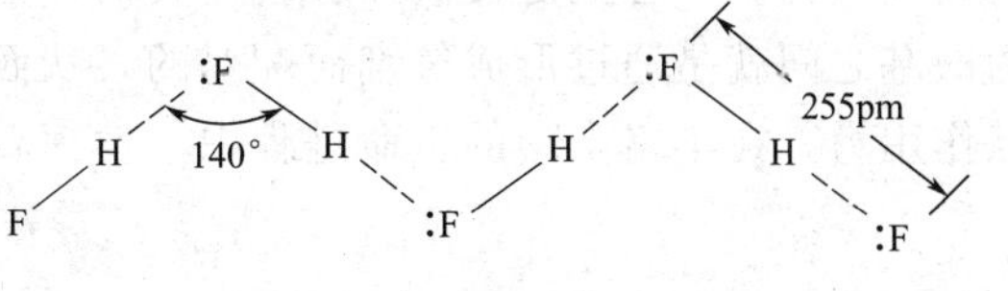

图 4-32　HF 分子间的氢键

由氢键的形成可知，形成氢键必须具备两个基本条件，其一是分子中必须有一个与电负性很大、半径很小的元素原子 X 形成强极性键的氢原子；其二是分子中必须有电负性很大、原子半径很小的带有孤电子对的元素原子。

氢键的键长是指 X 和 Y 间的距离（X—H…Y），H 与 Y 间的距离比范德华半径之和小，比共价半径之和大。氢键强度可用氢键的键能表示。氢键的强弱与 X 和 Y 原子的电负性、半径有关，电负性越大、半径越小，则氢键越强。氢键的键能一般为 20～40kJ·mol^{-1}，和范德华力相差不大，比化学键能小一个数量级，所以氢键也可以看成是另一种分子之间的作用力。

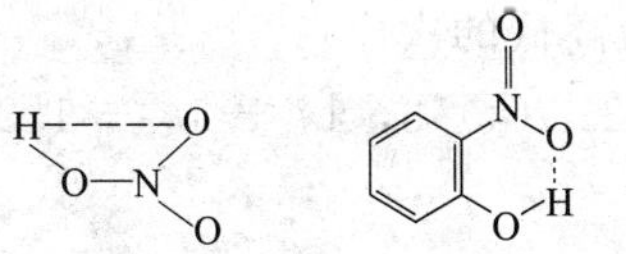

(a) 硝酸　(b) 邻硝基苯酚

图 4-33　分子内氢键

氢键的类型，不仅有分子间氢键，还有分子内氢键。如硝酸、邻硝基苯酚等分子内就有氢键的形成（见图 4-33）。这样会导致一个多原子环形成，这种多原子环以五元环、六元环最为稳定。

氢键具有方向性和饱和性的特点，这一点与共价键相同。对于 X—H…Y 形式的分子间氢键，由于 H 原子体积小，为了减少 X 和 Y 之间的斥力，它们尽量远离，以氢原子为中心的三个原子 X、H、Y，尽可能地三点成一线，体现了氢键的方向性；同时由于氢原子的体积小，它与较大的 X、Y 接触形成氢键后，在氢原子周围难以再容下另一个体积较大的原子，这一点决定了氢键的饱和性。

(2) 氢键对物质性质的影响

① 对熔点、沸点的影响　分子间氢键的形成，使物质熔点、沸点升高。氢键的存在，使液体汽化和固体液化时，必须增加额外的能量去破坏分子间的氢键。而分子内氢键的形成，一般使物质的熔点、沸点降低，这是因为分子间氢键的形成将减少分子内氢键形成的机会。例如，能形成分子内氢键的邻硝基苯酚，沸点为 318K，而不能形成分子内氢键的间硝基苯酚和对硝基苯酚，沸点分别是 369K 和 387K。

② 对溶解度的影响　在极性溶剂中，如果溶质分子与溶剂分子之间形成氢键，将有利于溶质分子的溶解。如 HF、NH_3 极易溶于水。相比于间硝基苯酚、对硝基苯酚，邻硝基苯酚在极性溶剂中溶解度更小，而在非极性溶剂中溶解度较大。

③ 对密度的影响　液体分子间存在氢键，其密度增大。例如，甘油、磷酸、浓硫酸都是因为分子间存在氢键，通常为黏稠状液体。温度越低，形成的氢键越多，密度越大。

水是一个例外，它在 4℃时密度最大。这是因为在 4℃以上时，分子的热运动是主要的，使水的体积膨胀，密度减小；在4℃以下时，分子间的热运动降低，形成氢键的倾向增加，开始形成类似冰的结构，其密度随着温度的降低而减小。当水结成冰时，全部水分子都以氢键相连，每个O原子与周围的4个H原子呈四面体分布，形成疏松的多孔道结构。

氢键对生物体非常重要，许多生物大分子的活性取决于由氢键这样的弱相互作用力维持的高级结构。一旦氢键被破坏，就会失活。如生物遗传的物质基础DNA分子中，两条单链的碱基之间就是通过形成氢键而配对的，从而构成双螺旋结构。总之，氢键等分子间的弱相互作用力，在丰富多彩的生命进程中，发挥着至关重要的作用。

习　题

1. 区别下列名词或概念：

(1) 定态、基态与激发态；

(2) 概率与概率密度；

(3) 原子轨道与电子云。

2. 判断下列说法是否正确？如何改正？

(1) s电子轨道是绕核旋转的一个圆圈，p电子是走∞字形；

(2) 电子云图中黑点越密之处表示电子越多；

(3) 主量子数为4时，有4s、4p、4d、4f四条轨道；

(4) 多电子原子轨道能级与氢原子能级相同。

3. 氧原子中有八个电子，试写出各电子的四个量子数。

4. 已知某元素原子的电子具有下列量子数，试排出它们能量高低的次序：

(1) 3，2，1，1/2；(2) 2，1，1，−1/2；(3) 2，1，0，1/2；(4) 3，1，−1，−1/2；(5) 3，1，0，1/2；(6) 2，0，0，1/2

5. 下列元素基态原子的电子组态，各违背了什么原理？写出改正后的电子组态。

(1) B：$1s^2 2s^3$　(2) Be：$1s^2 2p^2$　(3) N：$1s^2 2s^2 2p_x^2 p_y^1$

6. 下列电子组态中，哪种属于基态？哪种属于激发态？哪种是错误的？

(1) $1s^2 2s^1 p^2$　(2) $1s^2 2s^2 2p^6 3s^1 3d^1$　(3) $1s^2 2s^2 2d^1$

(4) $1s^2 2s^2 2p^4 3s^1$　(5) $1s^2 2s^3 p^1$　(6) $1s^2 2s^2 2p^6 3s^1$

7. 试用杂化轨道理论解释HOCl分子如何成键及为什么键角是103°而不是109°28′。

8. H_3O^+的中心原子O采用何种类型的杂化？说明H_3O^+的成键情况，中心原子的价层电子对构型和离子的构型如何？

9. 什么是原子轨道的杂化？为什么要杂化？

10. 以O_2和N_2分子结构为例，说明两种共价键理论的主要论点。

11. 指出下列化合物中是否存在氢键以及氢键的类型。

(1) NH_3；(2) H_3BO_3；(3) CFH_3；(4) 邻羟基苯甲酸；(5) 对羟基苯甲酸。

参 考 文 献

[1] 魏祖期，刘德育．基础化学．第8版．北京：人民卫生出版社，2013.

[2] 席晓岚．基础化学．第2版．北京：科学出版社，2011.

[3] 梁逸曾．基础化学．北京：化学工业出版社，2013.

5 配位化合物

配位化合物（coordination compound）简称**配合物**，早期也被称为**络合物**（complex compound，或简称 complex），它是一类广泛存在、组成较为复杂、在理论和应用上都十分重要的化合物。历史上记载的第一个配位化合物是亚铁氰化铁（普鲁士蓝）。它是在 1704 年普鲁士人狄斯巴赫在染料作坊中为寻找蓝色染料，而将兽皮、兽血同碳酸钠在铁锅中剧烈地煮沸而得到的，后经研究确定其化学式为 $Fe_4[Fe(CN)_6]_3$。但通常认为配合物的研究始于 1789 年法国化学家塔萨厄尔（B. M. Tassert）对分子加合物 $CoCl_3 \cdot NH_3$ 的发现。19 世纪后陆续发现了更多的配合物，1893 年维尔纳（A. Werner，1866—1919）在前人和他本人研究的基础上，首先提出了配合物的配位理论，揭示了配合物的成键本质，奠定了现代配位化学的基础，使配位化学的研究得到了迅速的发展，维尔纳也因此在 1913 年获诺贝尔化学奖。20 世纪 50 年代发展的配位催化、20 世纪 60 年代蓬勃发展的生物无机化学等都对配位化学的研究起到了促进作用，目前配位化学已经发展成为无机化学中最活跃的研究领域之一。

配合物在生命过程中起着重要的作用。生物体内需要一定量的金属元素。对于人体来说，这些“生命金属”是一系列酶和蛋白质的活性中心的组成部分。当生命金属过量或缺少、或有害金属元素在人体大量累积均将引起生理功能的紊乱而导致疾病，甚至死亡。故配位化学在医学和药学领域有着重要的应用和广阔的前景。因此了解配位化合物的结构与性质对于生物学、医学及药学学生很有必要。在本章中，将依次对配位化合物的基本概念、异构现象、化学键理论、配位解离平衡及在生物、医药等方面的应用进行介绍。

5.1 配位化合物的基本概念

5.1.1 配合物的定义

在 $CuSO_4$ 的稀溶液中滴加 $6mol \cdot L^{-1}$ 的氨水不断振摇，开始时有天蓝色 $Cu(OH)_2$ 沉淀，继续加氨水时，沉淀溶解，得到透明的深蓝色溶液。用酒精处理后，可以得到深蓝色晶体，经分析可知为 $[Cu(NH_3)_4]SO_4$。化学反应方程式为：

$$CuSO_4 + 4NH_3 \longrightarrow [Cu(NH_3)_4]SO_4$$

在纯的 $[Cu(NH_3)_4]SO_4$ 溶液中，除了水合硫酸根离子和深蓝色的 $[Cu(NH_3)_4]^{2+}$ 外，

几乎检测不到 Cu^{2+} 和 NH_3 分子的存在。$[Cu(NH_3)_4]^{2+}$ 这种复杂离子不仅存在于溶液中，也存在于晶体中。类似的离子还有 $[Ag(NH_3)_2]^+$、$[Ag(CN)_2]^-$、$[Fe(CN)_6]^{4-}$、$[HgI_4]^{2-}$ 等。

从以上实例可以看出，这些复杂离子不符合经典原子价理论，在晶体和溶液中有能以稳定的难解离的复杂离子存在的特点。某些配合物在水溶液中不容易解离，如 $[Co(NH_3)_3Cl_3]$，在其水溶液中，Co^{3+}、NH_3、Cl^- 的浓度都很小，它主要以 $[Co(NH_3)_3Cl_3]$ 这样一个整体（分子）存在。由此可见，化合物的组成是否复杂，能否解离，并不是配合物的主要特点。

从实质上看，配合物中存在着与简单化合物不同的键——配位键，这才是配合物的本质特点。配位键是一种特殊的共价键。当共价键中共用的电子对或孤对电子由其中一方单独提供时，就称为配位键。因此把配合物定义为：配位化合物（简称配合物）是由可以给出孤对电子或多个不定域电子的一定数目的离子或分子（称为配体）和具有接受孤对电子或多个不定域电子的空位的原子或离子（统称为中心原子），以配位键相结合，按一定的组成和空间构型所形成的化合物。简单地说，配位化合物是由中心原子和配位体以配位键的形式结合而成的具有一定稳定性的复杂离子（或分子），通常称这种复杂离子为配位单元。凡含有配位单元的化合物都称配位化合物（或配合物）。配位单元可以是离子，如 $[Cu(NH_3)_4]^{2+}$、$[Ag(NH_3)_2]^+$、$[Ag(CN)_2]^-$，$[Fe(CN)_6]^{4-}$、$[HgI_4]^{2-}$ 等，叫 CE 配离子，带正电荷的叫配阳离子，带负电荷的叫配阴离子；也可以是分子，如 $[Pt(NH_3)_2Cl_2]$、$[Co(NH_3)_3Cl_3]$ 等，叫配位化合物分子。

值得注意的是，大多数复盐，如 $KAl(SO_4)_2 \cdot 12H_2O$、$KCr(SO_4)_2 \cdot 12H_2O$ 等从组成上看，很像配合物，但它们的晶体中不含配离子，在溶液中能完全电离成一般的简单离子，故不属于配合物。

5.1.2 配合物的组成

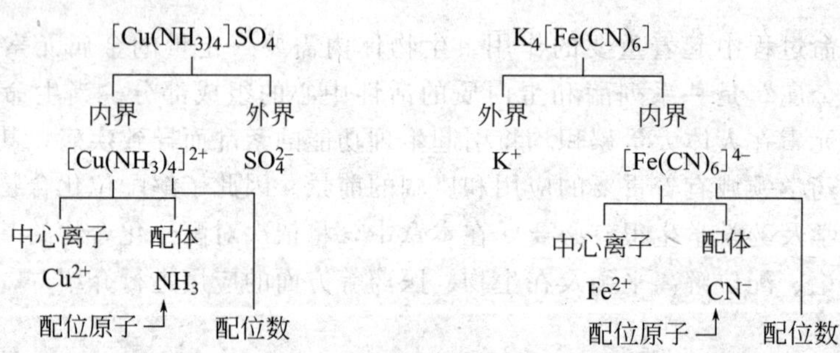

配合物由内界（inner sphere）和外界（outer sphere）两部分组成。内界为配合物的特征部分（即配离子），是中心离子（或原子）和配体之间通过配位键结合而成的一个稳定的整体，在配合物的化学式中以方括号标明。方括号以外的离子构成配合物的外界，内界和外界之间以离子键结合，内界与外界离子所带电荷的总量相等，符号相反。有些配合物不存在外界，如 $[Pt(NH_3)_2Cl_2]$、$[Co(NH_3)_3Cl_3]$ 等。

（1）形成体

在配离子（或配位分子）中，接受孤对电子或多个不定域电子的阳离子或原子统称为形成体，也称中心离子或中心原子。它的特征是具有空的价层原子轨道。形成体位于配离子的中心位置，是配离子的核心部分，一般为金属离子，且大多为过渡元素，如 Cu^{2+}、Fe^{3+}、

Co^{2+}、Ni^{2+}、Ag^+ 等。另外，少数金属原子、阴离子及一些具有高氧化态的非金属元素也可作为配位化合物的形成体，例如，$Ni(CO)_4$ 和 $Fe(CO)_5$ 中的 Ni 和 Fe 都是中性金属原子；$Na[Co(CO)_4]$ 中的 Co 呈 −1 氧化态；$[BF_4]^-$ 和 $[SiF_6]^{2-}$ 中的 B(Ⅲ)、Si(Ⅳ) 是高氧化态的非金属元素。

(2) 配位体和配位原子

在配离子（或配位分子）中，与中心离子（或中心原子）结合的中性分子或阴离子称为配位体，简称配体（ligand）。它的特征是能提供孤对电子或多个不定域电子。例如，$[Cu(NH_3)_4]SO_4$ 中的 NH_3、$[Fe(CN)_6]^{4-}$ 中的 CN^- 等。在配体中提供孤对电子与形成体形成配位键的原子称为配位原子，如配体 NH_3 中的 N。配位原子的最外电子层都有孤对电子，常见的是电负性较大的非金属原子，如 N、O、S、C、P、As 和卤素等原子。

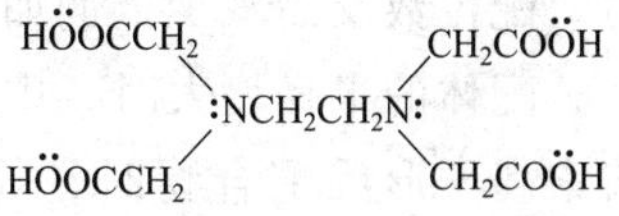

$$\begin{matrix} H\ddot{O}OCCH_2 & & & & CH_2CO\ddot{O}H \\ & \diagdown & & \diagup & \\ & & :NCH_2CH_2N: & & \\ & \diagup & & \diagdown & \\ H\ddot{O}OCCH_2 & & & & CH_2CO\ddot{O}H \end{matrix}$$

图 5-1　乙二胺四乙酸的结构

只含有一个配位原子的配体称为单齿配体，如 NH_3、CN^-、SCN^-、H_2O、Cl^- 等。含有两个或两个以上配位原子的配体称为多齿配体，如乙二胺 $H_2NCH_2CH_2NH_2$（简写为 en)、二亚乙基三胺 $H_2NCH_2CH_2NH\ CH_2CH_2NH_2$（简写为 DEN）和乙二胺四乙酸（简写为 EDTA，见图 5-1）。它们分别为双齿、三齿和六齿配体。有少数配体虽有两个配位原子，由于两个配位原子靠得太近，只能选择其中一个与中心原子成键，故仍属单齿配体，如硝基 NO_2—（N 是配位原子）、亚硝酸根 ONO^-（O 是配位原子）、硫氰根 SCN^-（S 是配位原子）、异硫氰根 NCS^-（N 是配位原子）等。

(3) 配位数

配离子（或配位分子）中直接与中心原子以配位键结合的配位原子的数目称为配位数。从本质上讲，配位数就是中心原子与配体形成配位键的数目。如果配体均为单齿配体，则中心原子的配位数与配体的数目相等。例如，配离子 $[Cu(NH_3)_4]^{2+}$ 中 Cu^{2+} 的配位数是 4。如果配体中有多齿配体，则中心原子的配位数不等于配体的数目。例如，配离子 $[Cu(en)_2]^{2+}$ 中的配体 en 是双齿配体，1 个 en 分子中有 2 个 N 原子与 Cu^{2+} 形成配位键，因此 Cu^{2+} 的配位数是 4 而不是 2，$[Co(en)_2(NH_3)Cl]^{2+}$ 中 Co^{3+} 的配位数是 6 而不是 4。表 5-1 列出一些常见金属离子的配位数。

表 5-1　常见金属离子（M^{n+}）的配位数

M^+	配位数	M^{2+}	配位数	M^{3+}	配位数	M^{4+}	配位数
Cu^+	2,4	Cu^{2+}	4,6	Fe^{3+}	6	Pt^{4+}	6
Ag^+	2	Zn^{2+}	4,6	Cr^{3+}	6		
Au^+	2,4	Cd^{2+}	4,6	Co^{3+}	6		
		Pt^{2+}	4	Sc^{3+}	6		
		Hg^{2+}	2,4	Au^{3+}	4		
		Ni^{2+}	4,6	Al^{3+}	4,6		
		Co^{2+}	4,6				

配合物配位数的多少一般取决于中心离子和配体的性质（如它们的电荷、半径和核外电子分布等）。具体如下所述。

① 中心离子的电荷数越多，配位数越大，因此此时中心离子对配体的吸引能力强，容

易形成高配位的配合物。中心离子半径较大时，其周围可容纳较多的配体，易形成高配位的配合物（第五、六周期的原子或离子易形成高配位的配合物）。但是中心离子的半径过大又削弱了它对配体的吸引力，反而会减小配位数。例如，ⅡB族的Cd^{2+}半径为97 pm，它与Cl^-可形成六配位的$[CdCl_6]^{4-}$配离子，而半径较大的Hg^{2+}（101 pm）只能形成四配位的$[HgCl_4]^{2-}$配离子。

② 配体的负电荷越多，虽然增加了与中心离子的引力，但同时也增加了配体之间的斥力，配位数反而减少。例如，$[SiO_4]^{4-}$中Si(Ⅳ)的配位数比$[SiF_6]^{2-}$中Si(Ⅳ)的配位数小。配体的半径增大时，中心离子周围可容纳的配体减少，故配体数减少。例如，Al^{3+}同卤素离子形成配合物时，与半径较小的F^-可形成六配位的$[AlF_6]^{3-}$，而与半径较大的Cl^-、Br^-、I^-则形成四配位的$[AlCl_4]^-$、$[AlBr_4]^-$和$[AlI_4]^-$。

配位数还与配体浓度、反应温度等有关。配体浓度大、反应温度低，易形成高配位配合物。

(4) 配离子的电荷

配离子的电荷为形成体和配体电荷的代数和。例如，$K_3[Fe(CN)_6]$中配离子的电荷数可根据Fe^{3+}和6个CN^-电荷的代数和判定为-3，也可根据配合物的外界离子（3个K^+）电荷数判定$[Fe(CN)_6]^{3-}$的电荷数为-3。

5.1.3 配合物的类型及命名

(1) 配合物的类型

配合物有多种分类法：按中心离子数，可分为单核配合物和多核配合物；按配体种类，可分为水合配合物、氯合配合物、氨合配合物、氰合配合物和碳基配合物等；按配体的齿数目，可分为简单配合物和螯合物；按成键类型，可分为经典配合物（σ配键）、簇状配合物（金属-金属键），还有烃不饱和配体配合物、夹心配合物、穴状配合物（均为不定域键）等。

① 简单配合物　由单齿配体和中心离子（或中心原子）所形成的配合物为简单配合物。例如：$[Cu(NH_3)_4]SO_4$、$K_3[Fe(CN)_6]$、$[Pt(NH_3)_2Cl_2]$和$[Co(NH_3)_3Cl_3]$等。

② 螯合物　由多齿配体与同一个中心离子（或中心原子）作用形成的环称为螯合环，其中多齿配体称为螯合剂或螯合配体，所形成的具有螯合环的配离子或配合物称为螯合物。这种伴随有螯合环形成的配体与金属离子之间的相互作用称为螯合作用（chelation）。例如，将乙二胺与铜盐化合，生成二乙二胺合铜（Ⅱ），反应式如下：

$$Cu^{2+}+2\begin{array}{l}CH_2—NH_2\\|\\CH_2—NH_2\end{array}\longrightarrow\left[\begin{array}{ccc}CH_2—H_2N\searrow & & \swarrow NH_2—CH_2\\ | & Cu & |\\ CH_2—H_2N\nearrow & & \nwarrow NH_2—CH_2\end{array}\right]^{2+}$$

二乙二胺合铜（Ⅱ）中乙二胺两端的2个N原子与铜离子通过螯合作用形成由5个原子组成的螯合环。

③ 特殊配合物　除了以上两类配合物外，现介绍几种特殊配合物。

a. **金属羰基配合物**　为金属原子与一氧化碳结合的产物。这种配合物中金属原子的氧化态都很低，有的甚至等于零，如$Ni(CO)_4$；有的呈负氧化态，如$Na[Co(CO)_4]$；有的呈正氧化态，如$[Mn(CO)_5Br]$。这些都是单个中心原子，为单核配合物。还有两个和两个以上中心原子的金属羰基配合物，如$Fe_2(CO)_9$和$Fe_3(CO)_{12}$等为多核配合物。

b. **簇状配合物（簇合物）** 含有至少两个金属，并含有金属-金属键的配合物，如 $[Co_4(C_5H_5)_4H_4]$ 和 $[W_6Cl_{12}]Cl_6$ 等。生成簇合物的金属原子主要是过渡金属，它们生成的趋势与该金属在周期表中的位置、氧化态以及配体性质等条件有关。第二、第三过渡系金属比第一过渡系金属生成簇合物的能力强。在同种元素中，低氧化态容易形成簇合物。

c. **有机金属配合物** 或称金属有机配合物，为有机基团与金属原子之间生成碳-金属键的化合物。这种配合物有如下几种。

金属与碳直接以 σ 键结合的配合物，包括烷基金属［如 $(CH_3)_6Al_2$］、芳基金属（如 C_6H_5HgCl）、乙炔基金属（如 $HC{\equiv}CAg$）等。

金属与碳形成不定域配键的配位物，包括烯烃、炔烃、芳烃、环戊二烯等配合物，如蔡斯（Zeise）盐 $K[PtCl_3(C_2H_4)]$，在 Pt 和 $CH_2{=}CH_2$ 之间有这种不定域键。二茂铁 $[Fe(C_5H_5)_2]$，金属原子 Fe 被夹在两个平行的碳环之间，为夹心配合物。二苯铬 $[Cr(C_6H_6)_2]$ 也属夹心配合物。

(2) 配合物的命名

配合物的命名与一般无机化合物的命名原则相同。

① 配合物的命名是阴离子在前、阳离子在后，像一般无机化合物中的二元化合物、酸、碱、盐一样命名为“某化某”“某酸”“氢氧化某”和“某酸某”。

$[Fe(en)_3]Cl_3$　三氯化三(乙二胺)合铁(Ⅲ)

$[Cu(NH_3)_4]SO_4$　硫酸四氨合铜(Ⅱ)

$[Ag(NH_3)_2]OH$　氢氧化二氨合银(Ⅰ)

$H_2[PtCl_6]$　六氯合铂(Ⅳ)酸

② 配离子及配位分子的命名是将配体名称列在中心原子之前，配体的数目用二、三、四等数字表示，复杂的配体名称写在圆括号中，以免混淆，不同配体之间以中圆点“·”分开，在最后一种配体名称之后缀以“合”字，中心原子后以加括号的罗马数字表示其氧化值。即：

配体数-配体名称-“合”-中心原子名称（氧化值）

$[Cu(NH_3)_4]^{2+}$　四氨合铜（Ⅲ）离子

③ 配体命名按如下顺序确定。

a. 配离子及配位分子中如既有无机配体又有有机配体，则无机配体在前，有机配体在后。

$[Co(NH_3)_2(en)_2]Cl_3$　氯化二氨·二（乙二胺）合钴（Ⅲ）

b. 在无机配体或有机配体中，先列出阴离子，后列出中性分子。

$[Co(ONO)(NH_3)_5]SO_4$　硫酸亚硝酸根·五氨合钴（Ⅲ）

c. 在同类配体（同为阴离子或同为中性分子）中，按配位原子的元素符号的英文字母顺序列出配体。

$[Co(NH_3)_5(H_2O)]_2(SO_4)_3$　硫酸五氨·水合钴（Ⅲ）

d. 同类配体中，配位原子相同，配体所含原子数不同时，原子数少的排在前面。

$[Pt(NO_2)(NH_3)(NH_2OH)(py)]Cl$　氯化硝基·氨·羟胺·吡啶合铂（Ⅱ）

e. 在配位原子相同、所含原子的数目也相同的几个配体同时存在时，则按配体中与配位原子相连的原子的元素符号的英文字母顺序排列。

$[Pt(NH_2)(NO_2)(NH_3)_2]$　氨基·硝基·二氨合铂（Ⅱ）

5.2 配位化合物的异构现象

配合物的异构现象是配合物的重要性质之一。它是指配合物的化学组成完全相同，但原子间的空间排列方式或连接方式不同而引起的结构和性质不同的现象。异构现象不仅影响配合物的物理和化学性质，且与其稳定性和键性质也有密切的关系。配合物的异构现象可分为两大类：立体异构和结构异构。

5.2.1 立体异构

配合物的立体异构是指配合物的中心离子（或原子）相同、配体相同、内外界相同，只是配体在中心体周围空间排列方式不同的一些配合物。它们可分为几何异构体和旋光异构体，后者又称对映体异构体。

（1）几何异构（geometric isomerism）

几何异构体主要发生在配位数为 4 的平面正方形配合物和配位数为 6 的正八面体配合物中，在配位数为 2、3 或 4（正四面体）的配合物中是不可能存在的。这类配合物的配体围绕中心体可以占据不同的位置。例如，平面正方形结构的［$Pt(NH_3)_2Cl_2$］存在顺式和反式 2 种异构体，互称为顺反异构。

H_3N　　Cl　　　　　　H_3N　　Cl
　　Pt　　　　　　　　　　Pt
H_3N　　Cl　　　　　　Cl　　NH_3

顺式（*cis*-）　　　　　　反式（*trans*-）

在顺式-［$Pt(NH_3)_2Cl_2$］中，2 个相同配体处于相邻位置，偶极矩不为零；在反式-［$Pt(NH_3)_2Cl_2$］中，2 个相同配体处于对角位置，偶极矩等于零。这 2 种异构体在物理性质和化学性质上呈现出很大差异。顺式-［$Pt(NH_3)_2Cl_2$］是一种橙黄色晶体，298K 时溶解度为 0.2523g/(100g 水)，它与乙二胺（en）反应生成［$Pt(en)_2(NH_3)_2$］Cl_2。反式-［$Pt(NH_3)_2Cl_2$］是一种亮黄色晶体，溶解度为 0.0366g/（100g 水），它不与乙二胺反应。它们还具有不同的生理活性。顺式-［$Pt(NH_3)_2Cl_2$］，简称顺铂（cisplatin），是目前临床上广泛使用的一种抗癌药物，而反式-［$Pt(NH_3)_2Cl_2$］，简称反铂（transplatin），则不具有抗癌作用。

对于平面正方形配合物异构体的数目，MA_2B_2、MA_2BC 均为 2 个，MABCD 为 3 个（M 为金属原子，A、B、C、D 为不同配体）。

正八面体［MA_4B_2］型配合物存在顺反 2 种异构体。例如：［$Co(NH_3)_4Cl_2$］$^+$ 存在如下的顺、反异构体。

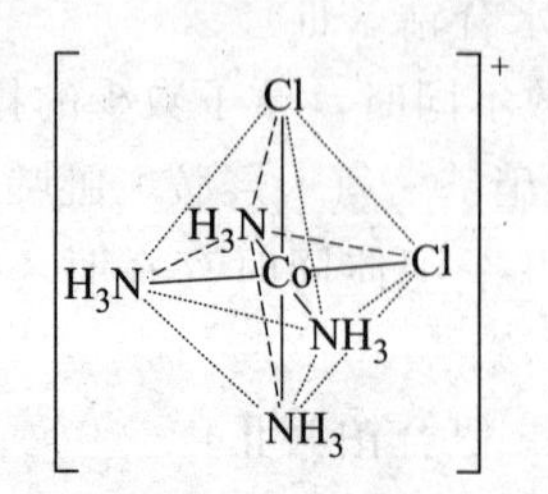

Cl　H_3N　H_3N　Co　NH_3　NH_3　Cl

(2) 旋光异构 (optical isomerism)

旋光异构体是指两个异构体的对称关系类似人的左、右手，永远不能完全重叠，它们是互成镜像的对映体。例如：$[Co(en)_2Cl]Cl$ 有两种几何异构体，但在顺式结构中存在旋光异构现象，如下所示。

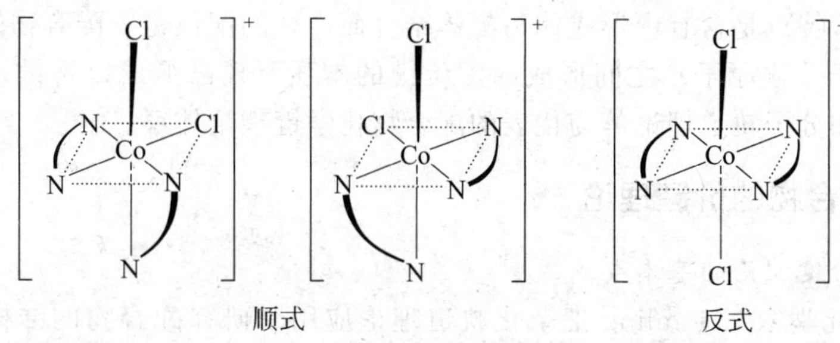

顺式　　　　　　　　　　　　反式

旋光异构体的物理和化学性质完全相同，可是两者使平面偏振光发生的方向有相反的偏转，分别称为右旋体（符号 d 表示）和左旋体（符号 l 表示）。等量的 l 和 d 的混合物不具有旋光性，称为外消旋混合物。许多药物也存在旋光异构现象，且往往只有一种异构体有效，而另一种无效，甚至有害。故如能分离这些药物中的旋光异构体，则可能减少药物的毒副作用和用药量。

5.2.2 结构异构

结构异构是指配合物的实验式相同，但成键原子的连接方式不同而形成的异构体，通常有以下几种类型。

(1) 解离异构

由于配合物中的阴离子在内、外界的位置不同，它们在水溶液中解离出的离子也不相同。例如：

$$[Co(NH_3)_5Br]SO_4(\text{紫色}) \rightleftharpoons [Co(NH_3)_5Br]^{2+} + SO_4^{2-}$$

$$[Co(NH_3)_5SO_4]Br(\text{红色}) \rightleftharpoons [Co(NH_3)_5SO_4]^{+} + Br^{-}$$

(2) 水合异构

在解离异构体中，若变化位置的配体为不带电荷的 H_2O 分子，称为水合异构。例如，$[Cr(H_2O)_6]Cl_3$（紫色），$[Cr(H_2O)_5Cl]Cl_2 \cdot H_2O$（灰绿色），$[Cr(H_2O)_4Cl_2]Cl \cdot 2H_2O$（深绿色）。

(3) 配体异构

如果有两个配体互为异构体，则其生成相应的配合物也就互为异构体。例如，$H_2N—CH_2—CH(NH_2)—CH_3$（1,2-二氨基丙烷，记为 L）和 $H_2N—CH_2—CH_2—CH_2—NH_2$（1,3-二氨基丙烷，记为 L′）互为异构体，故它们与 Co(Ⅲ) 形成的 $[CoCl_2L_2]Cl$ 和 $[CoCl_2L'_2]Cl$ 也互为异构体。

(4) 键合异构

当有些配体能用两种或多种方式与中心体键合，这种配合物称为键合异构体，实例为 $[Co(NH_3)_5NO_2]^{2+}$（内为硝基）和 $[Co(NH_3)_5ONO]^{2+}$（内为亚硝酸根离子）。

(5) 配位异构

配位异构是指配合物中阳离子和阴离子都是配离子，但其中配体的分配可以改变，因此产生不同的异构体。例如，$[Co(NH_3)_6][Cr(CN)_6]$ 和 $[Cr(NH_3)_6][Co(CN)_6]$。

5.3 配合物的化学键理论

配合物的显著特点是含有由形成体与配体结合而产生的配位键。配合物的化学键理论研究配体与中心离子（或原子）之间形成的配位键的本质。现已形成以价键理论、晶体场理论、配位场理论和分子轨道理论等为代表的配合物化学键理论体系。

5.3.1 配合物的价键理论

(1) 配合物价键理论的基本要点

1931年美国化学家L. Pauling把杂化轨道理论应用于研究配合物的结构。后经他人修正、补充和完善，形成近代配合物价键理论。该理论基本要点如下所述。

① 形成体（M）与配体中的配位原子之间以配位键结合，即配位原子提供孤对电子，填入中心离子（或原子）的价电子层空轨道形成配位键。

② 为了增强成键能力和形成结构匀称的配合物，中心离子（或原子）所提供的空轨道首先进行杂化，形成数目相等、能量相同、具有一定空间伸展方向的杂化轨道。中心离子（或原子）的杂化轨道类型决定配离子的空间构型。

③ 中心离子（或原子）的杂化轨道接受配体提供的孤对电子，形成配位键（M←：L）。中心离子（或原子）空的杂化轨道同配位原子充满孤对电子的轨道相互重叠形成配位键，以符号M←L来表示。

(2) 配合物的几何构型

由于形成体的杂化轨道具有一定的方向性，所以配合物具有一定的几何构型，如表5-2所示。

表5-2 中心离子（或原子）杂化轨道类型与配合物（或配离子）的空间构型

配位数	杂化类型	几何构型	实例
2	sp	直线形	$[Ag(NH_3)_2]^+$、$[Ag(CN)_2]^-$、$[CuCl_2]^-$
3	sp^2	平面等边三角形	$[CuCl_3]^{2-}$、$[HgI_3]^-$
4	sp^3	正四面体	$[Ni(NH_3)_4]^{2+}$、$[Zn(NH_3)_4]^{2+}$、$[HgI_4]^{2-}$、$[Ni(CO)_4]$、$[CoCl_4]^{2-}$
	dsp^2	正方形	$[Ni(CN)_4]^{2-}$、$[Cu(NH_3)_4]^{2+}$、$[PtCl_4]^{2-}$、$[Cu(CN)_4]^{2-}$、$[PtCl_2(NH_3)_2]$
5	dsp^3	三角双锥形	$[Fe(CO)_5]$、$[Co(CN)_5]^{3-}$

续表

配位数	杂化类型	几何构型	实　例
6	sp^3d^2	正八面体形	$[FeF_6]^{3-}$、$[Fe(H_2O)_6]^{3+}$、$[CoF_6]^{3-}$
	d^2sp^3		$[Fe(CN)_6]^{3-}$、$[Fe(CN)_6]^{4-}$、$[Co(NH_3)_6]^{3+}$、$[PtCl_6]^{2-}$

例如，Co^{3+} 的价层电子结构为：

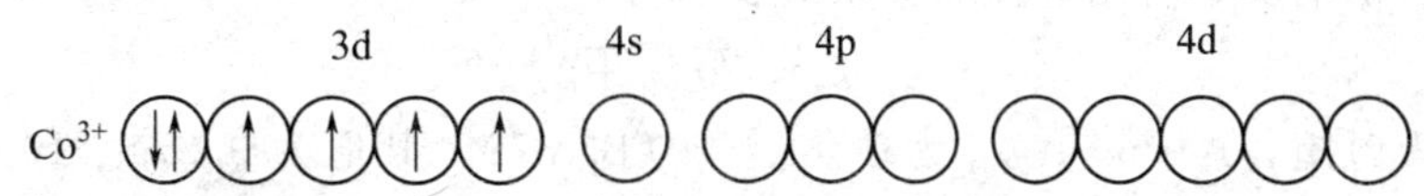

当 Co^{3+} 与 6 个 F^- 结合为 $[CoF_6]^{3-}$ 时，由于 F^- 的作用，Co^{3+} 的 6 个原子轨道（1 个 4s、3 个 4p 和 2 个 4d）进行杂化，组成 6 个 sp^3d^2 杂化轨道，接受 6 个 F^- 提供的 6 对孤对电子而形成 6 个配位键。所以 $[CoF_6]^{3-}$ 的几何构型为正八面体形。

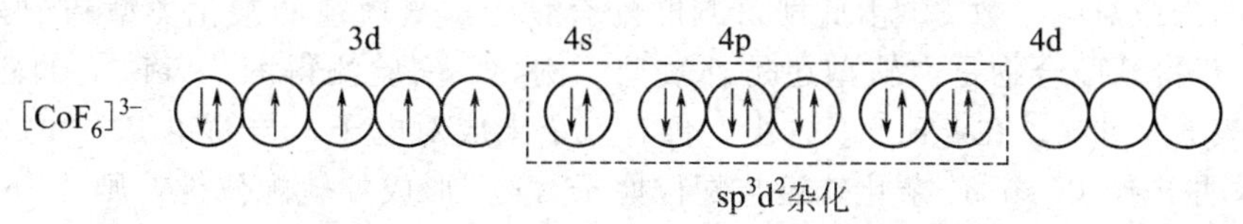

而当 Co^{3+} 与 6 个 NH_3 结合为 $[Co(NH_3)_6]^{3+}$ 时，由于配体 NH_3 的作用，导致 Co^{3+} 的价层电子结构重排，3d 轨道中的 6 个电子形成 3 对，空出 2 个 3d 轨道，这样 Co^{3+} 的 2 个 3d 与 1 个 4s 和 3 个 4p 轨道进行杂化，形成 6 个 d^2sp^3 杂化轨道，接受 6 个 NH_3 中 N 原子提供的 6 对孤对电子而形成 6 个配位键。所以 $[Co(NH_3)_6]^{3+}$ 的几何构型为正八面体形。

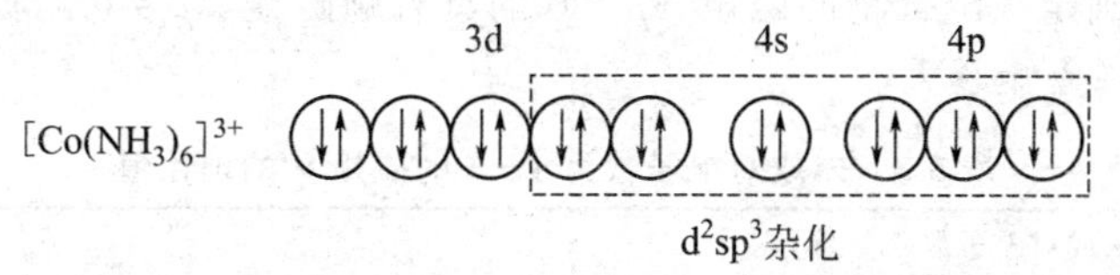

在很多情况下，还不能用价键理论来预测配合物的空间构型和中心离子（或原子）杂化类型，往往是在取得了配合物的空间构型及磁性等实验数据后，再用价键理论来解释。

（3）外轨型和内轨型配合物

过渡元素作为中心离子（或原子）时，其价电子空轨道往往包括次外层的 d 轨道，根据中心离子（或原子）杂化时所提供的空轨道所属电子层的不同，配合物可分为两种类型。一种是中心离子（或原子）全部用最外层价电子空轨道（ns、np、nd）进行杂化成键，所形成的配合物称为外轨型配合物，如 $[CoF_6]^{3-}$、$[Ni(NH_3)_4]^{2+}$ 等；另一种是中心离子（或原子）用次外层 d 轨道，即（$n-1$）d 和最外层的 ns、np 轨道进行杂化成键，所形成的配合物称为内轨型配合物，如 $[Fe(CN)_6]^{3-}$、$[Co(NH_3)_6]^{3+}$ 等。一般而言，中心离子（或原子）采取 sp、sp^3、sp^3d^2 杂化轨道成键形成配位数为 2、4、6 的配合物都是外轨型配合物；中心离子（或原子）采用 dsp^2 或 d^2sp^3 杂化轨道成键形成配位数为 4 或 6 的配合物都是内轨型配合物。

配合物是内轨型还是外轨型与中心离子的性质（电子构型、电荷）和配位原子的性质（电负性）有关。具有 d^{10} 构型的离子，只能用外层轨道形成外轨型配合物；具有 d^8 构型的离子（如 Ni^{2+}、Pd^{2+}、Pt^{2+} 等），大多数情况下形成内轨型配合物；具有 d^4～d^7 构型的离子，既可形成内轨型配合物，也可形成外轨型配合物。中心离子（或原子）与配位原子电负性相差很大时，易生成外轨型配合物；电负性相差较小时，则生成内轨型配合物。如配位原子 F^-、H_2O 常生成外轨型；CN^-、NO_2^- 等生成内轨型；NH_3、Cl^-、RNH_2 等有时为外轨型，有时为内轨型，如 $[Co(NH_3)_6]^{2+}$ 为外轨型，$[Co(NH_3)_6]^{3+}$ 为内轨型。增加中心离子电荷，有利于形成内轨型。

（4）配合物的磁矩

一般是通过测定配合物的磁矩（μ）来确定是内轨型还是外轨型配合物。因为物质的磁性与组成物质的原子（或分子）中的电子运动有关。磁性可用磁天平测出。磁矩与原子或离子中未成对电子数有关，可用近似的关系式表示为：

$$\mu/\mu_B \approx \sqrt{n(n+2)}$$

式中，μ 为磁矩，$A \cdot m^2$；μ_B 为玻尔磁子（B. M.），其值为 $9.274 \times 10^{-24}\ A \cdot m^2$；$n$ 为未成对电子数。

表 5-3 是根据上式计算得到的未成对电子数（单电子数）为 1～5 的磁矩理论值。通过实验测得配合物的磁矩值，然后将此磁矩值与表 5-3 中的理论值进行对照，确定中心离子（或原子）的未成对电子数 n，由此即可判断配合物中成键轨道的杂化类型和配合物的空间构型，进一步推断配合物是内轨型还是外轨型。例如，实验测得 $K_3[FeF_6]$ 的磁矩为 5.90 B. M.，由表 5-3 可知，在 $[FeF_6]^{3-}$ 中，仍有 5 个未成对电子，与简单 Fe^{3+} 的未成对电子数相同，说明 Fe^{3+} 以 sp^3d^2 杂化轨道与配位原子（F）形成外轨配位键，则 $[FeF_6]^{3-}$ 属于外轨型；而由实验测得 $K_3[Fe(CN)_6]$ 的磁矩为 2.0 B. M.，此数值与具有一个未成对电子数的磁矩理论值 1.73 B. M. 相近，表明在成键过程中，中心离子的未成对 d 电子数减少，d 电子重新分布，腾出 2 个空 d 轨道，而以 d^2sp^3 杂化轨道与配位原子（C）形成内轨配键，所以 $K_3[Fe(CN)_6]$ 属内轨型。另外，利用上述公式可以估算出未成对电子数 $n=0$～5 的磁矩 μ 值，从而可以确定该配合物的磁矩，$\mu>0$ 的具有顺磁性，$\mu=0$ 的具有反磁性。未成对电子数目越多，顺磁磁矩越大。

表 5-3　未成对电子数为 1～5 的磁矩 μ 的理论值

未成对电子数	μ/μ_B
0	0
1	1.73
2	2.83
3	3.87
4	4.90
5	5.92

（5）价键理论的应用和局限性

价键理论概念明确、模型具体、使用方便，能较好地说明配合物的形成过程、中心离子（或原子）与配位原子间的价键性质和本质、空间构型、配位数和磁性，并能定性地说明一些配合物的稳定性，在配位化学的发展过程中起了很大的作用。但是，由于价键理论只孤立地看到配体与中心原子的成键，只讨论配合物的基态性质，对激发态却无能为力，忽略了成键时在配体电场影响下，中心离子（或原子）d 轨道的能级发生分裂，因而它不能解释配合物的颜色和吸收光谱，也无法定量地说明一些配合物的稳定性。

5.3.2　配合物的晶体场理论

晶体场理论（crystal field theory，CFT）最初是由 H. Bethe 首先提出的，直到 20 世纪

50年代成功地用它解释金属配合物 $[Ti(H_2O)_6]^{3+}$ 的吸收光谱后，这一理论在化学领域才真正受到重视，并得到充分发展。

(1) 晶体场理论的基本要点

① 把配体看成点电荷（或偶极子），配合物中中心离子和配体之间是纯粹的静电作用。

② 中心离子与配体成键时，配体的静电场对中心离子的 d 轨道电子的不同排斥作用力，使原来能量相同的五个简并 d 轨道能级发生分裂。

③ 由于 d 轨道的分裂，d 轨道上的电子将重新排布，优先占据能量较低的轨道，往往使体系的总能量有所降低。

(2) 在配体静电场中简并态 d 轨道能级的分裂

在正八面体配合物中，6 个配体所形成的晶体场叫作正八面体场。当中心离子形成配位数为 6 的配合物时，假定中心离子位于坐标原点，如果有 6 个相同的配体 L，沿着 x、y、z 坐标轴分别从正向和反向接近中心离子，形成正八面体配离子（见图 5-2），带正电荷的中心离子和配体阴离子（或极性分子带负电荷的一端）相互吸引；但同时中心离子 d 轨道上的电子受到配体负电性的排斥，5 个 d 轨道的能量相对于自由离子时的 E_0 皆升高。由于 $d_{x^2-y^2}$ 和 d_{z^2} 轨道处于和配体迎头相碰的位置，因而这两个 d 轨道中的电子受到静电斥力较大，这两个 d 轨道的能量比球形对称场的能量高；而 d_{xy}、d_{yz}、d_{xz} 这三个轨道正好插在配体的空隙中间，因而处于这些轨道中的电子受到静电排斥力较小，它们的能量比球形对称场的能量低。即在配体的影响下，原来能量相等的 d 轨道能级分裂为两组，如图 5-3(c) 所示，一组为能量较高的 $d_{x^2-y^2}$ 和 d_{z^2} 轨道，称为 e_g 轨道，二者的能量相等；另一组为能量较低的 d_{xy}、d_{yz}、d_{xz} 轨道，称为 t_{2g} 轨道，三者的能量相等。必须指出，配体场越强，d 轨道能级分裂程度越大［图 5-3(d)］。

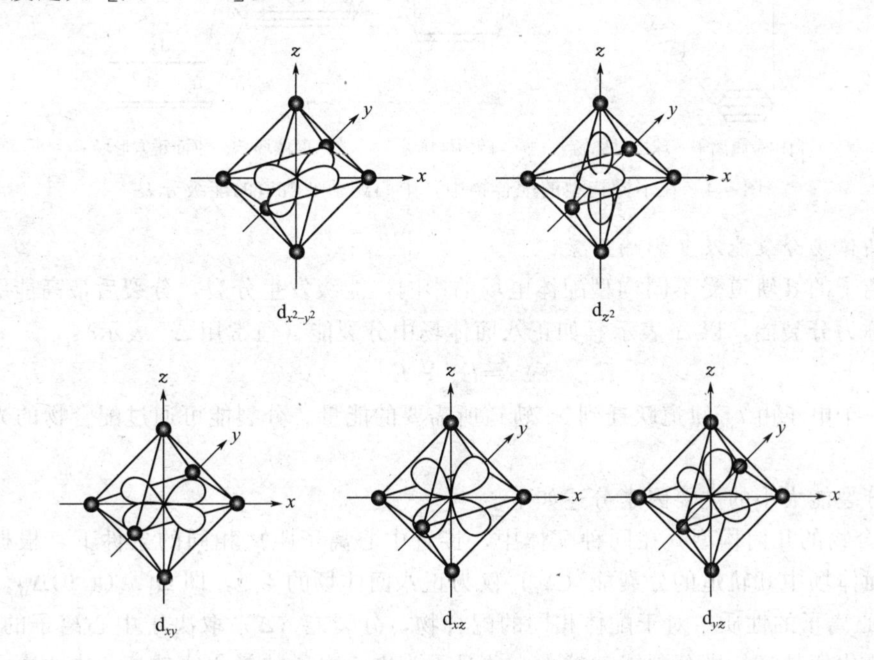

图 5-2　正八面体配合物内中心离子 d 轨道和配体的相对位置示意图

另外，在不同构型的配合物中，中心离子 d 轨道能级分裂情况不同（见图 5-4）。例如，在正四面体配合物中，四个配体靠近金属中心离子时，它们和中心离子 d_{xy}、d_{yz} 和 d_{xz} 轨道

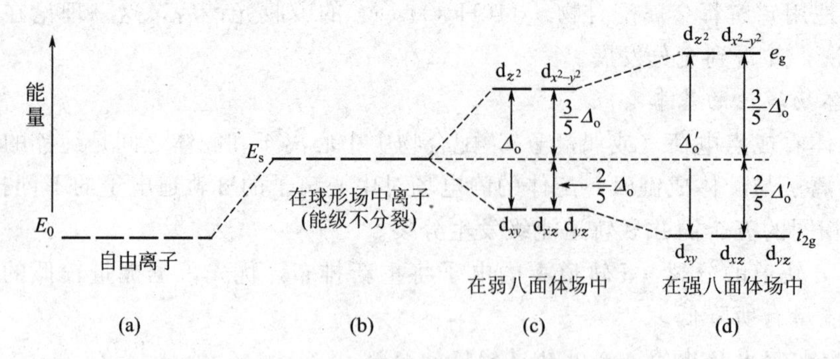

图 5-3 在正八面体场中中心离子 d 轨道能级的分裂

靠得较近，而与 $d_{x^2-y^2}$、d_{z^2} 轨道离得较远。因此，中心离子的 d_{xy}、d_{yz} 和 d_{xz} 轨道的能量比四面体场的平均能量高，而 $d_{x^2-y^2}$ 和 d_{z^2} 轨道的能量比平均能量低。这和八面体场中 d 轨道的分裂情况正好相反。再如平面正方形配合物的四个配体分别沿 $\pm x$ 和 $\pm y$ 的方向向金属中心离子接近。$d_{x^2-y^2}$ 迎头相顶，能量最高，d_{xy} 次之，d_{z^2} 又次之，d_{yz} 和 d_{xz} 能量最低。

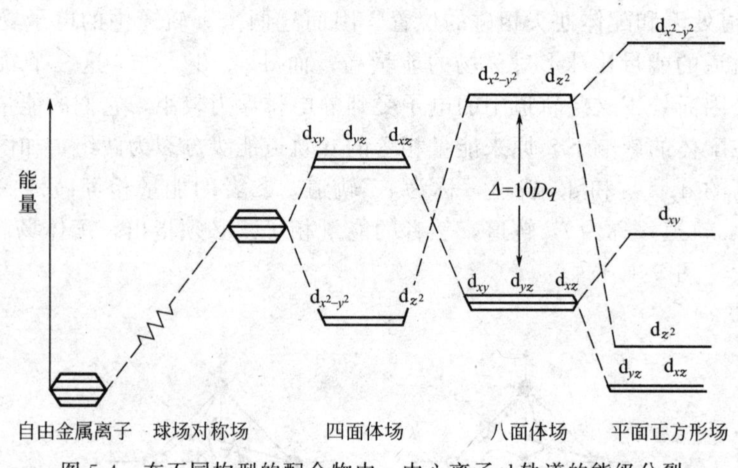

图 5-4 在不同构型的配合物中，中心离子 d 轨道的能级分裂

(3) 晶体场分裂能及其影响因素

中心离子的 d 轨道受不同构型配体电场的影响，能级发生分裂，分裂后最高能级和最低能级之差称为分裂能，以 Δ 表示。如正八面体场中分裂能（通常用 Δ_o 表示）：

$$\Delta_o = E_{e_g} - E_{t_{2g}}$$

这相当于一个电子由 t_{2g} 轨道跃迁到 e_g 轨道所需要的能量。分裂能可通过配合物的光谱实验测得。

影响分裂能大小的主要因素分述如下。

① 配合物的几何构型　在同种配体中，接近中心离子距离相同的条件下，根据计算得出，正四面体场中 d 轨道的分裂能（Δ_t）仅为正八面体场的 4/9，即 $\Delta_t = (4/9)\Delta_o$。

② 中心离子的性质　对于配体相同的配合物，分裂能（Δ）取决于中心离子的氧化值。中心离子氧化值越高，则分裂能就越大。这是因为中心离子的氧化值越高，中心离子所带的正电荷越多，对配体的吸引力越大，中心离子与配体之间的距离越近，中心离子外层的 d 电子与配体之间的斥力越大，所以分裂能也就越大。如：

$[Co(H_2O)_6]^{2+}$　$\Delta_o = 111.3 kJ \cdot mol^{-1}$；$[Co(H_2O)_6]^{3+}$　$\Delta_o = 222.5 kJ \cdot mol^{-1}$

$[Fe(H_2O)_6]^{2+}$ $\Delta_o = 124.4kJ \cdot mol^{-1}$；$[Fe(H_2O)_6]^{3+}$ $\Delta_o = 163.9kJ \cdot mol^{-1}$

对于中心离子（或原子）氧化值及配体相同的配合物，其分裂能随中心离子（或原子）半径的增大而增大。半径越大，d轨道离核越远，与配体之间的距离减小，受配体电场的排斥作用增强，因而分裂能增大。如：

$3d^6$ $[Co(NH_3)_6]^{3+}$ $\Delta_o = 275.1kJ \cdot mol^{-1}$

$4d^6$ $[Rh(NH_3)_6]^{3+}$ $\Delta_o = 405.4kJ \cdot mol^{-1}$

$5d^6$ $[Ir(NH_3)_6]^{3+}$ $\Delta_o = 478.4kJ \cdot mol^{-1}$

③ 配体的性质　对于给定的金属离子而言，分裂能的大小与配体的场强有关。场强越大，分裂能越大。根据正常氧化值的金属离子的八面体配合物的光谱数据实验得出的配体场强由弱到强的顺序如下：

$I^- < Br^- < Cl^- < SCN^- < F^- < S_2O_3^{2-} < OH^- \approx ONO^- < C_2O_4^{2-} < H_2O < NCS^- \approx EDTA < NH_3 < en < SO_3^{2-} < NO_2^- < CN^- < CO$

这个次序叫作“光谱化学序列”。由光谱化学序列可看出，I^- 把 d 轨道能级分裂为 t_{2g} 和 e_g 的本领最差（Δ 数值最小），而 CN^-、CO 最大。因此 I^- 为弱场配体，CN^-、CO 为强场配体，其他配体是强场还是弱场，常因中心离子（或原子）不同而不同，一般来说，位于 H_2O 以前的都是弱场配体，H_2O 和 CN^- 的配体是强是弱，还得看中心离子（或原子），可结合配合物的磁矩来确定。

(4) 八面体场中中心离子的 d 电子排布

对于相同金属离子而言，由于晶体场强度不同，可分为弱场和强场两种。前者由于晶体场排斥作用较弱，中心离子的 d 电子不发生重排，仍保持自由电子状态时的电子结构，这样的配离子含有较多的未成对单电子，这样形成的配合物可称为高自旋配合物，具有顺磁性。后者由于晶体场排斥作用强，中心离子的 d 电子发生重排，空出内层轨道参加并接受配体电子，这样的配离子含有较少的自旋平行电子，这样形成的配合物可称为低自旋配合物，具有反磁性。

在八面体场中，中心离子的 d 轨道能级分裂为两组（t_{2g} 和 e_g），由于 t_{2g} 轨道比 e_g 轨道能量低，按照能量最低原理，电子将优先分布在 t_{2g} 轨道上。对于具有 $d^1 \sim d^3$ 构型的离子，当其形成八面体配合物时，根据能量最低原理和 Hund 规则，d 电子应分布在 t_{2g} 轨道上。例如，Cr^{3+}（d^3 构型）的三个 d 电子分布方式只有一种，如下所示，故无高低自旋之分。

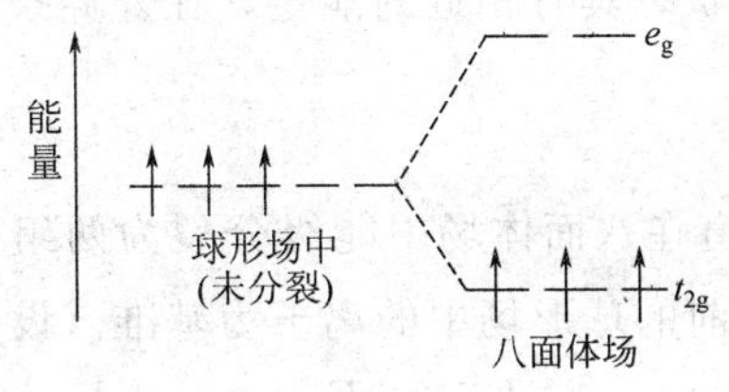

对于 $d^4 \sim d^7$ 构型的离子，当其形成八面体配合物时，d 电子可以有两种分布方式。例如，具有 d^4 构型的离子 Cr^{3+}，其第四个电子可进入 e_g 轨道，形成高自旋配合物（如 $[Cr(H_2O)_6]^{2+}$），此时需要克服分裂能 Δ_o；这个电子也可以进入已被 d 电子占据的 t_{2g} 轨道之一，并和原来占据该轨道的电子成对，形成低自旋配合物（如 $[Cr(CN)_6]^{4-}$），此时需要克服电子成对能。电子成对能（P）是指当一个轨道上已有一个电子时，如果另有一个电子进入该轨道与之成对，为克服电子间的排斥作用所需要的能量。

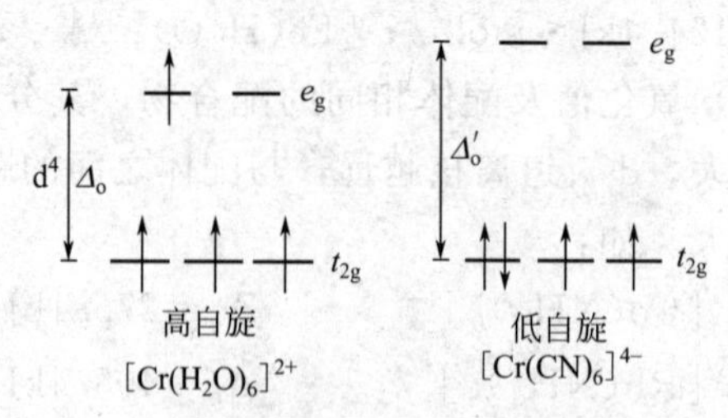

而具有 $d^8 \sim d^{10}$ 构型的离子，其 d 电子分别只有一种分布方式，无高低自旋之分。在八面体场中，中心离子的 d 电子在 t_{2g} 和 e_g 轨道中的分布如表 5-4 所示。

表 5-4　八面体场中中心离子的 d 电子在 t_{2g} 和 e_g 轨道中的分布

	弱场						强场					
	t_{2g}			e_g		未成对电子数	t_{2g}			e_g		未成对电子数
d^1	↑					1	↑					1
d^2	↑	↑				2	↑	↑				2
d^3	↑	↑	↑			3	↑	↑	↑			3
d^4	↑	↑	↑	↑		4	↑↓	↑	↑			2
d^5	↑	↑	↑	↑	↑	5	↑↓	↑↓	↑			1
d^6	↑↓	↑	↑	↑	↑	4	↑↓	↑↓	↑↓			0
d^7	↑↓	↑↓	↑	↑	↑	3	↑↓	↑↓	↑↓	↑		1
d^8	↑↓	↑↓	↑↓	↑	↑	2	↑↓	↑↓	↑↓	↑	↑	2
d^9	↑↓	↑↓	↑↓	↑↓	↑	1	↑↓	↑↓	↑↓	↑↓	↑	1
d^{10}	↑↓	↑↓	↑↓	↑↓	↑↓	0	↑↓	↑↓	↑↓	↑↓	↑↓	0

由以上讨论可知，中心离子 d 轨道上的电子究竟按哪种方式分布，取决于分裂能 Δ_o 值和电子成对能 P 值的相对大小。在强场配体（如 CN^-）作用下，分裂能 Δ_o 值较大，此时 $\Delta_o > P$，易形成低自旋配合物；在弱场配体（如 H_2O，F^-）作用下，分裂能 Δ_o 值较小，此时 $\Delta_o < P$，则易形成高自旋配合物。除上述两种情况外，少数情况下，Δ_o 值和 P 值相近，这时高自旋和低自旋两种状态具有相近的能量，在外界条件（如温度、溶剂等）的影响下，这两种状态可以互变。

(5) 晶体场稳定化能

中心离子（或原子）d 轨道在八面体场中能级分裂为两组（t_{2g} 和 e_g）。d 轨道在分裂前后总能量应当不变，若以分裂前的球形场中的离子为基准（设其能量 $E_s = 0$），则

$$2E_{e_g} + 3E_{t_{2g}} = 0$$

而 t_{2g} 和 e_g 能量差等于分裂能：$E_{e_g} - E_{t_{2g}} = \Delta_o$

由上两式可以得出：

$$E_{e_g} = \frac{3}{5}\Delta_o = 0.6\Delta_o$$

$$E_{t_{2g}} = -\frac{2}{5}\Delta_o = -0.4\Delta_o$$

即在八面体场中d轨道能级分裂的结果，与球形场中未分裂前比较，e_g 轨道的能量上升了 $0.6\Delta_o$，而 t_{2g}轨道的能量下降了 $0.4\Delta_o$。d电子进入分裂的轨道比处于未分裂轨道时的总能量有所降低。其总能量降低值称为晶体场稳定化能（crystal field stabilization energy, CFSE）。例如，$Ti^{3+}(d^1)$ 在八面体场中，其电子分布为 t_{2g}^1，相应的晶体场稳定化能 $CFSE=1\times(-0.4\Delta_o)=-0.4\Delta_o$；$Cr^{3+}(d^3)$ 在八面体场中，其电子分布为 t_{2g}^3，相应的晶体场稳定化能 $CFSE=3\times(-0.4\Delta_o)=-1.2\Delta_o$。但中心离子的d电子数为4～7时，在强场中晶体场稳定化能还应扣除电子成对能 P。八面体场的晶体场稳定化能（CFSE）见表5-5。

表5-5 八面体场的晶体场稳定化能（CFSE）

d^n	弱场				强场			
	d电子分布		未成对电子数	CFSE	d电子分布		未成对电子数	CFSE
d^1	t_{2g}^1		1	$-0.4\Delta_o$	t_{2g}^1		1	$-0.4\Delta_o$
d^2	t_{2g}^2		2	$-0.8\Delta_o$	t_{2g}^2		2	$-0.8\Delta_o$
d^3	t_{2g}^3		3	$-1.2\Delta_o$	t_{2g}^3		3	$-1.2\Delta_o$
d^4	t_{2g}^3	e_g^1	4	$-0.6\Delta_o$	t_{2g}^4		2	$-1.6\Delta_o+P$
d^5	t_{2g}^3	e_g^2	5	$0\Delta_o$	t_{2g}^5		1	$-2.0\Delta_o+2P$
d^6	t_{2g}^4	e_g^2	4	$-0.4\Delta_o$	t_{2g}^6		0	$-2.4\Delta_o+2P$
d^7	t_{2g}^5	e_g^2	3	$-0.8\Delta_o$	t_{2g}^6	e_g^1	1	$-1.8\Delta_o+P$
d^8	t_{2g}^6	e_g^2	2	$-1.2\Delta_o$	t_{2g}^6	e_g^2	2	$-1.2\Delta_o$
d^9	t_{2g}^6	e_g^3	1	$-0.6\Delta_o$	t_{2g}^6	e_g^3	1	$-0.6\Delta_o$
d^{10}	t_{2g}^6	e_g^4	0	$0\Delta_o$	t_{2g}^6	e_g^4	0	$0\Delta_o$

晶体场稳定化能与中心离子的d电子数有关，也与晶体场的场强有关，此外还与配合物的几何构型有关。晶体场稳定化能越负（代数值越小），体系越稳定。

（6）d-d跃迁和配合物的颜色

晶体场理论除了用来说明配合物的稳定性，还能较好地解释配合物的颜色。过渡元素水合离子为配离子，其中心离子在配体水分子的影响下，d轨道能级分裂。而d轨道又常没有填满电子，当配离子吸收可见光区某一部分波长的光时，d电子可从能级低的d轨道跃迁到能级较高的d轨道（如八面体场中由 t_{2g} 轨道跃迁到 e_g 轨道），这种跃迁称为d-d跃迁。发生d-d跃迁所需的能量即为轨道的分裂能 Δ_o。吸收光的波长越短，表示电子被激发而跃迁所需要的能量越大，即分裂能 Δ_o 值越大。例如，$[Ti(H_2O)_6]^{3+}$，中心离子 Ti^{3+} 因吸收可见光后d电子发生d-d跃迁，其吸收光谱（图5-5）显示最大吸收峰在490nm处

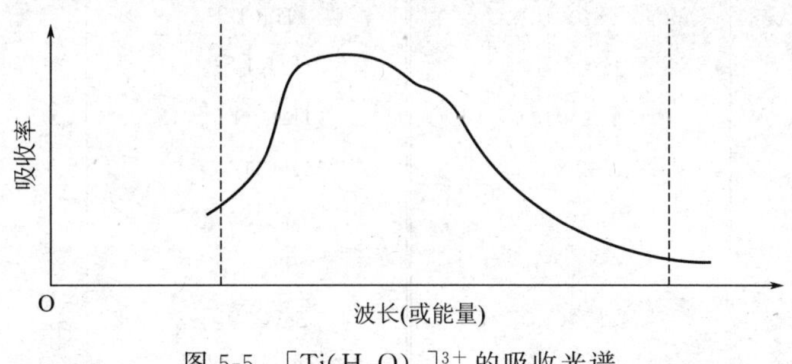

图5-5 $[Ti(H_2O)_6]^{3+}$ 的吸收光谱

（蓝绿光），最少吸收峰的光谱区为紫外光区和红外光区，肉眼看到的颜色是互补色，所以 $[Ti(H_2O)_6]^{3+}$ 显示出来的是蓝绿光的互补色——紫红色。对于不同的中心离子，虽然配体相同（都是水分子），但 t_{2g} 和 e_g 能级差不同，d-d 跃迁时吸收不同波长的可见光，故显不同颜色。如果中心离子 d 轨道全空（d^0）或全满（d^{10}），则不可能发生上面所讨论的那种 d-d 跃迁，故其水合离子是无色的，如 $[Zn(H_2O)_6]^{2+}$、$[Sc(H_2O)_6]^{3+}$ 等。

5.4 配位解离平衡

5.4.1 配位解离平衡和平衡常数

中心离子（或原子）与配体生成配离子的反应称为配位反应，而配离子解离出中心离子（或原子）和配体的反应称为解离反应。在水溶液中存在的配离子的生成反应与解离反应之间的平衡称为配位解离平衡，也称配位平衡。化学平衡的一般原理完全适用于配位解离平衡。例如，在 $CuSO_4$ 溶液中加入过量氨水生成深蓝色的 $[Cu(NH_3)_4]^{2+}$，同时，极少部分 $[Cu(NH_3)_4]^{2+}$ 发生解离，最终配位反应与解离反应达到如下平衡：

$$Cu^{2+}(aq)+4NH_3(aq) \rightleftharpoons [Cu(NH_3)_4]^{2+}(aq)$$

依据化学平衡原理，其平衡常数表达式为：

$$K_f=\frac{[Cu(NH_3)_4^{2+}]}{[Cu^{2+}][NH_3]^4}$$

式中，$[Cu^{2+}]$、$[NH_3]^4$ 和 $[Cu(NH_3)_4{}^{2+}]$ 分别是 Cu^{2+}、NH_3 和 $[Cu(NH_3)_4]^{2+}$ 的平衡浓度。配位平衡的平衡常数用 K_f 表示，称为配合物的稳定常数，是配合物在水溶液中稳定程度的量度。K_f 值越大，表明该配离子在水中越稳定。K_f 的倒数称为不稳定常数，或称为解离常数。一些常见配离子的稳定常数见表 5-6。

表 5-6 一些常见配离子的稳定常数

配离子	K_f	配离子	K_f
$[AgCl_2]^-$	1.1×10^5	$[Cu(en)_2]^{2+}$	1.0×10^{20}
$[AgI_2]^-$	5.5×10^{11}	$[Cu(NH_3)_2]^+$	7.24×10^{10}
$[Ag(CN)_2]^-$	1.26×10^{21}	$[Cu(NH_3)_6]^{2+}$	2.09×10^{13}
$[Ag(NH_3)_2]^+$	1.12×10^7	$[Fe(NCS)_2]^+$	2.29×10^3
$[Ag(SCN)_2]^-$	3.72×10^7	$[Fe(CN)_6]^{4-}$	1.0×10^{35}
$[Ag(S_2O_3)_2]^{3-}$	2.88×10^{13}	$[Fe(CN)_6]^{3-}$	1.0×10^{42}
$[AlF_6]^{3-}$	6.9×10^{19}	$[FeF_6]^{3-}$	2.04×10^{14}
$[Au(CN)_2]^-$	1.99×10^{38}	$[HgCl_4]^{2-}$	1.17×10^{15}
$[Ca(EDTA)]^{2-}$	1.0×10^{11}	$[HgI_4]^{2-}$	6.76×10^{29}
$[Cd(en)_2]^{2+}$	1.23×10^{10}	$[Hg(CN)_4]^{2-}$	2.51×10^{41}
$[Cd(NH_3)_4]^{2+}$	1.32×10^7	$[Mg(EDTA)]^{2-}$	4.37×10^8
$[Co(NCS)_4]^{2-}$	1.0×10^3	$[Ni(CN)_4]^{2-}$	1.99×10^{31}
$[Co(NH_3)_6]^{2+}$	1.29×10^5	$[Ni(NH_3)_6]^{2+}$	5.50×10^8
$[Co(NH_3)_6]^{3+}$	1.58×10^{35}	$[Zn(CN)_4]^{2-}$	5.01×10^{16}
$[Cu(CN)_2]^-$	1.0×10^{24}	$[Zn(NH_3)_4]^{2+}$	2.88×10^9

在溶液中配离子的生成或解离是分步进行的，每一步都有一个对应的稳定常数，称为逐级稳定常数（或分步稳定常数）。例如：

$$Cu^{2+}(aq)+NH_3(aq) \rightleftharpoons [Cu(NH_3)]^{2+}(aq) \qquad K_1=\frac{[Cu(NH_3)^{2+}]}{[Cu^{2+}][NH_3]}$$

$$[Cu(NH_3)]^{2+}(aq)+NH_3(aq) \rightleftharpoons [Cu(NH_3)_2]^{2+}(aq) \qquad K_2=\frac{[Cu(NH_3)_2^{2+}]}{[Cu(NH_3)^{2+}][NH_3]}$$

$$[Cu(NH_3)_2]^{2+}(aq)+NH_3(aq) \rightleftharpoons [Cu(NH_3)_3]^{2+}(aq) \qquad K_3=\frac{[Cu(NH_3)_3^{2+}]}{[Cu(NH_3)_2^{2+}][NH_3]}$$

$$[Cu(NH_3)_3]^{2+}(aq)+NH_3(aq) \rightleftharpoons [Cu(NH_3)_4]^{2+}(aq) \qquad K_4=\frac{[Cu(NH_3)_4^{2+}]}{[Cu(NH_3)_3^{2+}][NH_3]}$$

多配体配离子的总稳定常数（或累积稳定常数）等于逐级稳定常数的乘积。例如：

$$Cu^{2+}(aq)+4NH_3(aq) \rightleftharpoons [Cu(NH_3)_4]^{2+}(aq); \qquad K_f=K_1K_2K_3K_4$$

5.4.2 配位解离平衡的移动

配位解离平衡与其他化学平衡一样，也是一种相对的、有条件的动态平衡。若改变平衡体系的条件，平衡就会发生移动。例如，向某一个配位解离平衡体系中加入某种化学试剂（如酸、碱、沉淀剂或氧化还原剂等），会使原平衡各组分的浓度发生改变，引起配位平衡的移动甚至转化（即为其他平衡所取代）。

如在含有 $[Fe(C_2O_4)_3]^{3-}$ 的水溶液中加盐酸，则发生下列反应：

$$[Fe(C_2O_4)_3]^{3-} \rightleftharpoons Fe^{3+}+3C_2O_4^{2-}$$

$$+$$

$$6H^+ \rightleftharpoons 3H_2C_2O_4$$

由于盐酸的加入，溶液中 H^+ 会与 $C_2O_4^{2-}$ 结合形成难解离的弱电解质草酸（$H_2C_2O_4$），使得溶液中 $C_2O_4^{2-}$ 浓度降低，使得 $[Fe(C_2O_4)_3]^{3-}$ 的配位解离平衡向右移动。

溶液中的氧化还原平衡可以影响配位解离平衡，使配位解离平衡移动，配离子解离。反之，配位解离平衡可使氧化还原平衡改变方向。

【例 5-1】 在反应 $2Fe^{3+}+2I^- \longrightarrow 2Fe^{2+}+2I_2$ 中，若加入 CN^-，问新的反应 $2[Fe(CN)_6]^{3-}+2I^- \longrightarrow 2[Fe(CN)_6]^{4-}+I_2$ 能否进行？

解： 已知 $\varphi^{\ominus}(I_2/I^-)=0.54V$，$\varphi^{\ominus}(Fe^{3+}/Fe^{2+})=0.77V$，从标准电极电势判断，反应 $2Fe^{3+}+2I^- \longrightarrow 2Fe^{2+}+2I_2$ 可以正向进行。

又已知：

$$Fe^{3+}+6CN^- \rightleftharpoons [Fe(CN)_6]^{3-}$$

$$K_f=\frac{[Fe(CN)_6^{3-}]}{[Fe^{3+}][CN^-]^6}=10^{31}$$

$$Fe^{2+}+6CN^- \rightleftharpoons [Fe(CN)_6]^{4-}$$

$$K_f=\frac{[Fe(CN)_6^{4-}]}{[Fe^{2+}][CN^-]^6}=10^{24}$$

$$[Fe(CN)_6]^{3-}+e^- \rightleftharpoons [Fe(CN)_6]^{4-}$$

$$\varphi([Fe(CN)_6]^{3-}/[Fe(CN)_6]^{4-})=0.77V-\frac{0.0592V}{1}\lg\frac{[Fe^{2+}]}{[Fe^{3+}]}$$

$$[Fe^{3+}]=\frac{[Fe(CN)_6^{3-}]}{10^{31}\times[CN^-]^6},\quad [Fe^{2+}]=\frac{[Fe(CN)_6^{4-}]}{10^{24}\times[CN^-]^6}$$

$$\varphi([Fe(CN)_6]^{3-}/[Fe(CN)_6]^{4-})=0.77V-\frac{0.0592V}{1}\lg\frac{10^{31}}{10^{24}}$$

$$=0.77V-0.41V=0.36V$$

即反应 $2[Fe(CN)_6]^{3}\ +2I^- \longrightarrow 2[Fe(CN)_6]^{4-}+I_2$不能正向进行，只能逆向进行。

如果将 $AgNO_3$ 和 NaCl 两种溶液混合，则有白色的 AgCl 沉淀产生。加浓氨水后，AgCl 沉淀消失，有$[Ag(NH_3)_2]^+$生成。然后加入 KBr 溶液，则又有沉淀产生，这时得到的是淡黄色 AgBr 沉淀。接着加入 $Na_2S_2O_3$ 溶液，则 AgBr 被溶解，生成 $[Ag(S_2O_3)_2]^{3-}$。再加入 KI 溶液，则有黄色 AgI 沉淀产生。加入 KCN 溶液，AgI 便消失，生成 $[Ag(CN)_2]^-$。最后加入 Na_2S 溶液，则有黑色的 Ag_2S 沉淀产生。这些化学反应可以简单地表示如下（同时注出它们的 K_{sp}和 K_f）：

$$AgNO_3\xrightarrow{NaCl}AgCl(白色)\downarrow\xrightarrow{NH_3}[Ag(NH_3)_2]^+\xrightarrow{KBr}AgBr(淡黄色)\downarrow\xrightarrow{Na_2S_2O_3}$$

$(K_{sp}=1.56\times10^{-10})$ $(K_f=1.62\times10^7)$ $(K_{sp}=7.7\times10^{-13})$

$$[Ag(S_2O_3)_2]^{3-}\xrightarrow{KI}AgI(黄色)\downarrow\xrightarrow{KCN}[Ag(CN)_2]^-\xrightarrow{Na_2S}Ag_2S(黑色)\downarrow$$

$(K_f=2.38\times10^{13})$ $(K_{sp}=1.5\times10^{-16})$ $(K_f=1.3\times10^{21})$ $(K_{sp}=1.6\times10^{-49})$

由上可知：配离子稳定性越差，沉淀剂与中心离子形成沉淀的 K_{sp}越小，配位解离平衡就越容易转化为沉淀溶解平衡；配体的配位能力越强，沉淀的 K_{sp}越大，就越容易使沉淀溶解平衡转化为配位解离平衡。

【例 5-2】 计算 298.15 K 时，AgCl 在 $6mol\cdot L^{-1}NH_3$ 溶液中的溶解度。在上述溶液中加入 NaBr 固体，使 Br^-初始浓度为 $0.10mol\cdot L^{-1}$（忽略因加入 NaBr 所引起的体积变化），能否生成 AgBr 沉淀？

解：AgCl 溶于 NH_3 溶液中的反应为

$$AgCl(s)+2NH_3 \rightleftharpoons [Ag(NH_3)_2]^+(aq)+Cl^-$$

反应的平衡常数为：

$$K_1=\frac{[Ag(NH_3)_2^+][Cl^-]}{[NH_3]^2}=\frac{[Ag(NH_3)_2^+][Cl^-]}{[NH_3]^2}\times\frac{[Ag^+]}{[Ag^+]}$$

$$=K_f\{[Ag(NH_3)_2]^+\}K_{sp}(AgCl)$$

$$=1.1\times10^7\times1.77\times10^{-10}=1.95\times10^{-3}$$

设 AgCl 在 $6mol\cdot L^{-1}NH_3$ 溶液中的溶解度为 $S mol\cdot L^{-1}$，由反应式可知：$[Ag(NH_3)_2{}^+]=[Cl^-]=S mol\cdot L^{-1}$，$[NH_3]=(6.0-2S)mol\cdot L^{-1}$，将平衡浓度代入平衡常数表达式中，得：

$$K_1=\frac{(S mol\cdot L^{-1})^2}{(6.0mol\cdot L^{-1}-2S mol\cdot L^{-1})^2}=1.95\times10^{-3}$$

解得 $S=0.26\mathrm{mol\cdot L^{-1}}$，即 298.15K 时，AgCl 在 $6\mathrm{mol\cdot L^{-1}}$ NH_3 溶液中的溶解度为 $0.26\mathrm{mol\cdot L^{-1}}$。

在上述溶液中，如有 AgBr 生成，生成 AgBr 沉淀的反应式为：

$$[Ag(NH_3)_2]^+(aq)+Br^-(aq) \rightleftharpoons 2NH_3(aq)+AgBr(s)$$

反应的平衡常数为：

$$K_2=\frac{[NH_3]^2}{[Br^-][Ag(NH_3)_2^+]}=\frac{1}{K_f\{[Ag(NH_3)_2]^+\}K_{sp}(AgBr)}$$

$$=\frac{1}{1.1\times10^7\times5.35\times10^{-13}}=1.7\times10^5$$

该反应的反应商：

$$Q=\frac{c^2(NH_3)}{c\{[Ag(NH_3)_2]^+\}c(Br^-)}=\frac{(6.0\mathrm{mol\cdot L^{-1}}-0.26\mathrm{mol\cdot L^{-1}}\times2)^2}{0.26\mathrm{mol\cdot L^{-1}}\times0.10\mathrm{mol\cdot L^{-1}}}=1155$$

由于 $Q<K_2$，$[Ag(NH_3)_2]^+$ 和 Br^- 反应向生成 AgBr 沉淀方向进行，因此有 AgBr 沉淀生成。

5.5 螯合物的稳定性

5.5.1 螯合效应

由中心离子（或原子）与多齿配体形成的环状配合物称为螯合物。螯合物有很高的稳定性，而且同一个金属离子周围的螯合环越多，其螯合作用程度越高，则该螯合物就越稳定，这种现象称为螯合效应（chelate effect）。例如，在分析化学中广泛应用的六齿配体乙二胺四乙酸及其二钠盐（通常称为 EDTA），在金属离子键合时，形成具有五个螯合环的很稳定的螯合物。它的配位能力很强，甚至能和配位能力很差的碱土金属离子（如 Ca^{2+}、Mg^{2+} 等）形成较稳定的 1∶1 型螯合物（图 5-6）。利用 EDTA 与金属离子的螯合作用，可用于水的软化、锅炉中水垢的去除，在医学上用于有毒金属离子中毒症的治疗。

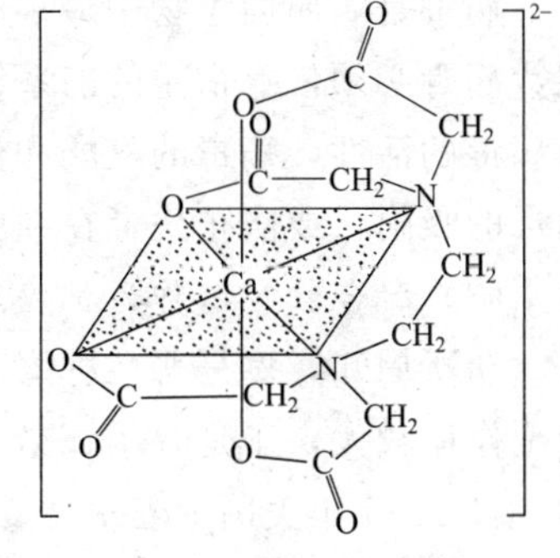

图 5-6 EDTA 与 Ca^{2+} 形成的配合物

5.5.2 影响螯合物稳定性的因素

螯合物具有特殊的稳定性。表 5-7 列出一些金属离子分别与乙二胺（en）形成的螯合物和一般配合物的稳定常数。事实表明，螯合物比结构相似且配位原子相同的非螯合配合物稳定。螯合物的稳定性还与螯合环的大小和数目有关。一般五元环和六元环的螯合物最稳定。而且一个多齿配体与中心离子形成的螯合环数目越多，螯合物越稳定。例如，在螯合离子 $[Ca(EDTA)]^{2-}$ 中有 5 个五元环，因而它很稳定。

表 5-7 某些螯合物和一般配合物的稳定常数

螯合物	K_f	一般配合物	K_f
$[Cu(en)_2]^{2+}$	1.0×10^{20}	$[Cu(NH_3)_6]^{2+}$	2.09×10^{13}
$[Zn(en)_2]^{2+}$	6.67×10^{10}	$[Zn(NH_3)_6]^{2+}$	2.88×10^9
$[Co(en)_2]^{2+}$	6.6×10^{13}	$[Co(NH_3)_6]^{2+}$	1.29×10^5
$[Ni(en)_2]^{2+}$	2.14×10^{18}	$[Ni(NH_3)_6]^{2+}$	5.50×10^8

5.6 配合物在生物、医药等方面的应用

在生物体内，和呼吸作用密切相关的血红素是一种铁的配合物；植物光合作用中作为催化剂的叶绿素是一种镁的配合物；对人体有重要作用的维生素 B_{12} 是一种钴的配合物。生物体内的高效、高选择性生物催化剂——金属酶，它们有比一般催化剂高出千万倍的催化效能。例如，固氮酶中含有两个容易分开的金属蛋白成分，即以铁和以钼为中心的复杂配合物。它们是固氮酶在常温常压下将氮转化为氨的催化过程中起决定性作用的生物配合物。目前地球上植物生长所需的氮肥，估计 88% 是由自然界固氮酶的作用而生产的。生物金属酶的研究，对现代化学工业和粮食生产都有重要意义。

配合物在医药上的应用广泛。有些具有治疗作用的金属离子因其毒性大、刺激性强、难吸收等缺点而不能直接在临床上应用，但若把它们变成配合物就能降低毒性和刺激性，利于吸收，如柠檬酸铁配合物可以治疗缺铁性贫血；酒石酸锑钾不仅可以治疗糖尿病，而且和维生素 B_{12} 等含钴螯合物一样可用于治疗血吸虫病。

(1) 配合物可以作为杀菌药物

多数抗微生物的药物属于配体，当其和金属配位后往往能增强其活性，如铜离子能提高对乙酰氨基苯甲醛缩氨基硫脲的抗结核菌能力，铁与 β-羟基喹啉形成的配合物有很强的杀菌作用。

(2) 配合物可以作为抗病毒药物

病毒是病原微生物中最小的一种，其核心是核酸，外壳是蛋白质，不具有细胞结构。大多数病毒必须依靠宿主的酶系统才能使其本身繁殖，不能独立自营生活。某些金属配合物有抗病毒的活性，病毒的核酸和蛋白质均为配体，能与金属配合物作用，或占据细胞表面防止病毒的吸附，或防止病毒在细胞内的再生，从而阻止病毒的繁殖。

(3) 配合物可以作为抗癌药物

众所周知，癌是恶性肿瘤，对人的生命威胁极大。化疗是治疗癌症的重要手段，但是其毒副作用较大，于是寻求高效、低毒的抗癌药物一直是人们孜孜以求、不懈努力的奋斗目标。自 1965 年美国 Rosenberg 偶然发现顺铂具有抗癌活性以来，金属配合物的药用性引起了人们的广泛关注，开辟了金属配合物抗癌药物研究的新领域。随着人们对金属配合物的药理作用认识的进一步深入，新的高效、低毒、具有抗癌活性的金属配合物不断被合成出来。其中包括某些新型铂配合物、有机锡配合物、有机锗配合物、茂钛衍生物、稀土配合物、多酸化合物等。

另外，金属配合物还可用于解毒剂、抗凝血剂、抑菌剂等。例如，医学上曾用 $[Ca(EDTA)]^{2-}$ 治疗职业性铅中毒，因 $[Pb(EDTA)]^{2-}$ 比 $[Ca(EDTA)]^{2-}$ 更稳定，故在 Ca^{2+} 被 Pb^{2+} 取代成为无毒的可溶性配合物后，可经肾脏排出体外。枸橼酸钠可与血液中的 Ca^{2+} 配位，避免血液的凝结，这是常用的一种血液抗凝剂。

在工业上，如染料、颜料、湿法冶金、电镀、金属防腐、过渡金属催化剂、元素分析和分离、硬水软化等方面；在农业上，如化肥、农药等许多方面都涉及配合物的应用。尤其是在国防工业和高新、尖端科学技术等方面的需要，使配合物的应用范围日益扩大。

习 题

1. 命名下列配合物，指出中心原子、配体、配位原子和配位数。

(1) $Na_3[Ag(S_2O_3)_2]$　　(2) $[Co(en)_3]_2(SO_4)_3$

(3) $H[Al(OH)_4]$　　(4) $Na_2[SiF_6]$

(5) $[PtCl_5(NH_3)]^-$　　(6) $[Pt(NH_3)_4(NO_2)Cl]$

(7) $[CoCl_2(NH_3)_3H_2O]Cl$　　(8) $NH_4[Cr(NCS)_4(NH_3)_2]$

2. 写出下列配合物的化学式。

(1) 三硝基·三氨合钴（Ⅲ）　　(2) 氯化二氯·三氨·一水合钴（Ⅲ）

(3) 二氯·二羟基·二氨合铂（Ⅳ）　　(4) 六氯合铂（Ⅳ）酸钾

3. 已知 $[PdCl_4]^{2-}$ 为平面四方形结构，$[Cd(CN)_4]^{2-}$ 为四面体结构，根据价键理论分析它们的成键杂化轨道，并指出配离子是顺磁性（$\mu \neq 0$）还是反磁性（$\mu = 0$）。

4. 根据实测磁矩，推断下列螯合物的空间构型，并指出是内轨型还是外轨型配合物。

(1) $[Co(en)_3]^{2+}$，$3.82\mu_B$；　　(2) $[Fe(C_2O_4)_3]^{3-}$，$5.75\mu_B$；

(3) $[Co(en)_2Cl_2]Cl$，$0\mu_B$。

5. 已知有两种钴的配合物，它们具有相同的分子式 $Co(NH_3)_5BrSO_4$，其间的区别在于第一种配合物的溶液中加入 $BaCl_2$ 时产生 $BaSO_4$ 沉淀，但加 $AgNO_3$ 时不产生沉淀；而第二种配合物则与此相反。写出这两种配合物的化学式，并指出钴的配位数和氧化数。

6. 根据配合物的价键理论，指出下列配离子的中心离子的电子排布、杂化轨道的类型和配离子的空间构型。

$[Mn(H_2O)_6]^{2+}$；$[Ag(CN)_2]^-$；$[Cd(NH_3)_4]^{2+}$；$[Ni(CN)_4]^{2-}$；$[Co(NH_3)_6]^{3+}$。

7. 试确定下列配合物是内轨型还是外轨型，说明理由，并以它们的电子层结构表示之。

(1) $K_4[Mn(CN)_6]$ 测得磁矩 $\mu/\mu_B = 2.00$；　(2) $(NH_4)_2[FeF_5(H_2O)]$ 测得磁矩 $\mu/\mu_B = 5.78$。

8. 已知 298.15K 时，若测知在其标准电极溶液中加入等体积的 $6mol \cdot L^{-1}$ $Na_2S_2O_3$ 溶液后，电极电位降低为 -0.505 V。

(1) 加入 $Na_2S_2O_3$ 溶液，电极溶液中 $[Ag^+]$ 为多少？

(2) $[Ag(S_2O_3)_2]^{3-}$ 的稳定常数为多少？

(3) 再往此电极溶液中加入固体 KCN，使其浓度为 $2mol \cdot L^{-1}$，电极溶液中各成分的浓度为多少？

参 考 文 献

[1] 无机及分析化学．南京大学编写．北京：高等教育出版社，2006.

[2] 无机化学．天津大学无机化学教研室编写，第四版，北京：高等教育出版社，2010.

6 氧化还原反应与电极电势

从电子得失的角度，化学反应可分为氧化还原反应与非氧化还原反应。氧化还原反应是整个自然循环组成中的一部分，氧化还原反应广泛存在于生命与非生命过程中。对生命体而言，氧化还原反应参与生命活动的所有过程。

6.1 氧化还原反应

物质在进行化学反应时，其中的某些元素伴随有氧化数值的升降变化，并且升高与降低的总值相等。这样的一些化学反应称为氧化还原反应（oxidation-reduction reaction）。

6.1.1 氧化数

氧化数（oxidation number）又称氧化态或氧化值，元素氧化数的确定方法如下所述。

① 元素氧化值的正、负，应根据化合物中元素的电负性来确定。

② 单质中元素的氧化值为零。

③ 在正常氧化物中，氧的氧化值为-2。在F_2O中氧的氧化态为正、H_2O_2中氧的氧化态为-1等。

④ 在常见非金属氢化物中，氢的氧化值为$+1$。在BH_3、PH_3、SiH_4等化合物和金属氢化物（如NaH）中，氢的氧化态为-1。

⑤ 电中性的化合物中，各元素的氧化态总和等于零，离子的电荷等于其组成元素氧化态的总和。

在有些化合物中，同一元素具有不同的氧化数，此时该元素的氧化数可以用平均氧化数表示，如$Na_2S_2O_3$中S的平均氧化态为$+2$；有些化合物中某些元素的氧化数要根据化合物的结构才能确定，如CrO_5中Cr的氧化态为$+6$。

6.1.2 氧化还原半反应

一个氧化还原反应，可分解为氧化反应和还原反应两个半反应。

如氧化还原反应为　　　$Cu^{2+} + Zn = Cu + Zn^{2+}$

则还原半反应为　　　$Cu^{2+} + 2e^- = Cu$

氧化半反应为 $$Zn-2e^- = Zn^{2+}$$

$$2KMnO_4+5K_2SO_3+3H_2SO_4 = 2MnSO_4+6K_2SO_4+3H_2O$$

还原半反应为 $$MnO_4^-+8H^++5e^- = Mn^{2+}+4H_2O$$

氧化半反应为 $$SO_3^{2-}+H_2O = SO_4^{2-}+2H^++2e^-$$

由此可以看出，半反应方程的基本特征如下所述。

① 半反应式必须是配平的。

② 对于水溶液体系，半反应式中的物质是它们在水中的主要存在形态，符合通常的离子方程式的书写规则。

③ 不管该反应如何复杂，一个半反应式中，发生氧化态变动的元素总是只有一个。

④ 明显的规律：H^+只出现在高价态的一侧，OH^-只出现在低价态的一侧，无一例外。

6.1.3 氧化还原反应方程式配平

一个化学反应方程式，可以看作一个数学代数式。因此，一个已配平的氧化还原反应方程式，必须具备以下三个特征，即方程式两边：元素种类相等；原子个数相等；电荷数相等。

氧化还原反应方程式配平通常有两种方法：氧化数升降法和离子电子法。

(1) 氧化数升降法配平氧化还原反应方程式

【例 6-1】 向碱性高锰酸钾溶液中加入亚硫酸钾溶液的反应。

分析：根据反应条件，写出反应物与产物

$$KMnO_4+KOH+K_2SO_3 \longrightarrow K_2MnO_4+K_2SO_4+H_2O$$

标出反应式中有氧化数变化的元素的氧化数值

$$KMn^{(+7)}O_4+KOH+K_2S^{(+4)}O_3 \longrightarrow K_2Mn^{(+6)}O_4+K_2S^{(+6)}O_4+H_2O$$

用连线将有氧化数变化的元素相连，并在连线上注明氧化数升高或降低的数值［此时Mn的氧化数降低值为1（用$1e^-$表示），S的氧化数升高值为2（用$2e^-$表示）］。

$1e^-$

$$KMn^{(+7)}O_4+KOH+K_2S^{(+4)}O_3 \longrightarrow K_2Mn^{(+6)}O_4+K_2S^{(+6)}O_4+H_2O$$

$2e^-$

根据氧化数升高与降低总数应相等的原则，找出氧化数升高与降低的最小公倍数（此时最小公倍数为2），并标注在连线上。

$1e^- \times 2$

$$KMn^{(+7)}O_4+KOH+K_2S^{(+4)}O_3 \longrightarrow K_2Mn^{(+6)}O_4+K_2S^{(+6)}O_4+H_2O$$

$2e^- \times 1$

最后将倍数值写在对应元素所在物质的前面（即为该物质在方程式中的系数），然后根据原子总数相等的原理，将方程式两边没有氧化数变化的其他物质的总数配平。

则所得配平的氧化还原反应方程式为：

$$2KMnO_4+2KOH+K_2SO_3 = 2K_2MnO_4+K_2SO_4+H_2O$$

(2) 离子电子法配平氧化还原反应方程式

【例 6-2】 同上例。

根据实际情况，写出主要反应物和主要产物的离子式

$$MnO_4^-+SO_3^{2-} \longrightarrow MnO_4^{2-}+SO_4^{2-}$$

分别写出还原半反应和氧化半反应的主要反应物和产物的离子

$$MnO_4^- \longrightarrow MnO_4^{2-}$$

$$SO_3^{2-} \longrightarrow SO_4^{2-}$$

根据氧化数变化和反应条件，分别配平还原半反应和氧化半反应

$$MnO_4^- + e^- \xlongequal{} MnO_4^{2-}$$

$$SO_3^{2-} + 2OH^- - 2e^- \xlongequal{} SO_4^{2-} + H_2O$$

找出上述两个半反应式中电子的最小公倍数（2），则将还原半反应方程×2（即 $2MnO_4^- + 2e^- \xlongequal{} 2MnO_4^{2-}$）后，与氧化半反应相加，即得配平的氧化还原反应方程式

$$2KMnO_4 + 2KOH + K_2SO_3 \xlongequal{} 2K_2MnO_4 + K_2SO_4 + H_2O$$

【例 6-3】 向高锰酸钾溶液中加入少量氢氧化钾加热，得透明的绿色溶液。

解： 分析反应物和主要产物 $KMnO_4 + KOH \longrightarrow K_2MnO_4 + O_2$

$$4 \times MnO_4^- + e^- \xlongequal{} MnO_4^{2-}$$

$$4OH^- - 4e^- \xlongequal{} O_2 + 2H_2O$$

$$4KMnO_4 + 4KOH \xlongequal{} 4K_2MnO_4 + O_2 + 2H_2O$$

6.2 原电池与电极电势

6.2.1 原电池

原电池（primary battery）：通过化学反应产生电能的装置，又称珈伐尼电池、伏打电池、丹尼尔电池。

Zn 和锌盐与 Cu 和铜盐分别为两个半电池，将外电路用导线连接，半电池用盐桥沟通，电子从锌经过导线进入铜电极，这样就得到了一个铜锌原电池（图 6-1）。

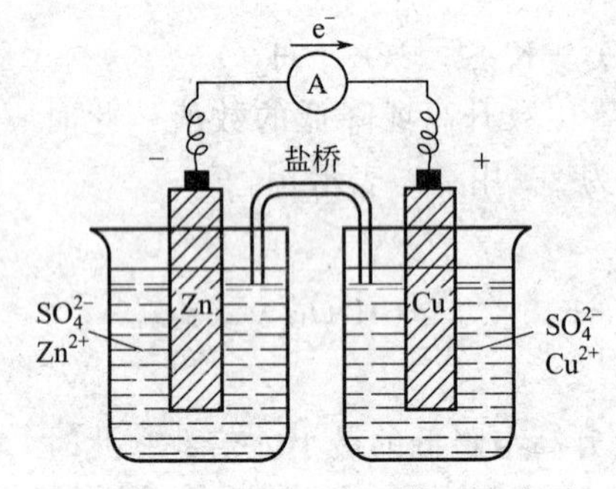

图 6-1 铜锌原电池装置示意图

则电池两个电极反应为：

负极 $Zn^{2+} + 2e^- \xlongequal{} Zn$ （失电子，发生氧化反应）

正极 $Cu^{2+} + 2e^- \xlongequal{} Cu$ （得电子，发生还原反应）

该电池的总反应为：$Cu^{2+} + Zn \xlongequal{} Cu + Zn^{2+}$

该原电池的电池符号为：$(-)Zn(s)|Zn^{2+}(c_1)\|Cu^{2+}(c_2)|Cu(s)(+)$

相关约定如下：

用“|”隔开电极和电解质溶液；

用“‖”隔开两个半电池（通常用盐桥，也有用隔膜）；

负极在左，正极在右；

因为浓度、压强与电极电势值相关，所以要标出电解质浓度和气体分压强；

如半电池无可导电的电极（如都是溶液或气体）时，则需要外加电极（特别注意，外加的电极一定是惰性的，通常用石墨或铂，不能参与氧化还原反应）。

$(-)Zn(s)|Zn^{2+}(c_1)\|Fe^{2+}(c_2)$，$Fe^{3+}(c_3)|C(s)$[或 $Pt(s)$]$(+)$

$(-)Zn(s)|Zn^{2+}(c_1)\|H^+(c_2)|H_2(p)|C(s)$（或 Pt）$(+)$

$(-)C(s)$[或 $Pt(s)$]$|SO_3^{2-}(c_1)$，$SO_4^{2-}(c_2)$，$H^+(c)\|H^+(c)$，$MnO_4^-(c_3)$，$Mn^{2+}(c_4)|C(s)$[或 $Pt(s)$]$(+)$

$(-)C(s)$[或 $Pt(s)$]$|M^{n+}(c_1)\|M^{n+}(c_2)|c(s)$[或 $Pt(s)$]$(+)$ （其中 $c_2 > c_1$）

6.2.2 电极电势与电动势

(1) 电极电势

以金属及其盐组成的溶液为例，说明电极电势的产生。在金属及其盐组成的溶液中，存在着以下平衡：

$$M \rightleftharpoons M^{n+}(\text{水合}) + ne^-$$

一方面，金属表面的金属离子将会摆脱其他金属原子及电子的束缚，而进入溶液，成为水合离子，这时金属应带有多余的负电荷，形成双电层，阻止进一步的电离过程的发生；另一方面，双电层的形成，阻止了金属离子进入溶液或进入金属表面的过程的发生，表明在金属和溶液间存在相间电势。图 6-2 为电极电势产生示意图。

金属的电极电势（electrode potential）：存在于金属及其盐溶液之间的相间电势。用符号表示为：$E(M^{n+}/M)$。

E 取决于金属本身的活泼性、溶液中离子的浓度和体系的温度，但无法直接测量单个电极的电势。

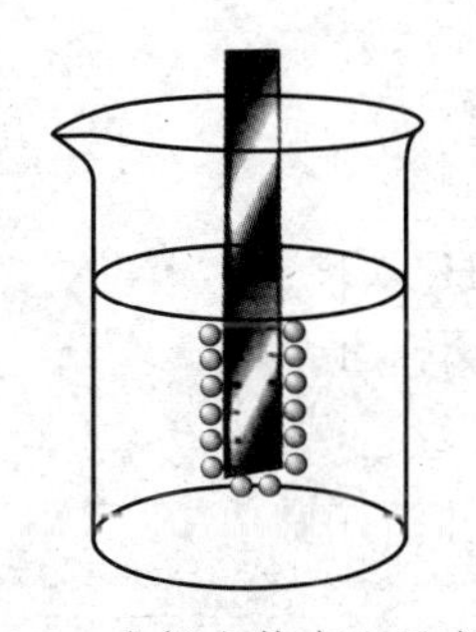

图 6-2　电极电势产生示意图

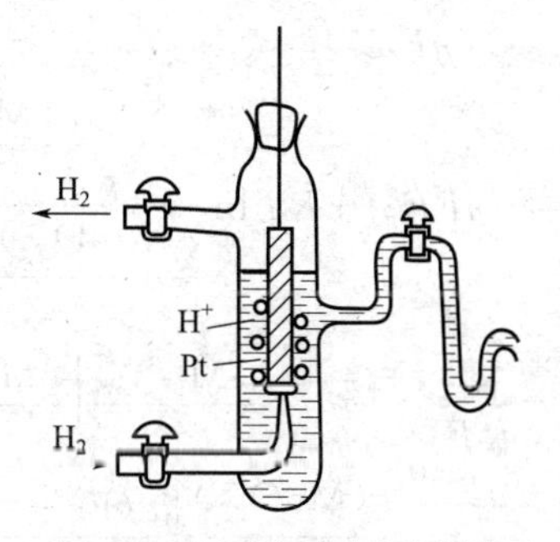

图 6-3　标准氢电极示意图

标准氢电极（normal hydrogen electrode）：国际规定为 298.15K 下，含 $1\text{mol}\cdot\text{L}^{-1}$ HCl 溶液、标准压力（100kPa）的氢气的电极（铂黑）的电极电势 $E^{\ominus}(H^+/H_2)=0.0000\text{V}$。

标准氢电极示意图见图 6-3。

由于电极电势没有绝对值，因此，标准氢电极的电极电势，就是所有电极电势的基准。

标准电极电势：在标准状态下（温度取 $T=298.15\text{K}$，$c^{\ominus}=1\text{mol}\cdot\text{L}^{-1}$），将某电极与标准氢电极组成原电池，所测得的电池电动势即为该电极的标准电极电势。

标准电极电势的用途：①判断氧化剂和还原剂的强弱；②判断氧化还原反应的方向；③计算原电池的电动势、原电池反应的自由能、平衡常数等热力学数据；④计算其他半反应的标准电极电势等。

使用标准电极电势数据时，需明确以下两点。

① 电极电势的数值与半反应的书写方向无关（$Zn^{2+}+2e^- \longrightarrow Zn$ 与 $Zn \longrightarrow Zn^{2+}+2e^-$ 的标准电极电势均为 -0.76V）。

② 改变半反应的计量系数，不会改变电极电势的数值（$2Zn^{2+}+4e^- \longrightarrow 2Zn$ 的标准电极电势仍为 -0.76V）。

(2) 电动势

物理学规定：电流从正极流向负极，正极的电势高于负极。

电池的电动势（electrodynamic force）等于正极电极电势与负极电极电势的差：

$$E=E_+-E_- \tag{6-1}$$

6.2.3 能斯特方程

在标准状态下，各电极的标准电极电势值可通过查电势值表或图查得，但大多数情况下，需要知道在非标准状态下的电极电势，此时可用能斯特方程（Nernst equation）求出：

$$E=E^{\ominus}+\frac{RT}{nF}\ln\frac{\text{氧化型}}{\text{还原型}} \tag{6-2}$$

此方程是由范特霍夫等温方程（van't Hoff isothermal equation）（$\Delta_r G_m=\Delta_r G_m^{\ominus}+RT\ln J$）和自由能与电动势的关系式（$\Delta_r G_m=-nFE$）导出的。

以 $MnO_4^- + 5Fe^{2+} + 8H^+ \longrightarrow Mn^{2+} + 5Fe^{3+} + 4H_2O$ 为例

$$\Delta_r G_m=\Delta_r G_m^{\ominus}+RT\ln J$$

$$\Delta_r G_m=\Delta_r G_m^{\ominus}+RT\ln\frac{\frac{c(Mn^{2+})}{c^{\ominus}}\left[\frac{c(Fe^{3+})}{c^{\ominus}}\right]^5}{\frac{c(MnO_4^-)}{c^{\ominus}}\left[\frac{c(Fe^{2+})}{c^{\ominus}}\right]^5\left[\frac{c(H^+)}{c^{\ominus}}\right]^8}$$

又 $\Delta_r G_m=-nFE$

则有

$$-nFE=-nFE^{\ominus}+RT\ln\frac{\frac{c(Mn^{2+})}{c^{\ominus}}\left[\frac{c(Fe^{3+})}{c^{\ominus}}\right]^5}{\frac{c(MnO_4^-)}{c^{\ominus}}\left[\frac{c(Fe^{2+})}{c^{\ominus}}\right]^5\left[\frac{c(H^+)}{c^{\ominus}}\right]^8}$$

$$E=E^{\ominus}-\frac{RT}{nF}\ln\frac{\frac{c(Mn^{2+})}{c^{\ominus}}\left[\frac{c(Fe^{3+})}{c^{\ominus}}\right]^5}{\frac{c(MnO_4^-)}{c^{\ominus}}\left[\frac{c(Fe^{2+})}{c^{\ominus}}\right]^5\left[\frac{c(H^+)}{c^{\ominus}}\right]^8}$$

将上式再进行整理

$$E(MnO_4^-/Mn^{2+})-E(Fe^{3+}/Fe^{2+})=E^{\ominus}(MnO_4^-/Mn^{2+})+\frac{RT}{5F}\ln\frac{\frac{c(MnO_4^-)}{c^{\ominus}}\left[\frac{c(H^+)}{c^{\ominus}}\right]^8}{\frac{c(Mn^{2+})}{c^{\ominus}}}$$

$$-E^{\ominus}(Fe^{3+}/Fe^{2+})-\frac{RT}{F}\ln\frac{\frac{c(Fe^{3+})}{c^{\ominus}}}{\frac{c(Fe^{2+})}{c^{\ominus}}}$$

故对于还原半反应 $MnO_4^- + 8H^+ + 5e^- \longrightarrow Mn^{2+} + 4H_2O$

$$E(MnO_4^-/Mn^{2+})=E^{\ominus}(MnO_4^-/Mn^{2+})+\frac{RT}{5F}\ln\frac{\frac{c(MnO_4^-)}{c^{\ominus}}\left[\frac{c(H^+)}{c^{\ominus}}\right]^8}{\frac{c(Mn^{2+})}{c^{\ominus}}}$$

对于氧化半反应 $Fe^{3+} + e^- \longrightarrow Fe^{2+}$

$$E(Fe^{3+}/Fe^{2+})=E^{\ominus}(Fe^{3+}/Fe^{2+})+\frac{RT}{F}\ln\frac{\frac{c(Fe^{3+})}{c^{\ominus}}}{\frac{c(Fe^{2+})}{c^{\ominus}}}$$

故得 $E=E^{\ominus}+\frac{RT}{nF}\ln\frac{\text{氧化型}}{\text{还原型}}$。在 298.15K 时，方程 $E=E^{\ominus}+\frac{RT}{nF}\ln\frac{\text{氧化型}}{\text{还原型}}$，可改写为

$$E = E^{\ominus} + \frac{8.314\text{J} \cdot \text{mol}^{-1} \cdot \text{K}^{-1} \times 298.15\text{K} \times 2.303}{n \times 96485\text{J} \cdot \text{V}^{-1} \cdot \text{mol}^{-1}} \lg \frac{\text{氧化型}}{\text{还原型}}$$

$$E = E^{\ominus} + \frac{0.0592}{n} \lg \frac{\text{氧化型}}{\text{还原型}} \tag{6-3}$$

6.2.4 影响电极电势的因素

影响电极电势的因素有很多方面，目前主要考虑的有以下五个方面。

(1) 电极材料本身

在 $E = E^{\ominus} + \frac{RT}{nF} \ln \frac{\text{氧化型}}{\text{还原型}}$ 方程中，$E^{\ominus}$ 和 n 反映的就是电极材料的特性，是影响电极电势值的主要因素之一。

(2) 温度对电极电势的影响

在 $E = E^{\ominus} + \frac{RT}{nF} \ln \frac{\text{氧化型}}{\text{还原型}}$ 方程中，包含有温度（T）项，只不过由于通常考虑的是 298.15K，所以将其与其他常数合并后得到方程 $E = E^{\ominus} + \frac{0.0592}{n} \lg \frac{\text{氧化型}}{\text{还原型}}$。因此，升高温度，该电对的电极电势值是升高的。

(3) 溶质浓度和气体压强对电极电势的影响

在 $E = E^{\ominus} + \frac{0.0592}{n} \lg \frac{\text{氧化型}}{\text{还原型}}$ 中，氧化型与还原型就是指氧化态与还原态物质的浓度，如果氧化态与还原态物质为气体，则用其分压 $p_i/p^{\ominus}$ 代替。

如电对 $2H^+ + 2e^- = H_2$

$$E(H^+/H_2) = E^{\ominus}(H^+/H_2) + \frac{0.0592}{2} \lg \frac{[c(H^+)/c^{\ominus}]^2}{p(H_2)/p^{\ominus}}$$

(4) pH 值对电极电势的影响

在有 H^+ 或 OH^- 参加的氧化还原反应中，H^+ 或 OH^- 是能斯特方程中氧化型或还原型中的一部分，所以溶液 pH 值的改变，必定影响电对电极电势的值。

如反应 $MnO_4^- + 8H^+ + 5e^- = Mn^{2+} + 4H_2O$

$$E(MnO_4^-/Mn^{2+}) = E^{\ominus}(MnO_4^-/Mn^{2+}) + \frac{0.0592}{5} \lg \frac{\frac{c(MnO_4^-)}{c^{\ominus}} \left[\frac{c(H^+)}{c^{\ominus}}\right]^8}{\frac{c(Mn^{2+})}{c^{\ominus}}}$$

$$= E^{\ominus}(MnO_4^-/Mn^{2+}) - \frac{0.0592 \times 8}{5} \text{pH} + \frac{0.0592}{5} \lg \frac{\frac{c(MnO_4^-)}{c^{\ominus}}}{\frac{c(Mn^{2+})}{c^{\ominus}}}$$

所以，酸性越强，该电对的电极电势值越高。

因此，同一元素相同氧化态组成电对时，在不同 pH 值条件下电极电势的数值是不同的。如 $SO_4^{2-} + 4H^+ + 2e^- = H_2SO_3 + H_2O \quad E^{\ominus} = 0.172\text{V}$

$$SO_4^{2-} + H_2O + 2e^- = SO_3^{2-} + 2OH^- \qquad E^{\ominus} = -0.92\text{V}$$

因此，在查找某一电对的标准电极电势值时，要根据所在反应的酸碱条件，决定是查酸表中的电极电势值，还是查碱表中的电极电势值。酸表中的值用符号 $E_A^{\ominus}$ 表示，碱表中的值用符号表示 $E_B^{\ominus}$。

(5) 难溶物、配合物的生成对电极电势的影响

难溶物、配合物的生成对电极电势的影响，本质上影响的是氧化态或还原态物质的浓度。如 $AgCl+e^- = Ag+Cl^-$ 电对，本质是 $Ag^+ + e^- = Ag$ 电对，只不过由于在该体系中加入了 Cl^-，降低了 Ag^+ 在体系中的浓度。

$$E(AgCl/Ag)=E(Ag^+/Ag)=E^{\ominus}(Ag^+/Ag)+0.0592\lg\frac{c(Ag^+)}{c^{\ominus}}$$

由于 AgCl 的生成，降低了 Ag^+ 的浓度，此时 $\dfrac{c(Ag^+)}{c^{\ominus}}=\dfrac{K_{sp}^{\ominus}(AgCl)}{c(Cl^-)/c^{\ominus}}$，所以

$$E(Ag^+/Ag)=E^{\ominus}(Ag^+/Ag)+0.0592\lg\frac{K_{sp}^{\ominus}(AgCl)}{c(Cl^-)/c^{\ominus}}$$

因此难溶物溶解度越低，电极电势值越小。

同样，对于 $$Ag^+ + 2NH_3 = Ag(NH_3)_2^+$$

$$E(Ag^+/Ag)=E^{\ominus}(Ag^+/Ag)+0.0592\lg\frac{c(Ag^+)}{c^{\ominus}}$$

由于 $Ag(NH_3)_2^+$ 的生成，降低了 Ag^+ 的浓度，此时 $\dfrac{c(Ag^+)}{c^{\ominus}}=\dfrac{c[Ag(NH_3)_2]}{K_{稳}^{\ominus}[c(NH_3)/c^{\ominus}]^2}$，所以

$$E(Ag^+/Ag)=E^{\ominus}(Ag^+/Ag)+0.0592\lg\frac{c[Ag(NH_3)_2]}{K_{稳}^{\ominus}[c(NH_3)/c^{\ominus}]^2}$$

因此，在金属离子电对中加入沉淀剂或配位剂后，其电对的电极电势值会降低。

6.3 电极电势的应用

6.3.1 判断原电池的正极、负极及计算原电池的电动势

在原电池中：电极电势值较大的电极为正极；电极电势值较小的电极为负极；如在高锰酸钾与亚硫酸钠组成的原电池中，确定有 $E(MnO_4^-/Mn^{2+})>E(SO_4^{2-}/SO_3^{2-})$。则由 MnO_4^-/Mn^{2+} 组成的这一极作原电池正极，由 SO_4^{2-}/SO_3^{2-} 组成的这一极作原电池负极。那么此时原电池的电动势 $E=E(MnO_4^-/Mn^{2+})-E(SO_4^{2-}/SO_3^{2-})$。

6.3.2 判断氧化剂和还原剂的相对强弱

某一电对的电极电势值越高，表明该电对中高氧化态物质的氧化性越强，则该物质中某元素在该氧化态时容易得到电子，并回到该元素的某一低氧化态；如 $E(MnO_4^-/Mn^{2+})>E(Cl_2/Cl^-)$，说明 MnO_4^- 的氧化性比 Cl_2 强。同样，电对的电极电势值越低，表明该电对中低氧化态物质的还原性越强，物质还原性越强，表明该物质中某元素在该氧化态时容易失去电子，并达到该元素的某一高氧化态。如 $E(Sn^{4+}/Sn^{2+})<E(Fe^{3+}/Fe^{2+})$，说明 Sn^{2+} 的还原性比 Fe^{2+} 强。

6.3.3 判断氧化还原反应的方向与限度

(1) 氧化还原反应的方向与限度

任何化学反应进行的方向都需要根据热力学来确定，即 $\Delta_r G_m<0$，反应自发正向进行；

$\Delta_r G_m>0$，反应逆向自发进行；$\Delta_r G_m=0$，则反应达到平衡（也就是反应的最大限度）。氧化还原反应是化学反应中的一种类型，因此氧化还原反应的方向与限度也应由 $\Delta_r G_m$的值来确定。

那么如何利用电对的电极电势值来判断氧化还原反应的方向与限度呢？这就要利用关系式 $\Delta_r G_m=-nFE$ 来将二者关联；其中 $E=E_+-E_-$，所以有 $\Delta_r G_m=-nF(E_+-E_-)<0$，反应正向自发进行，即 $E_+>E_-$反应正向自发进行；$\Delta_r G_m=-nF(E_+-E_-)>0$，反应逆向自发进行，即 $E_+<E_-$反应逆向自发进行；$\Delta_r G_m=-nF(E_+-E_-)=0$，反应达到平衡，即 $E_+=E_-$反应达到平衡。

由于 $E^{\ominus}(MnO_4^-/Mn^{2+})>E^{\ominus}(SO_4^{2-}/SO_3^{2-})$，所以在标准状态下，高锰酸钾能将亚硫酸钠氧化。

判断氧化还原反应的方向除了可以查表中的 $E^{\ominus}$值判断在标准状态下，氧化还原反应的方向外，还可以利用电势图来判断氧化还原反应的方向。

（2）电势图（potential diagram）

$E_A^{\ominus}/V$

$$ClO_4^- \xrightarrow{1.19} ClO_3^- \xrightarrow{1.21} HClO_2 \xrightarrow{1.64} HClO \xrightarrow{1.63} \frac{1}{2}Cl_2 \xrightarrow{1.358} Cl^-$$

（HClO 至 Cl⁻：1.49；ClO_3^- 至 $\frac{1}{2}Cl_2$：1.47）

$E_B^{\ominus}/V$

$$ClO_4^- \xrightarrow{0.36} ClO_3^- \xrightarrow{0.35} ClO_2^- \xrightarrow{0.566} ClO^- \xrightarrow{0.40} \frac{1}{2}Cl_2 \xrightarrow{1.358} Cl^-$$

（ClO_3^- 至 ClO^-：0.47；ClO^- 至 Cl^-：0.81）

这种将同一元素不同氧化态，由高到低从左到右依次排列，并将组成电对的两者的电极电势值标注在两者之间连线上组成的图形，就称之为电势图。

那么如何利用电势图来判断氧化还原反应的方向呢？以 Cl_2通入冷的稀 NaOH 溶液中的反应为例。

$$Cl_2+2NaOH=\!=\!=NaClO+NaCl+H_2O$$

该氧化还原反应的正极反应：

$$Cl_2+2e^-=\!=\!=2Cl^- \quad E^{\ominus}(Cl_2/Cl^-)=1.358\ V$$

该氧化还原反应的负极反应：

$$Cl_2+4OH^--2e^-=\!=\!=2ClO^-+2H_2O \quad E_B^{\ominus}(ClO^-/Cl_2)=0.40V$$

该氧化还原反应的 $\Delta_r G_m^{\ominus}=-nF(E_+^{\ominus}-E_-^{\ominus})=-nF[E^{\ominus}(Cl_2/Cl^-)-E^{\ominus}(ClO^-/Cl_2)]$

$$=-2F\times(1.358-0.40)<0$$

所以反应能自发进行。

在酸性条件下 $2ClO_3^-+10Cl^-+12H^+=\!=\!=6Cl_2+6H_2O$

该氧化还原反应的正极反应：

$$2ClO_3^-+10e^-+12H^+=\!=\!=Cl_2+6H_2O \quad E^{\ominus}(ClO_3^-/Cl_2)=1.47V$$

该氧化还原反应的负极反应：

$$2Cl^--2e^-=\!=\!=Cl_2 \qquad E^{\ominus}(Cl_2/Cl^-)=1.358V$$

该氧化还原反应的 $\Delta_r G_m^{\ominus} = -nF(E_+^{\ominus} - E_-^{\ominus}) = -nF[E^{\ominus}(ClO_3^-/Cl_2) - E^{\ominus}(Cl_2/Cl^-)]$

$= -2F \times (1.47 - 1.358) < 0$

所以反应也能自发进行。

根据上述计算结果并对照电势图，可以得出一个结论：某一元素左侧的电势值（$E_{左}$）小于其右侧的电势值（$E_{右}$），则该元素会发生歧化反应。同理可得，在电势图中，某一元素左侧的电势值（$E_{左}$）大于其右侧的电势值（$E_{右}$），则该元素会发生反歧化反应。

如 $MnO_4^- \underline{\ 1.70\ } MnO_2 \underline{\ 1.23\ } Mn^{2+}$

$2MnO_4^- + 3Mn^{2+} + 2H_2O \xlongequal{} 5MnO_2 + 4H^+$

电势图除可以判断反应方向外，还可以利用已知电对的电极电势值，求未知电对的电极电势值。

$$A \underline{\ E_1^{\ominus}\ } B \underline{\ E_2^{\ominus}\ } C \underline{\ E_3^{\ominus}\ } D$$

$$A + z_1 e^- \xlongequal{} B \quad E_1^{\ominus} \quad \Delta_r G_{m(1)}^{\ominus} = -z_1 F E_1^{\ominus}$$

$$B + z_2 e^- \xlongequal{} C \quad E_2^{\ominus} \quad \Delta_r G_{m(2)}^{\ominus} = -z_2 F E_2^{\ominus}$$

$$C + z_3 e^- \xlongequal{} D \quad E_3^{\ominus} \quad \Delta_r G_{m(3)}^{\ominus} = -z_3 F E_3^{\ominus}$$

$$A + z e^- \xlongequal{} D \quad E^{\ominus} \quad \Delta_r G_m^{\ominus} = -zFE^{\ominus}$$

$$z = z_1 + z_2 + z_3$$

$$\Delta_r G_m^{\ominus} = \Delta_r G_{m(1)}^{\ominus} + \Delta_r G_{m(2)}^{\ominus} + \Delta_r G_{m(3)}^{\ominus}$$

$$-zFE^{\ominus} = -z_1 F E_1^{\ominus} - z_2 F E_2^{\ominus} - z_3 F E_3^{\ominus}$$

$$zFE^{\ominus} = z_1 F E_1^{\ominus} + z_2 F E_2^{\ominus} + z_3 F E_3^{\ominus}$$

$$E^{\ominus} = \frac{z_1 E_1^{\ominus} + z_2 E_2^{\ominus} + z_3 E_3^{\ominus}}{z} \tag{6-4}$$

怎样由同一元素的某些电对的电极电势求取另一电对的电极电势？

【例 6-4】 由 $Fe^{3+} + e^- \xlongequal{} Fe^{2+}$ 和 $Fe^{2+} + 2e^- \xlongequal{} Fe$ 的电极电势 $E_1^{\ominus}$ 和 $E_2^{\ominus}$，求取 $Fe^{3+} + 3e^- \xlongequal{} Fe$ 的电极电势 $E_3^{\ominus}$。

解：$Fe^{3+} + 3e^- \xlongequal{} Fe$ 的过程可看成 $Fe^{3+} + e^- \xlongequal{} Fe^{2+}$ 和 $Fe^{2+} + 2e^- \xlongequal{} Fe$ 两过程的和，根据盖斯定律有：$\Delta_r G_m^{\ominus}(3) = \Delta_r G_m^{\ominus}(1) + \Delta_r G_m^{\ominus}(2)$

$$-n_3 FE^{\ominus} = (-n_1 FE_1^{\ominus}) + (-n_2 FE_2^{\ominus})$$

$$E_3^{\ominus} = \frac{n_1 E_1^{\ominus} + n_2 E_2^{\ominus}}{n_3}$$

6.3.4 计算化学反应平衡常数

根据热力学知识，在一定条件下化学反应达到平衡时，该化学反应的 $\Delta_r G_m = 0$，即 $\Delta_r G_m = \Delta_r G_m^{\ominus} + RT\ln K^{\ominus} = 0$，又 $\Delta_r G_m = -nFE$，则有 $-nFE = -nFE^{\ominus} + RT\ln K^{\ominus} = 0$，或 $E = E^{\ominus} - \frac{RT}{nF}\ln K^{\ominus} = 0$，$E^{\ominus} = \frac{RT}{nF}\ln K^{\ominus}$，即 $E_+^{\ominus} - E_-^{\ominus} = \frac{0.0592}{n}\lg K^{\ominus}$。这样就可以利用电对的标准电极电势值（或实际测量的电对的电极电势值）计算化学反应的平衡常数值。

(1) 计算弱酸（或弱碱）的解离常数 $K_a^{\ominus}$（或 $K_b^{\ominus}$）

【例 6-5】 HAc 溶液在标准状态下达到平衡，此时 $E^{\ominus}(HAc/H_2) = -0.28V$，求 HAc 的 $K_a^{\ominus}$ 值。

分析：由于 HAc 的解离 $HAc = H^+ + Ac^-$ 是一个非氧化还原反应，所以需要将其改写为 $HAc + H_2 = H^+ + Ac^- + H_2$。

此时还原半反应为 $2H^+ + 2e^- = H_2$，

$$E(H^+/H_2) = E^\ominus(H^+/H_2) + \frac{0.0592}{2}\lg\frac{[c(H^+)/c^\ominus]^2}{p(H_2)/p^\ominus};$$

氧化半反应为 $2Ac^- + H_2 - 2e^- = 2HAc$，

$$E(HAc/H_2) = E^\ominus(HAc/H_2) + \frac{0.0592}{2}\lg\frac{[c(HAc)/c^\ominus]^2}{[c(Ac^-)/c^\ominus]^2 p(H_2)/p^\ominus};$$

因为体系达到平衡，所以 $E(H^+/H_2) = E(HAc/H_2)$。

解：根据 $E(H^+/H_2) = E(HAc/H_2)$，则有

$$E^\ominus(H^+/H_2) + \frac{0.0592}{2}\lg\frac{[c(H^+)/c^\ominus]^2}{p(H_2)/p^\ominus} = E^\ominus(HAc/H_2) + \frac{0.0592}{2}\lg\frac{[c(HAc)/c^\ominus]^2}{[c(Ac^-)/c^\ominus]^2 p(H_2)/p^\ominus}$$

即：$$0.0000 + \frac{0.0592}{2}\lg\frac{[c(H^+)/c^\ominus]^2}{p(H_2)/p^\ominus} = -0.28 + \frac{0.0592}{2}\lg\frac{[c(HAc)/c^\ominus]^2}{[c(Ac^-)/c^\ominus]^2 p(H_2)/p^\ominus}$$

$$0.28 = 0.0592\lg\frac{c(HAc)/c^\ominus}{c(Ac^-)c(H^+)/(c^\ominus)^2} = 0.0592\lg\frac{1}{K_a^\ominus}$$

则 $K_a^\ominus = 1.8\times10^{-5}$

(2) 计算沉淀反应的溶度积常数 $K_{sp}^\ominus$

【例 6-6】 计算 AgCl 的溶度积常数 $K_{sp}^\ominus$（部分数据查附录 6）。

分析：$Ag^+ + Cl^- = AgCl$ 是一个非氧化还原反应，需要将其设计成一个氧化还原反应形态，即 $Ag + Ag^+ + Cl^- = AgCl + Ag$，此时氧化半反应为 $Ag + Cl^- = AgCl + e^-$，

$E(AgCl/Ag) = E^\ominus(AgCl/Ag) + 0.0592\lg\dfrac{1}{c(Cl^-)/c^\ominus}$；还原半反应为 $Ag = Ag^+ + e^-$；

$$E(Ag^+/Ag) = E^\ominus(Ag^+/Ag) + 0.0592\lg\frac{c(Ag^+)}{c^\ominus}$$

因达到平衡状态，所以 $E(Ag^+/Ag) = E(AgCl/Ag)$

解：根据 $E(Ag^+/Ag) = E(AgCl/Ag)$，则有

$$E^\ominus(Ag^+/Ag) + 0.0592\lg c(Ag^+) = E^\ominus(AgCl/Ag) + 0.0592\lg\frac{1}{c(Cl^-)/c^\ominus}。$$

所以有 $0.7996 - 0.2223 = 0.0592\lg\dfrac{1}{c(Ag^+)c(Cl^-)/(c^\ominus)^2} = 0.0592\lg\dfrac{1}{K_{sp}^\ominus}$，

则 $K_{sp}^\ominus = 1.77\times10^{-10}$。

(3) 计算配合物的稳定常数 $K_{稳}^\ominus$

【例 6-7】 计算 $Ag(NH_3)_2^+$ 的稳定常数 $K_{稳}^\ominus$（部分数据查附录 6）。

分析：$Ag^+ + 2NH_3 = Ag(NH_3)_2^+$ 同前述例题一样，写成

$$Ag + Ag^+ + 2NH_3 = Ag(NH_3)_2^+ + Ag$$

此时还原半反应为 $Ag^+ + e^- = Ag$，其电极电势为：

$$E(Ag^+/Ag) = E^\ominus(Ag^+/Ag) + 0.0592\lg\frac{c(Ag^+)}{c^\ominus};$$

氧化半反应为 $Ag + 2NH_3 = Ag(NH_3)_2^+ + e^-$，其电极电势为：

$$E[Ag(NH_3)_2^+/Ag]=E^{\ominus}[Ag(NH_3)_2^+/Ag]+0.0592\lg\frac{c[Ag(NH_3)_2^+]/c^{\ominus}}{[c(NH_3)/c^{\ominus}]^2};$$

当体系达到平衡时，有 $E(Ag^+/Ag)=E(AgCl/Ag)$。

解：根据 $E(Ag^+/Ag)=E(AgCl/Ag)$，则有

$$E^{\ominus}(Ag^+/Ag)+0.0592\lg\frac{c(Ag^+)}{c^{\ominus}}=E^{\ominus}[Ag(NH_3)_2^+/Ag]+0.0592\lg\frac{c[Ag(NH_3)_2^+]/c^{\ominus}}{[c(NH_3)/c^{\ominus}]^2}$$

所以有 $0.7996-0.3719=0.0592\lg\frac{c[Ag(NH_3)_2^+]/c^{\ominus}}{[c(Ag^+)/c^{\ominus}][c(NH_3)/c^{\ominus}]^2}=0.0592\lg K_{稳}$，则 $K_{稳}^{\ominus}=1.68\times10^7$。

(4) 计算氧化还原反应的平衡常数 $K^{\ominus}$

【例 6-8】 计算银-锌原电池反应的平衡常数 $K^{\ominus}$（部分数据查附录6）。

解：$2Ag^+ + Zn \xlongequal{} 2Ag + Zn^{2+}$

根据 $E_+^{\ominus}-E_-^{\ominus}=\frac{0.0592}{n}\lg K^{\ominus}$，则有 $E^{\ominus}(Ag^+/Ag)-E^{\ominus}(Zn^{2+}/Zn)=\frac{0.0592}{2}\lg K^{\ominus}$。

所以有 $0.7996-0.7626=\frac{0.0592}{2}\lg K^{\ominus}$，

则 $K^{\ominus}=5.7562\times10^{52}$。

6.4 电极简介

6.4.1 参比电极

由于电对的电极电势没有绝对值（也就是不能测定其真实值），国际上规定标准氢电极的电极电势值为0.0000V，因此为求得其他电极的电极电势值，就将该电极与标准氢电极一起组成一个原电池，通过测量该原电池的电动势，从而确定该电极的电极电势值。但标准氢电极条件要求很高，在通常实验条件下难以达到，这时就要求有一个电极电势值已知且稳定的电极，来代替标准氢电极，该电极就称为参比电极(reference electrode)。符合要求的通常有甘汞电极和氯化银/银电极。

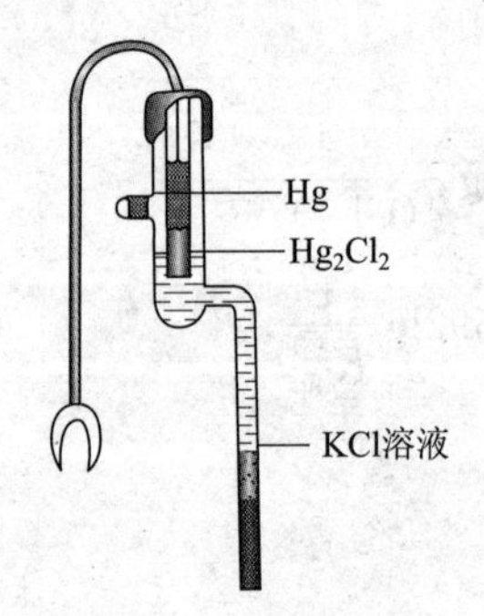

图 6-4　甘汞电极

(1) 甘汞电极（图 6-4）

电池符号：$Pt(s)$，$Hg_2Cl_2(s)$，$Hg(l)|Cl^-(c)$。

电极反应：$Hg_2Cl_2+2e^- \xlongequal{} 2Hg+2Cl^-$。

电极电势值：$E(Hg_2Cl_2/Hg)=E^{\ominus}(Hg_2Cl_2/Hg)-\frac{RT}{F}\ln\frac{c(Cl^-)}{c^{\ominus}}$在 298.15K 时，$E(Hg_2Cl_2/Hg)=0.26808-0.0592\lg\frac{c(Cl^-)}{c^{\ominus}}$，且 KCl 为饱和溶液，称该电极为饱和甘汞电极（SCE），此时 $E(SCE)=0.2412V$。

(2) AgCl/Ag 电极

电池符号：$Ag(s)$，$AgCl(s)|Cl^-(c)$。

电极反应：$AgCl+e^- \xlongequal{} Ag^+ + Cl^-$。

电极电势值：$E(AgCl/Ag)=E^{\ominus}(AgCl/Ag)-\frac{RT}{F}\ln\frac{c(Cl^-)}{c^{\ominus}}$在 298.15K 时，$E(AgCl/Ag)=0.22233-0.0592\lg\frac{c(Cl^-)}{c^{\ominus}}$，当 KCl 为饱和溶液时，称该电极为饱和 AgCl 电极，此时 $E(AgCl/Ag)=0.1791V$。

6.4.2 指示电极

通俗来讲，指示电极就是在电化学分析中，对溶液中特定离子浓度高低，产生不同电势值响应的电极。常见的有玻璃电极、氟电极及下面介绍的复合电极和生物传感器等，都属于指示电极（indicating electrode）。如玻璃电极（glass electrode），就是对溶液中氢离子浓度（活度）高低能产生不同电势值响应的电极，如图 6-5 所示。

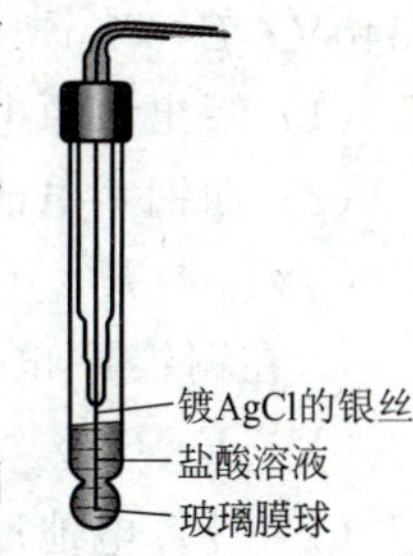

图 6-5 玻璃电极

电极电势值 $E_{玻}=K_{玻}+\frac{RT}{nF}\ln a(H^+)=K_{玻}-\frac{2.303RT}{nF}pH$

式中，$K_{玻}$ 理论上是常数，但在电极的生产过程存在差异，并且同一电极在使用过程中 $K_{玻}$ 也会改变，因此 $K_{玻}$ 实际上不能确定，因此每次使用前必须对玻璃电极进行校正。

6.4.3 复合电极

复合电极（combination electrode）实际上是将参比电极与指示电极组装在一起的电极。如测定溶液 pH 时使用的复合电极，就是将玻璃电极与甘汞电极或 AgCl/Ag 组合在一起的。

6.4.4 生物传感器

生物传感器（biosensor），是一种对生物物质敏感并将其浓度转换为电信号进行检测的仪器。如 DNA 电化学传感器、电化学免疫传感器、酶电极传感器、微生物电极传感器和组织电极与细胞器电极传感器等。

习 题

1. 指出下列化合物中，各中心元素的氧化值。

O_3　H_2O_2　$Na_2S_2O_3$　$K_2S_2O_8$　MnO_4^{2-}　CrO_5

2. 根据标准电极电势值（酸性），将下列物质由强到弱排序。

氧化剂的氧化性：Cl_2　$KMnO_4$　$NaNO_2$　$K_2S_2O_8$　Fe^{3+}　I_2　H_2O_2

还原剂的还原性：I^-　SO_3^{2-}　$NaNO_2$　H_2O_2　Sn^{2+}　H_2S

3. 用离子-电子法配平下列各氧化还原反应方程。

(1) $MnO_4^- + SO_3^{2-} + H^+ = Mn^{2+} + SO_4^{2-} + H_2O$

(2) $S_2O_8^{2-} + Mn^{2+} + H_2O = SO_4^{2-} + MnO_4^- + H^+$

(3) $Fe^{3+} + I^- = Fe^{2+} + I_2$

(4) $MnO_4^- + Fe^{2+} + H^+ = Fe^{2+} + Mn^{2+} + H_2O$

(5) $MnO_4^- + SO_3^{2-} + OH^- = SO_4^{2-} + MnO_4^{2-} + H_2O$

(6) $MnO_4^- + H_2O_2 + H^+ = Mn^{2+} + H_2O + O_2$

(7) $Cr(OH)_4^- + H_2O_2 + OH^- \longrightarrow CrO_4^{2-} + H_2O$

(8) $Cl_2 + NaOH \longrightarrow NaCl + NaClO + H_2O$

(9) $Cl_2 + H_2O \longrightarrow Cl^- + H^+ + NaClO$

(10) $NaNO_2 + NH_4Cl \longrightarrow N_2 + NaCl + H_2O$

4. 写出题 3 中各电极反应的 Nernst 方程和电池反应的电池符号。

5. 已知 $MnO_4^- \underline{\ 0.56\ } MnO_4^{2-} \underline{\ 2.26\ } MnO_2 \underline{\ 0.95\ } Mn^{3+} \underline{\ 1.51\ } Mn^{2+}$，求电对 $E^{\ominus}(MnO_4^-/Mn^{2+})$ 的值。

6. 在铜锌原电池中，$c(Cu^{2+}) = c(Zn^{2+}) = 1.0mol \cdot L^{-1}$，已知 $E^{\ominus}(Cu^{2+}/Cu) = 0.340V$，$E^{\ominus}(Zn^{2+}/Zn) = -0.763V$。

(1) 写出该原电池的符号；

(2) 向铜半电池中通入氨气，使游离氨浓度达到 $1.00mol \cdot L^{-1}$，此时测得电动势 $E = 0.7083V$。求 $K_f^{\ominus}[Cu(NH_3)_4^{2+}]$ 的值。

7. 在铜银原电池中，$c(Cu^{2+}) = c(Ag^+) = 1.0mol \cdot L^{-1}$，已知 $E^{\ominus}(Cu^{2+}/Cu) = 0.340V$，$E^{\ominus}(Ag^+/Ag) = 0.7996V$，$K_f^{\ominus}[Ag(NH_3)_2^+] = 1.12 \times 10^7$。

(1) 计算电池反应的平衡常数 $K^{\ominus}$；

(2) 向银半电池中通入氨气，使游离氨浓度达到 $1.00mol \cdot L^{-1}$，求此时原电池的电动势 E 的值。

8. 已知：$[AuCl_2]^- + e^- \longrightarrow Au + 2Cl^-$； $E^{\ominus} = 1.15V$ ①

$[AuCl_4]^- + 2e^- \longrightarrow [AuCl_2]^- + 2Cl^-$； $E^{\ominus} = 0.926V$ ②

$Au^+ + e^- \longrightarrow Au$ $E^{\ominus} = 1.83V$ ③

$Au^{3+} + 2e^- \longrightarrow Au^+$ $E^{\ominus} = 1.36V$ ④

结合有关电对的 $E^{\ominus}$ 值，计算 $[AuCl_2]^-$ 和 $[AuCl_4]^-$ 的稳定常数。

9. 已知下列电对的 $E^{\ominus}$ 值：

$Cu^{2+} + e^- \longrightarrow Cu^+$ $E^{\ominus} = 0.159V$ ①

$Cu^+ + e^- \longrightarrow Cu$ $E^{\ominus} = 0.52V$ ②

以及 CuCl 的溶度积常数 $K_{sp}^{\ominus} = 1.72 \times 10^{-7}$，试计算：

(1) Cu^+ 在水溶液中发生的歧化反应的平衡常数。

(2) 反应 $Cu^{2+} + Cu + Cl^- \longrightarrow 2CuCl$ 在 298.15K 时的平衡常数。

10. 已知反应：$2Ag^+ + Zn = Zn^{2+} + 2Ag$ $E^{\ominus}(Ag^+/Ag) = 0.7991V$，$E^{\ominus}(Zn^{2+}/Zn) - 0.7626V$，

(1) 写出原电池符号。

(2) 计算反应的 $K^{\ominus}$、$E^{\ominus}$、$\Delta_r G_m^{\ominus}$。

(3) 开始时 Ag^+、Zn^{2+} 的浓度分别为 $0.1mol \cdot L^{-1}$ 和 $0.3mol \cdot L^{-1}$，求 $E(Ag^+/Ag)$、$E(Zn^{2+}/Zn)$ 及反应的 E 值。

(4) 求达平衡时溶液中剩余的 Ag^+ 浓度。

参 考 文 献

[1] 无机化学 (上). 第三版 . 武汉大学 . 北京：高等教育出版社，1994.

[2] 无机化学 (上). 第四版 . 北京师范大学 . 北京：高等教育出版社，2003.

[3] 基础化学 . 第七版 . 魏祖期 . 北京：人民卫生出版社，2010.

7 化学反应的方向、限度和速率

生命过程是自然界无数物理和化学变化过程长期演变进化的结果，人们在研究化学变化及其伴随的物理变化时，最关心两类问题。

(1) 化学变化的方向和限度问题

一个化学反应在指定条件下能否朝着预定的方向进行？如果不能进行，能否改变反应条件促成其进行？如果该反应能进行，则反应的理论转化率是多少，即反应进行的限度如何？对于一个给定的反应，能量的变化关系怎样，它能为我们提供多少能量？这类问题属于化学热力学研究范畴，主要解决化学变化的方向性和可能性问题，以及反应进行的程度和伴随的能量变化。

(2) 化学反应的速率和机理问题

一个化学反应进行的速率有多大？反应是经过什么样的历程（或机理）进行的？外界条件（如温度、压力、浓度、催化剂等）对反应速率有什么影响？这类问题则是化学反应动力学的主要研究内容，主要解决化学反应的现实性问题。

从研究对象和方法来看，化学热力学运用宏观方法研究体系的宏观性质，只考虑体系的始态和终态，不涉及物质的微观结构，不考虑具体机理和时间；而化学动力学既使用宏观方法也使用微观方法，还涉及反应机理和分子微观结构。但这两类问题往往相互联系、相互制约，而不是孤立无关的。本章将先介绍化学热力学中的一些基本概念，阐述反应热效应的计算、化学反应方向的判断，讨论化学平衡及其移动，最后对化学动力学基础知识进行初步介绍。

7.1 化学热力学的基本概念

7.1.1 系统和环境

热力学研究中，必须先确定所要研究的对象，并将作为研究对象的这部分物质及空间称为**系统**（system），又称体系，而在系统以外与系统相联系的其余部分称为**环境**（surrounding）。根据系统和环境之间联系情况的不同，将系统分为三类。

(1) 敞开系统（open system）

系统与环境之间既有物质交换，又有能量交换，也称开放系统。例如，所有生物体都可以认为是复杂的敞开系统，能与外界进行物质、能量、信息的交换。

（2）封闭系统（closed system）

系统与环境之间没有物质交换，但有能量交换。封闭系统是热力学中最常见的系统，若不做特别说明，通常就指封闭系统。比如，通常将化学反应中所有的反应物和生成物选作系统，所以化学反应系统通常是封闭系统。

（3）隔离系统（isolated system）

系统与环境之间既无物质交换，又无能量交换，又称孤立系统。严格来讲，自然界中不存在绝对的隔离系统，但为了研究问题的方便，在适当条件下或者外界作用小到可以忽略时，可以近似地把一个系统看成隔离系统。

热力学系统中发生的一切变化都称为热力学过程，简称**过程**（process）。比如气体的升温膨胀或压缩、液体的蒸发、化学反应等均称为进行了一个热力学过程。如果系统的变化是在温度保持恒定下进行的，此变化称为恒温过程。如果系统的变化是在压力保持恒定下进行的，此变化称为恒压过程。如果系统的变化是在体积保持恒定下进行的，此变化称为恒容过程。如果系统变化过程中与环境无热交换，此变化称为绝热过程。如果系统由某一状态出发，经历了一系列具体途径后又回到原来的状态，这种变化称为循环过程。

7.1.2 状态和状态函数

当某一系统的各宏观性质，即物质的组成、数量和物理状态、系统的温度、压力、体积等都有确定的数值时，则认为该系统处于一定的热力学状态，简称**状态**（state）。反过来，当系统的状态一定时，其各个宏观性质也具有确定值，而与达到此状态的经历无关，也就是说，系统的状态是其所有宏观性质的综合表现。这些宏观性质包括物理性质和化学性质，如前面提到的系统的数量、组成、密度、温度、压力、体积，本章还将介绍热力学能、焓、熵、吉布斯自由能等。热力学中把这些宏观性质统称为热力学性质，因这些性质是系统状态的单值函数，故也称**状态函数**（state function）。

系统的状态确定，其状态函数便具有确定值，反之亦然。因此，状态函数具有一个重要特征：当系统的状态变化了，状态函数值就可能改变，但状态函数的变化值只取决于系统的起始状态（始态）和最终状态（终态），而与系统变化的具体途径无关；当系统状态复原时，状态函数的变化值为零，即状态函数也复原。例如加热一定量的水，其温度由 290K 上升到 300K，则状态函数温度的变化值 ΔT 为 10K，若先降温再升温，或者经历其他的中间过程，只要终态温度是 300K，其 ΔT 仍为 10K。

状态函数（热力学性质）按照其数值与系统内所含物质数量的关系的不同，可分为广度性质和强度性质两类。其值与系统内物质的数量成正比的性质称为**广度性质**（extensive property），如质量、体积、物质的量、焓、热力学能等，这类性质具有加和性，如一盛有气体的容器用隔板分隔成两部分，则气体的总体积为两部分气体体积之和。若其值取决于系统自身特点，与系统所含的物质数量无关，则称为**强度性质**（intensive property），如温度、压力、密度等，这些性质不具有加和性。

描述一个系统的状态并不需要将该系统的所有状态函数都一一列出，因为系统的状态函数间是相互关联的。例如，要描述一理想气体所处状态，只要知道温度 T、压力 p、物质的量 n 就足够了，因为由理想气体状态方程 $pV=nRT$ 就可确定体积 V 和密度等性质。一般来说，当系统的物质的量、组成、聚集状态以及两个强度性质确定后，系统其他的性质就都能确定。

7.1.3 热和功

封闭系统经历一个热力学过程，常常伴有系统与环境之间能量的传递，传递的能量有两种形式，即热和功。

热力学中，**热**（heat）是系统与环境之间由于温度差而交换或传递的能量，用符号 Q 表示，其常用单位为焦（J）或千焦（kJ）。热力学规定：系统从环境吸热，Q 为正值，即 $Q>0$；系统向环境放热，Q 为负值，即 $Q<0$。

除热以外，系统与环境之间以其他各种形式交换或传递的能量统称为**功**（work），用符号 W 表示，其常用单位为焦（J）或千焦（kJ）。热力学规定：系统从环境得到功，W 为正值，即 $W>0$；系统对环境做功，W 为负值，即 $W<0$。功的种类很多，常见的有体积功、电功、表面功等，在化学热力学中，主要是体积功。体积功是系统在反抗外压发生体积变化时而引起的系统与环境之间交换的功。在以后的内容中，体积功用 W 或 δW 表示，其他非体积功（电功、表面功等）用 W' 或 $\delta W'$ 表示。

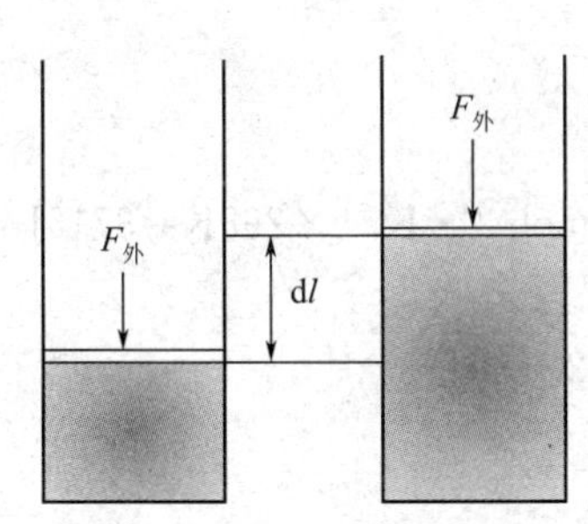

图 7-1　体积功示意图

体积功的定义式来源于物理学的机械功，如图 7-1 所示，假设有一圆筒，内盛气体，圆筒上方有一个无摩擦、无质量的活塞，其截面积为 A，在 $F_{外}$ 作用下，使活塞向上移动 dl 的距离，气体的体积发生了 dV 的变化。

由于气体膨胀时要反抗外压做功，所以系统所做的体积功为

$$\delta W=-F_{外}\,dl=-p_{外}\,A dl=-p_{外}\,dV \tag{7-1}$$

式（7-1）是体积功的计算公式。当 $dV>0$ 时，系统对环境做体积功，$\delta W<0$；反之，当环境压力大于系统压力，系统体积减小，$dV<0$，$\delta W>0$。

对于整个有限过程，体系的体积功为：$W=-p_{外}\,\Delta V$。

值得注意的是，热和功都是系统状态变化过程中与环境交换的能量，不是系统自身的性质，因此它们不是状态函数，它们的数值与系统变化的具体途径有关。系统与环境之间有微量的热交换和功传递时，分别用 δQ 和 δW 表示；有一定的热交换和功传递时分别用 Q 和 W 表示，而不能用 ΔQ 和 ΔW 表示。

7.1.4 热力学能与热力学第一定律

系统内部能量的总和称为**热力学能**（thermodynamics energy），又称**内能**（internal energy），用符号 U 表示。热力学能包括体系内分子运动的动能，分子之间的相互作用的位能，以及分子内部各种基本粒子（原子、电子、原子核）相互作用的能量。热力学能是系统自身的性质，一个系统的状态确定了，其大小也就确定了，因此它是状态函数。目前热力学能数值的绝对值无法求出，但可求系统从一个状态变化到另一个状态的热力学能的改变值 ΔU。

人们经过长期的大量实践认识到，在任何过程中，能量既不能被创造，也不能被消灭，能量只能从一种形式转化为另一种形式，而不同形式的能量在相互转化时，数量是不变的。这就是所谓的能量守恒定律，即**热力学第一定律**（the first law of thermodynamics）。热力学第一定律是人们实践经验的总结，它有许多种表述。

任何封闭系统的热力学能变化都是由于系统与环境之间有热、功的能量传递引起状态变

化的结果。依据热力学第一定律，能量守恒，封闭体系增加的热力学能一定等于环境失去的能量，而系统失去的内能也一定等于环境得到的能量。

对一个封闭体系：$\Delta U=Q+W$ (7-2)

即系统热力学能的增加，等于环境以热的形式与以功的形式传递的能量之和。对于微小的变化：$dU=\delta Q+\delta W$ (7-3)

式(7-2) 和式(7-3) 都是热力学第一定律的数学表达式。

【例 7-1】 在 298K、p 下，1mol $H_2(g)$ 与 1/2mol $O_2(g)$ 生成 1mol $H_2O(l)$ 时能放热 285.90kJ，计算体系的 ΔU（H_2、O_2 为理想气体）。

解：化学反应式为：$H_2(g)+\frac{1}{2}O_2(g)\xrightarrow{298K,\ p}H_2O\ (l)$

反应放热，$Q=-285.90kJ$

$$W=-p_{外}\ \Delta V=-p(V_l-V_g)=pV_g=n_gRT=1.5mol\times 8.314J\cdot mol^{-1}\cdot K^{-1}\times 298K=3716J$$
$$=3.716kJ$$

$$\Delta U=Q+W=-285.90kJ+3.716kJ=-282.18kJ$$

7.2 热化学

研究化学反应所吸收或放出热量的分支学科称为**热化学**（thermochemistry）。热化学实际上就是热力学第一定律在化学反应中的应用。化学反应热是人类日常生活和工农业生产所需能量的主要来源，人类本身也是靠淀粉、脂肪、蛋白质等在体内发生氧化反应所放出的热量维持生命的，因此，研究热化学具有很重要的意义。

7.2.1 焓与化学反应热效应

物质在发生化学反应时，常常伴随着热量的释放或吸收，前者称为放热反应，后者称为吸热反应。系统在不做非体积功条件下，等温反应过程中所放出或吸收的热量，叫化学反应热效应，简称**反应热**（heat of the reaction）。化学反应在等容条件下进行时的反应热称为**等容反应热**，用符号 Q_V 表示；化学反应在等压条件下进行时的反应热称为**等压反应热**，用符号 Q_p 表示。

对于只有体积功而无非体积功的封闭系统，其变化过程的热力学第一定律可表示为：$dU=\delta Q-p_{外}\ dV$ (7-4)

如果此过程在等容（$dV=0$）条件下进行，则由式(7-4) 可得：$dU=\delta Q_V$

对有限变化，则有：$Q_V=\Delta U$ (7-5)

即在不做非体积功的封闭系统中，等容反应热等于系统热力学能的变化。

对于封闭系统内不做非体积功的等压过程，$p_{外}=p_{始}=p_{终}$，且为一常数，则有 $\delta W=-p_{外}dV=-pdV=-d\ (pV)$

将上式代入式(7-4) 得，$\delta Q_p=dU+d(pV)=d(U+pV)$ (7-6)

由于 U、p、V 都是状态函数，那么它们的组合（$U+pV$）也是一个状态函数，热力学中定义这个状态函数为**焓**（enthalpy），用符号 H 表示：

$$H=U+pV \qquad (7-7)$$

由式(7-6) 和式(7-7) 可得：$\delta Q_p=dH$

对有限变化，则有 $Q_p=\Delta H$ (7-8)

也就是说，在只做体积功而不做非体积功的封闭系统中，等压反应热等于系统的焓变。

焓与热力学能一样，其绝对值无法确定，但可以计算出系统状态变化过程的改变值 ΔH。焓是状态函数，焓变 ΔH 由系统的始、终态决定，而与变化的途径无关，这样，可以通过 ΔH 来计算系统与环境之间交换的等压反应热，给计算带来极大的方便。

7.2.2 标准摩尔反应焓

(1) 反应进度

化学反应热效应显然与系统中已发生反应的物质的量有关，即与反应进行的程度有关，为了确切地描述化学反应进行的程度，引入一个重要物理量——**反应进度**（extent of reaction，用 ξ 表示）。比较不同化学反应的热效应，应在反应进度相同的条件下进行。

对于任意一个化学反应计量方程式：$a\mathrm{A}+d\mathrm{D}=\!=\!=g\mathrm{G}+h\mathrm{H}$

可改写为：$0=g\mathrm{G}+h\mathrm{H}-a\mathrm{A}-d\mathrm{D}$

即用国际标准，可用通式表示为：$0=\sum\upsilon_\mathrm{B}\mathrm{B}$ (7-9)

式中，B 表示反应物或生成物；υ_B 是反应式中相应物质 B 的**化学计量系数**（stoichiometric number），其量纲为 1，对反应物 υ_B 取负值(如 $\upsilon_\mathrm{A}=-a$，$\upsilon_\mathrm{D}=-d$)，对产物 υ_B 取正值(如 $\upsilon_\mathrm{G}=g$，$\upsilon_\mathrm{H}=h$)。显然，在化学反应中，各种物质的量的变化是彼此关联的，受各物质的化学计量系数的制约。

设反应起始（$t=0$）时，任一组分的物质的量为 n_B（0），反应进行到某一程度（$t=t$）时，任一组分的物质的量为 n_B，则反应进行到 t 时刻的**反应进度** ξ 定义为：

$$\xi=\frac{n_\mathrm{B}-n_\mathrm{B}(0)}{\upsilon_\mathrm{B}}=\frac{\Delta n_\mathrm{B}}{\upsilon_\mathrm{B}} \tag{7-10}$$

由反应进度定义可知：反应进度的单位为 mol；因式中包含 υ_B，故反应进度与反应的计量方程式写法有关，应用反应进度，必须与化学反应计量方程相对应；对指定的反应，反应进行到一定程度，各组分物质的量的变化 Δn_B 可能不同，但 $\frac{\Delta n_\mathrm{B}}{\upsilon_\mathrm{B}}$ 为确定值，即在反应进行到任意时刻，可以用任一反应物或生成物来表示反应进行的程度，所得的值都是相同的。

(2) 标准摩尔反应焓

在化学热力学中，当泛指一个过程时，其热力学函数的改变量可表示为如 ΔU、ΔH 等形式，其单位是 J 或 kJ；对指定的某一化学反应，若没有指明其反应进度即不做严格的定量计算时，该反应相应的热力学能变和焓变可分别表示为 $\Delta_\mathrm{r}U$、$\Delta_\mathrm{r}H$，下标“r”代表“反应”（reaction），其单位仍是 J 或 kJ。由式(7-5) 和式(7-8) 可知，化学反应在等温等压或等温等容条件下进行时，反应的热效应 Q_p 或 Q_V 分别为 $\Delta_\mathrm{r}H$ 和 $\Delta_\mathrm{r}U$。

显然，一个化学反应的热力学函数改变量（如 $\Delta_\mathrm{r}H$ 和 $\Delta_\mathrm{r}U$）的大小与反应进度 ξ 有关。若在等压或等容下按反应计量式反应完全，即发生一个单位（$\xi=1\mathrm{mol}$）的反应的热效应分别称为摩尔反应焓 $\Delta_\mathrm{r}H_\mathrm{m}$ 和摩尔反应热力学能 $\Delta_\mathrm{r}U_\mathrm{m}$，下标“m”代表“摩尔反应”，即

$$\Delta_\mathrm{r}H_m=\frac{\Delta_\mathrm{r}H}{\xi} \tag{7-11}$$

$$\Delta_\mathrm{r}U_\mathrm{m}=\frac{\Delta_\mathrm{r}U}{\xi} \tag{7-12}$$

$\Delta_\mathrm{r}H_\mathrm{m}$ 和 $\Delta_\mathrm{r}U_\mathrm{m}$ 的单位为 $\mathrm{J\cdot mol^{-1}}$ 或 $\mathrm{kJ\cdot mol^{-1}}$。因为 ξ 与反应计量方程式写法有关，

所以 $\Delta_r H_m$ 和 $\Delta_r U_m$ 的值也与反应计量方程式写法有关，其值必须与所给反应的计量方程式对应。

为了便于比较和收集不同反应的热效应数据，化学热力学采用标准摩尔反应焓表示反应热的大小。当化学反应的各组分均处于标准态和指定温度下，反应进度达到 1mol 的热效应称为**标准摩尔反应焓**（standard molar enthalpy of reaction），用 $\Delta_r H_m^{\ominus}(T)$ 表示，上标"$\ominus$"代表"标准态"，温度 T 通常为 298.15K。

热力学中规定了物质的**标准态**（standard state）。

气体：压力为标准压力 $p^{\ominus}$ 的纯理想气体，或混合气体中分压为 $p^{\ominus}$ 的理想气体组分。

固体和液体：压力为 $p^{\ominus}$ 的纯固体或纯液体。

溶液：溶质的标准态是压力为 $p^{\ominus}$ 时，各溶质组分均为 $c^{\ominus}=1\text{mol}\cdot\text{L}^{-1}$（标准浓度）时的理想溶液状态；溶剂的标准态是标准压力 $p^{\ominus}$ 下的纯溶剂。

标准态明确规定了标准压力 $p^{\ominus}$ 为 100kPa，但没有规定温度，每个温度都有一个标准态。一般 298.15K 时的标准态热力学数据在手册和教科书的附录中有表可查。

7.2.3 热化学方程式

表示化学反应与热效应关系的方程式称为**热化学方程式**（thermochemical equation）。因为反应热效应的数值与系统的状态有关，所以计量方程式中应该注明物质的聚集状态（气、液、固态分别用 g、l、s 表示）、压力、组成等，对于固态还应注明结晶状态。最后在反应计量方程后写上相应的 $\Delta_r H_m^{\ominus}(T)$ 值，并注明温度，如 $\Delta_r H_m^{\ominus}(500\text{K})$，当反应温度为 298.15K 时，可以省略。

例如：$\text{C(石墨)}+O_2(g) \longrightarrow CO_2(g)$；$\Delta_r H_m^{\ominus}=-393.6\text{kJ}\cdot\text{mol}^{-1}$

表示系统中各物质均处于标准状态下，发生 1 个单位反应系统的焓变，即摩尔等压热效应为 $-393.6\text{kJ}\cdot\text{mol}^{-1}$。

7.2.4 化学反应热的计算

（1）盖斯定律（也称赫斯定律）

俄国科学家盖斯（G. H. Hess）在 1840 年从大量的化学实验数据中总结归纳出一个经验定律：在等压或等容条件下，任一化学反应不管是一步完成，还是分几步完成，其热效应总是相同的（热效应定义中，已有了等温反应，不做非体积功的限制）。

盖斯定律是热力学第一定律建立之前得出的，而在热力学第一定律建立后，就是热力学第一定律运用于化学反应过程的必然结果。因为对于封闭体系，不做非体积功的摩尔等压热效应和摩尔等容热效应分别等于摩尔反应焓 $\Delta_r H_m$ 和摩尔反应热力学能 $\Delta_r U_m$。

$\Delta_r H_m$、$\Delta_r U_m$ 是状态函数的改变值，只取决于体系的初、终态，与具体途径无关。

例如：固体碳生成 CO_2

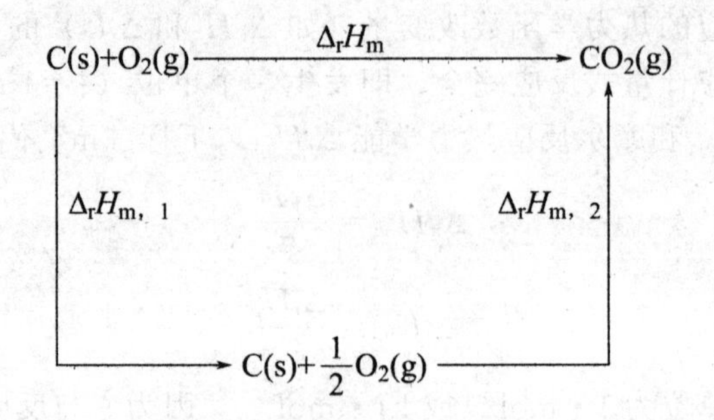

则 $\Delta_r H_m = \Delta_r H_{m,1} + \Delta_r H_{m,2}$

一步完成与两步完成的热效应均为$-393.6kJ \cdot mol^{-1}$。

盖斯定律的意义如下所述。

① 盖斯定律奠定了热化学的基础，是热力学最基本定律。

② 盖斯定律使得热化学方程式像普通代数方程一样进行运算，但要注意，各个化学反应式的反应条件必须相同。

③ 对于一些难以直接测量的热效应化学反应，其热效应可以用已知化学反应的热效应来推算。

例如：求反应 $C(s) + \frac{1}{2}O_2(g) = CO(g)$ 的 $\Delta_r H_m^{\ominus}$。

这个反应的热效应，不好直接测量。无法控制 C 燃烧只生成 CO(g)。但 C(g) 燃烧生成 $CO_2(g)$ 的热效应易测量，而 CO(g) 燃烧成 $CO_2(g)$ 热效应也易测量。

反应（1） $C(s) + O_2(g) = CO_2(g); \Delta_r H_{m,1}^{\ominus} = -393.6kJ \cdot mol^{-1}$

反应（2） $CO(g) + \frac{1}{2}O_2(g) = CO_2(g); \Delta_r H_{m,2}^{\ominus} = -282.9kJ \cdot mol^{-1}$

反应（1）－反应（2）：$C(s) - CO(g) + \frac{1}{2}O_2(g) = 0$

即 $$C(s) + \frac{1}{2}O_2(g) = CO(g)$$

$$\Delta_r H_m^{\ominus} = \Delta_r H_{m,1}^{\ominus} - \Delta_r H_{m,2}^{\ominus} = [-393.6 - (-282.9)]\ kJ \cdot mol^{-1} = -110.7kJ \cdot mol^{-1}$$

（2）由标准摩尔生成焓计算反应热

物质的生成焓是反映从稳定单质直接生成该物质时所产生的摩尔等压热效应。同样，物质的生成焓也与物质的聚集状态、温度和压力有关，为了统一，规定了标准摩尔生成焓。

由标准状态下的稳定相态单质生成 1mol 标准状态下的某纯物质的标准摩尔反应焓变，称为该物质的**标准摩尔生成焓**（standard molar enthalpy of formation），记为 $\Delta_f H_m^{\ominus}(T)$，下标“f”代表“生成”（formation）。298.15K 时，部分物质的标准摩尔生成焓有表可查。

所谓“稳定相态单质”，碳指石墨 C；硫指正交 S；磷指白磷；锡指白锡；溴指液态 Br_2；汞指液态 Hg；稀有气体指单原子气体；氢、氟、氧、氮、氯等指双原子气体。**显然，稳定相态单质本身的标准摩尔生成焓为零。**

例如：在 298.15K 时

$$\frac{1}{2}H_2(g, p^{\ominus}) + \frac{1}{2}Cl_2(g, p^{\ominus}) = HCl(g, p^{\ominus}) \quad \Delta_r H_m^{\ominus}(298.15K) = -92.31kJ \cdot mol^{-1}$$

该反应的标准摩尔反应焓（$-92.31kJ \cdot mol^{-1}$）即为物质 HCl(g) 的标准摩尔生成焓。

由化学反应中各组分的标准摩尔生成焓可以计算该反应的标准摩尔反应焓。化学反应的标准摩尔反应焓等于各产物标准摩尔生成焓的总和减去各反应物标准摩尔生成焓的总和，即：

$$\Delta_r H_m^{\ominus}(T) = \sum_B \upsilon_B \Delta_f H_m^{\ominus}(B, T) \tag{7-13}$$

例如，对某一化学反应在标准压力和一定反应温度时（通常为 298.15K）

$$2A + E = C + 3D$$

则

$$\Delta_r H_m^{\ominus} = \{\Delta_f H_m^{\ominus}(C) + 3\Delta_f H_m^{\ominus}(D)\} - \{2\Delta_f H_m^{\ominus}(A) + \Delta_f H_m^{\ominus}(E)\}$$

(3) 由标准摩尔燃烧焓计算反应热

绝大多数有机物都可以燃烧，并且可以直接在量热计中测量其热效应。对于不便用单质生成反应合成的有机物，可以利用燃烧反应测定其标准摩尔燃烧焓。利用物质的标准摩尔燃烧焓也可以计算标准摩尔反应焓。

在标准状态及一定反应温度下，物质 B 与氧气进行完全燃烧反应生成指定的燃烧产物时的焓变称为物质 B 在该温度下的**标准摩尔燃烧焓**（standard molar enthalpy of combustion），记为 $\Delta_c H_m^{\ominus}(T)$，下标“c”代表“燃烧”（combustion）。298.15K 时，部分物质的标准摩尔燃烧焓有表可查。

指定的燃烧产物通常是指该化合物中的元素变为最稳定的氧化态物质或单质。例如，$C \rightarrow CO_2(g)$，$H \rightarrow H_2O(l)$，$N \rightarrow N_2(g)$，$S \rightarrow SO_2(g)$，$P \rightarrow P_4O_{10}(s)$，$Cl \rightarrow HCl(aq)$，金属都成为游离状态等。显然，根据标准摩尔燃烧焓的定义，所指定产物如 $CO_2(g)$、$H_2O(l)$ 等的标准摩尔燃烧焓，在任何温度 T 时，其值均为零。氧气是助燃剂，燃烧焓也为零。

例如：在 298.15K 及标准压力下，

$$CH_3COOH(l) + 2O_2(g) = 2CO_2(g) + 2H_2O(l) \qquad \Delta_r H_m^{\ominus} = -870.3 kJ \cdot mol^{-1}$$

该反应的标准摩尔反应焓（$-870.3kJ \cdot mol^{-1}$）即为物质 $CH_3COOH(l)$ 的标准摩尔燃烧焓。

由化学反应中各组分的标准摩尔燃烧焓可以计算该反应的标准摩尔反应焓。

化学反应的标准摩尔反应焓等于各反应物标准摩尔燃烧焓的总和减去各产物标准摩尔燃烧焓的总和，即：

$$\Delta_r H_m^{\ominus}(T) = -\sum_B \upsilon_B \Delta_c H_m^{\ominus}(B, T) \tag{7-14}$$

例如，在 298.15K 和标准压力下，有反应：

$$\underset{(A)}{(COOH)_2(s)} + \underset{(B)}{2CH_3OH(l)} = \underset{(C)}{(COOCH_3)_2(s)} + \underset{(D)}{2H_2O(l)}$$

则 $$\Delta_r H_m^{\ominus} = \Delta_c H_m^{\ominus}(A) + \Delta_c H_m^{\ominus}(B) - \Delta_c H_m^{\ominus}(C) - \Delta_c H_m^{\ominus}(D)$$

7.3 化学反应的方向和限度

热力学第一定律的本质是能量守恒及转换定律，这是人类经验的总结，自然界中无数事实证明了凡是违背热力学第一定律的过程都是不可能发生的，但是在一定条件下，化学变化或物理变化能不能自动发生，能够进行到什么程度，这是科技工作者十分关心的问题。显然，热力学第一定律不能回答这类问题。这类问题属于过程的方向和限度问题，是热力学第二定律的主要任务。

一定条件下，无须外力作用就可以自动发生的过程为**自发过程**（spontaneous process）。自发过程形式各样，但它们具有共同的基本特征。

① 自发过程有确定的方向和限度，例如，温度不同的物体接触，热量可以自动从高温物体传向低温物体，直到达到热平衡，两物体温度相等。

② 自发过程具有不可逆性，同样条件下自发过程的逆过程不能进行。例如，在没有外力作用下水不能自动流向高处。

③ 自发过程具有做功的能力，如由高温热源向低温热源自发传递的热量可使热机运转

做功；水由高处流向低处可以推动发动机做电功或推动水轮机做机械功。

对于一些简单的自发过程，可以凭经验判定这些过程进行的方向和限度，但对于众多复杂的化学反应，又如何判定其自发进行的方向和限度呢？为此，引入了两个新的热力学函数——熵和吉布斯自由能。

7.3.1 熵和吉布斯自由能

(1) 熵与熵增原理

“熵”是德国物理学家克劳修斯（Clausius）提出的。1872 年波尔兹曼（Bolzmamn）给出了**熵**（entropy）的微观解释：在大量分子、原子或离子微粒系统中，熵是这些微粒之间无规则排列的程度，即系统的混乱度，用符号 S 表示，单位是 $J \cdot K^{-1}$，熵是系统的状态函数。

影响系统熵值的主要因素有以下几种。

① 对于同一物质：S(高温)$>S$(低温)，S(低压)$>S$(高压)，$S(g)>S(l)>S(s)$。例如，$S(H_2O,g)>S(H_2O,l)>S(H_2O,s)$。

② 相同条件下的不同物质：分子结构越复杂，熵值越大。

③S(混合物）$>S$(纯净物)。

④ 在化学反应中，由固态物质变为液态物质或由液态物质变为气态物质（或气体的物质的量增加)，熵值增加。

同热力学能、焓一样，物质熵的绝对值无法求得，但若规定了一个相对基准，其相对值可以确定，热力学第三定律给出了这一基准。热力学第三定律总结了低温实验的结果指出：“0K、标准态下，任何纯物质的完美晶体的熵值为零，即 $S_m^{\ominus}(B,0K)=0$。”在此基准上，其他温度 T 下物质 B 的**标准摩尔熵**（standard molar entropy）$S_m^{\ominus}(B,T)$，称为第三定律熵或**规定熵**（conventional entropy）。若干物质在 298.15K 下的规定熵 $S_m^{\ominus}(B,298.15K)$已求出并列于热力学数据表中，可直接查用。

由物质的规定熵可以计算反应温度 T、标准态下化学反应的标准摩尔熵变，化学反应的标准摩尔熵变等于各产物规定熵的总和减去各反应物规定熵的总和，即：

$$\Delta_r S_m^{\ominus}(T)=\sum_B \upsilon_B S_m^{\ominus}(B,T) \tag{7-15}$$

人类在长期的实践和研究中发现了自然界一条普遍运用的法则，即“隔离系统的自发过程总是沿着熵增加的方向进行，直到达到一极大值不再变化，系统达到平衡”，这是热力学第二定律的一种表述，也称**熵增加原理**（principle of entropy increase)，这个原理用数学式表达为：

$$\Delta S_{隔离} \geqslant 0 \tag{7-16}$$

式中，$\Delta S_{隔离}$为隔离系统的熵变。$\Delta S_{隔离}>0$，表示自发过程，$\Delta S_{隔离}=0$，系统达到平衡。孤立系统中不可能发生熵变小于零，即熵减小的过程。

真正的孤立系统是不存在的。因为系统和环境之间总会存在或多或少的能量交换。如果把与系统有物质或能量交换的那部分环境也包括进去，从而构成一个新的系统，这个新系统可以看成隔离系统，则式(7-15) 可改写为：

$$\Delta S_{隔离}=\Delta S_{系统}+\Delta S_{环境} \geqslant 0 \tag{7-17}$$

用式(7-17) 可以判断化学反应自发进行的方向，但是既要求出系统的熵变，又要求出环境的熵变，很不方便。因此，由熵增原理引入了另一个状态函数，即吉布斯自由能。

(2) 吉布斯自由能与化学反应方向的判据

大多数化学反应是在等温等压下进行的，为了得出便于实际使用的等温等压下化学反应自发进行的方向和限度的判据，1876 年，美国科学家吉布斯（J. W. Gibbs）综合考虑了焓和熵两个因素，定义了一个新的状态函数——**吉布斯自由能**（Gibbs free energy），或称吉布斯函数，符号为 G：$G \overset{\text{def}}{=\!=\!=} H-TS$

在一定温度下，对于化学反应则有

$$\Delta_r G=\Delta_r H-T\Delta_r S \tag{7-18}$$

若反应进度为 1mol，则有 $\Delta_r G_m=\Delta_r H_m-T\Delta_r S_m$ (7-19)

式(7-18) 与式(7-19) 就是著名的吉布斯方程，其中，$\Delta_r G$ 和 $\Delta_r G_m$ 分别为化学反应的吉布斯自由能和摩尔反应吉布斯自由能，前者单位为 J 或 kJ，后者单位为 $kJ \cdot mol^{-1}$。

热力学中证明系统在等温等压、且不做非体积功的条件下，任何自发变化总是朝着吉布斯自由能减少的方向进行，这就是吉布斯自由能判据，也称吉布斯自由能减少原理。对于等温等压、且不做非体积功的反应，可以用 $\Delta_r G$ 或 $\Delta_r G_m$ 作为反应自发进行的判据：

$\Delta_r G_m<0$　　正向反应自发进行

$\Delta_r G_m=0$　　化学反应达到平衡

$\Delta_r G_m>0$　　逆向反应自发进行

热力学中还证明了在等温等压条件下，反应的吉布斯自由能变等于系统可以对外做的最大非体积功，即 $\Delta_r G=W'$。

由式（7-19）可知，$\Delta_r G_m$ 的值取决于 $\Delta_r H_m$、$\Delta_r S_m$ 和 T。按 $\Delta_r H_m$、$\Delta_r S_m$ 的符号和温度 T 对 $\Delta_r G_m$ 的影响，可以归纳出以下四种情况：

①$\Delta_r H_m<0$、$\Delta_r S_m>0$ 时，则 $\Delta_r G_m<0$，放热、熵增、任何温度下正向自发；

②$\Delta_r H_m>0$、$\Delta_r S_m<0$ 时，则 $\Delta_r G_m>0$，吸热、熵减、任何温度下正向不自发；

③$\Delta_r H_m<0$、$\Delta_r S_m<0$ 时，则低温 $\Delta_r G_m<0$，高温 $\Delta_r G_m>0$，低温正向自发、高温正向不自发；

④$\Delta_r H_m>0$、$\Delta_r S_m>0$ 时，则低温 $\Delta_r G_m>0$，高温 $\Delta_r G_m<0$，低温正向不自发、高温正向自发。

从以上讨论可知，对于 $\Delta_r H_m$ 和 $\Delta_r S_m$ 符号相同的情况，当改变反应温度，存在从自发到非自发（或从非自发到自发）的转变，把这个转变温度称为转向温度 $T_{转}$：

$$T_{转}=\frac{\Delta_r H_m}{\Delta_r S_m}$$

(3) 标准摩尔反应吉布斯自由能

如果化学反应是在一定温度的标准态下进行，反应进度达到 1mol 的**标准摩尔反应吉布斯自由能变**（standard molar free energy of reaction）用 $\Delta_r G_m^{\ominus}$ 表示，$\Delta_r G_m^{\ominus}$ 的单位也是 $kJ \cdot mol^{-1}$。标准态下，式(7-19) 则变为：

$$\Delta_r G_m^{\ominus}=\Delta_r H_m^{\ominus}-T\Delta_r S_m^{\ominus} \tag{7-20}$$

显然，$\Delta_r G_m^{\ominus}$ 可以用 $\Delta_r H_m^{\ominus}$、$\Delta_r S_m^{\ominus}$、T 三者的数据进行计算。

除此以外，标准摩尔反应吉布斯自由能变用 $\Delta_r G_m^{\ominus}$ 也可以由标准摩尔生成吉布斯自由能计算。类似于物质的标准摩尔生成焓，$\Delta_f G_m^{\ominus}$ 称为标准摩尔生成吉布斯自由能。在标准状态和指定温度下，由稳定相态单质生成 1mol 某物质时的标准摩尔反应吉布斯自由能变，称为该物质的**标准摩尔生成吉布斯自由能**（standard molar free energy of formation）。

298.15K 时常见物质的标准摩尔生成吉布斯自由能有表可查。

化学反应的标准摩尔反应吉布斯自由能等于各产物标准摩尔生成自由能的总和减去各反应物标准摩尔自由能的总和，即：

$$\Delta_r G_m^{\ominus}(T) = \sum_B \upsilon_B \Delta_f G_m^{\ominus}(B,T) \tag{7-21}$$

一定温度的标准态下化学反应方向和限度的判据则为：

$\Delta_r G_m^{\ominus} < 0$，正向反应自发进行；

$\Delta_r G_m^{\ominus} = 0$，化学反应达到平衡；

$\Delta_r G_m^{\ominus} > 0$，逆向反应自发进行。

7.3.2 化学反应的等温方程

若化学反应不是在标准态下进行的，如气体的压力不是 $p^{\ominus}$ 时，溶液中溶质的浓度不是 $c^{\ominus} = 1\text{mol} \cdot \text{L}^{-1}$ 等，这时不能使用 $\Delta_r G_m^{\ominus}$ 作为反应自发进行方向和限度的判据，而应使用实际反应条件下的 $\Delta_r G_m$ 作为判据。

对于任一化学反应：$a\text{A} + d\text{D} = g\text{G} + h\text{H}$

由热力学可以导出反应的摩尔反应吉布斯自由能 $\Delta_r G_m$ 与 $\Delta_r G_m^{\ominus}$ 的关系为：

$$\Delta_r G_m = \Delta_r G_m^{\ominus} + RT\ln Q \tag{7-22}$$

式(7-22) 称为**范特霍夫化学反应等温式**，简称**化学反应等温式**（reaction isotherm），其中 Q 称为“反应商”，对于上述反应，定义某一时刻的反应商 Q 为：

若是气相反应

$$Q = \frac{(p_G/p^{\ominus})^g\ (p_H/p^{\ominus})^h}{(p_A/p^{\ominus})^a\ (p_D/p^{\ominus})^d} \tag{7-23}$$

式中，p_A、p_D、p_G、p_H 分别表示反应物和产物某一时刻的分压，kPa；$p^{\ominus}$ 为 100kPa。

若是液相反应

$$Q = \frac{(c_G/c^{\ominus})^g\ (c_H/c^{\ominus})^h}{(c_A/c^{\ominus})^a\ (c_D/c^{\ominus})^d} \tag{7-24}$$

式中，c_A、c_D、c_G、c_H 表示反应物和产物在某一时刻的浓度。因此反应商 Q 是量纲为 1 的量，计算时注意纯液体和纯固体不要写进 Q 的表达式中。

由式(7-22) 可知，对于任意指定组成下的化学反应，决定反应自发进行方向的判据是 $\Delta_r G_m$，$\Delta_r G_m$ 不仅与 $\Delta_r G_m^{\ominus}$ 有关，还与 $RT\ln Q$ 项有关，因此，标准态下不能自发进行的反应，可以通过人为调节 Q 值，使 $\Delta_r G_m < 0$，反应即可自发进行。

7.3.3 化学反应平衡常数

实际工作中，想要利用化学反应获得预期产物，首先要考虑在一定条件下反应能否按预期的方向进行，即反应自发进行的方向问题。若反应能自发进行，还应考虑在此条件下有多少反应物可以转化为产物，即反应能达到怎样的限度，改变反应条件，反应的限度又会如何变化？这就是化学反应的平衡问题。

在一定温度下，定量的反应物在密闭容器内进行可逆反应，随着反应物的不断消耗，生成物的不断增加，正反应速率将不断减小，逆反应速率将不断增大，直至正反应速率和逆反应速率相等，各物质的浓度不再随时间变化，这时系统所处的状态称为**化学平衡**（chemical equilibrium）。

化学平衡的特点如下所述。

① 化学平衡是一种动态平衡，反应物、生成物浓度恒定，但并非反应处于静止状态，只不过正反应速率等于逆反应速率，从表观上看似乎反应已经停止。

② 化学平衡是一种相对平衡，当外界条件（如浓度、压力、温度）改变时，化学平衡将发生移动，经过一定时间后又建立新的平衡。

一定条件下，化学反应达到平衡，系统的组成不随时间变化，平衡系统各组分的浓度满足一定关系，这种关系可用平衡常数表示。根据平衡常数的定义，可以分为标准平衡常数和实验平衡常数两类，两类平衡常数间可以进行相互换算。

（1）标准平衡常数

根据化学反应等温式 $\Delta_r G_m = \Delta_r G_m^{\ominus} + RT\ln Q$ 可知，当反应达到平衡时有 $\Delta_r G_m = 0$，将此时的反应商 Q 用 $K^{\ominus}$ 代替，则有

$$\Delta_r G_m^{\ominus} + RT\ln K^{\ominus} = 0$$

$$\Delta_r G_m^{\ominus} = -RT\ln K^{\ominus} \tag{7-25}$$

式中，$K^{\ominus}$ 称为**标准平衡常数**（standard equilibrium constant）。对于气相反应 $a\text{A}+d\text{D} = g\text{G}+h\text{H}$，$K^{\ominus}$ 的表达式为

$$K^{\ominus} = \frac{(p_\text{G}/p^{\ominus})^g (p_\text{H}/p^{\ominus})^h}{(p_\text{A}/p^{\ominus})^a (p_\text{D}/p^{\ominus})^d} \tag{7-26}$$

式中，p_A、p_D、p_G、p_H 分别表示反应物和产物的平衡分压。对于液相反应，$K^{\ominus}$ 的表达式为

$$K^{\ominus} = \frac{(c_\text{G}/c^{\ominus})^g (c_\text{H}/c^{\ominus})^h}{(c_\text{A}/c^{\ominus})^a (c_\text{D}/c^{\ominus})^d} \tag{7-27}$$

式中，c_A、c_D、c_G、c_H 表示反应物和产物的平衡浓度。

由式(7-25)～式(7-27) 可以得出以下结论。

① $K^{\ominus}$ 是反应达到平衡时的反应商。

② 因 $K^{\ominus}$ 与化学反应计量式中计量系数 υ_B 有关，故对指定反应，$K^{\ominus}$ 与反应计量式写法有关，在给出 $K^{\ominus}$ 的同时，还应给出反应计量式。

③ 因反应的标准摩尔吉布斯自由能 $\Delta_r G_m^{\ominus}$ 只与温度和标准态有关，故 $K^{\ominus}$ 也只是温度的函数，并与标准态的规定有关，而与反应的起始状态无关，因此，在给出 $K^{\ominus}$ 的同时，还应给出温度，指出各个组分的标准态。

④ $K^{\ominus}$ 反映化学反应的本性，$K^{\ominus}$ 越大，化学反应正向进行越彻底。

另外，在书写标准平衡常数表达式的时候，纯固相、液相和水溶液中存在的水可以在标准平衡常数 $K^{\ominus}$ 的表达式中不出现。如对于反应 $CaCO_3(s) = CaO(s) + CO_2(g)$，其标准平衡常数可以表示为 $K^{\ominus} = \frac{p_{CO_2}}{p^{\ominus}}$。

若在同一温度下，几个不同的化学反应具有加和性时，这些反应的标准摩尔反应吉布斯函数也具有加和性。根据各反应的标准摩尔反应吉布斯函数之间的关系，即可得出相关反应标准平衡常数之间的关系。

例如，有这样三个相关反应：

① $C(s) + O_2(g) \longrightarrow CO_2(g)$　　$\Delta_r G_m^{\ominus}(1)$

② $CO(g) + \frac{1}{2}O_2(g) \longrightarrow CO_2(g)$　　$\Delta_r G_m^{\ominus}(2)$

③ $C(s)+\frac{1}{2}O_2(g) \longrightarrow CO(g)$　　　$\Delta_r G_m^{\ominus}(3)$

因为反应(1) －反应(2) ＝反应(3)，所以 $\Delta_r G_m^{\ominus}(3)=\Delta_r G_m^{\ominus}(1)-\Delta_r G_m^{\ominus}(2)$，再由式(7-25)可得：$K^{\ominus}(3)=\frac{K^{\ominus}(1)}{K^{\ominus}(2)}$。

(2) 用标准平衡常数判断自发反应的方向

将式(7-25) 代入式(7-22) 中，可得：

$$\Delta_r G_m=-RT\ln K^{\ominus}+RT\ln Q \quad 或$$

$$\Delta_r G_m=-RT\ln \frac{K^{\ominus}}{Q} \tag{7-28}$$

比较 $K^{\ominus}$ 与 Q 的相对大小，也可判定指定条件下反应自发进行的方向和限度。

若 $K^{\ominus}>Q$，则 $\Delta_r G_m<0$，正向反应可自发进行；

$K^{\ominus}=Q$，则 $\Delta_r G_m=0$，反应达平衡；

$K^{\ominus}<Q$，则 $\Delta_r G_m>0$，正向反应不能自发进行，实际发生其逆过程。

因此，标准平衡常数 $K^{\ominus}$ 也是化学反应自发进行方向的判据。如反应商 Q 不等于 $K^{\ominus}$，表明反应系统处于非平衡态，化学反应就有自发从正向或逆向进行反应的趋势。Q 值与 $K^{\ominus}$ 相差越大，从正向或逆向自发进行反应的趋势就越大。

(3) 实验平衡常数

由实验测定平衡体系的组成，进一步计算而得到的平衡常数为**实验平衡常数**（experimental equilibrium constant），因组成可用不同的浓度量纲表示，因此也有不同的实验平衡常数。对于任意反应 $aA+dD \rightleftharpoons gG+hH$，若是气相反应，反应达平衡时有

$$K_p=\frac{p_G^g p_H^h}{p_A^a p_D^d} \tag{7-29}$$

式中，p_A、p_D、p_G、p_H 分别表示反应物和产物的平衡分压。对于液相反应，

$$K_c=\frac{c_G^g c_H^h}{c_A^a c_D^d} \tag{7-30}$$

式中，c_A、c_D、c_G、c_H 表示反应物和产物的平衡浓度；K_p 和 K_c 均为实验平衡常数。

必须指出，反应物和产物都是气体时，也可表示为浓度平衡常数 K_c。此时，浓度平衡常数 K_c 和压力平衡常数 K_p 只不过是同一平衡态的不同表达方式。它们之间有一定的关系，设各气体都符合理想气体，则

$$K_p=\frac{p_G^g p_H^h}{p_A^a p_D^d}=\frac{c_G^g c_H^h}{c_A^a c_D^d}(RT)^{\sum \upsilon_B}$$

即
$$K_p=K_c(RT)^{\sum \upsilon_B} \tag{7-31}$$

式中，$\sum \upsilon_B=g+h-a-d$，表示产物气体分子数与反应物气体分子数之差。当 $\sum \upsilon_B \neq 0$ 时，K_p 和 K_c 具有不同的数值和量纲。

由式(7-26) 和式(7-29) 可得 K_p 与 $K^{\ominus}$ 的关系为：

$$K^{\ominus}=\frac{(p_G/p^{\ominus})^g\ (p_H/p^{\ominus})^h}{(p_A/p^{\ominus})^a\ (p_D/p^{\ominus})^d}=K_p\ (p^{\ominus})^{-\sum \upsilon_B} \tag{7-32}$$

当 $\sum \upsilon_B=0$ 时，$K^{\ominus}$ 与 K_p 在数值上相等；$\sum \upsilon_B \neq 0$ 时，因为，$p^{\ominus}=100kPa$，$K^{\ominus}$ 与 K_p 在数值上不相等。

同理，由式(7-27) 和式(7-30) 可得 K_c 与 $K^{\ominus}$ 的关系为：

$$K^{\ominus}=\frac{(c_{G}/c^{\ominus})^{g}\ (c_{H}/c^{\ominus})^{h}}{(c_{A}/c^{\ominus})^{a}\ (c_{D}/c^{\ominus})^{d}}=K_{c}\ (c^{\ominus})^{-\sum\nu_{B}} \tag{7-33}$$

因为 $c^{\ominus}=1\text{mol}\cdot\text{L}^{-1}$，$K^{\ominus}$与 K_p 在数值上相等。

7.3.4 影响化学平衡的因素

化学反应的平衡是相对的和暂时的，当外界条件改变时，反应系统的平衡状态就会被破坏，反应物和生成物的浓度或分压就会随之发生相应的变化，直至在新的条件下又建立起新的化学平衡。这种因外界条件的改变使可逆反应从原来的平衡状态转变为新的平衡状态的过程称为化学平衡的移动。

吕·查德里（Le Chatelier）于 1887 年指出：某种作用（温度或压力的变化等）施加于已达平衡的系统，平衡将向着减小这种作用的方向移动。利用该原理可以判定平衡移动的方向，同时，由平衡常数的热力学关系式，还可对这些作用的影响进行定量的讨论和计算。

（1）温度对化学平衡的影响

温度对化学平衡的影响体现在对平衡常数的影响上。所有可逆反应的标准平衡常数都是温度的函数，当温度改变时，$K^{\ominus}$随之发生变化，使 $K^{\ominus}\neq Q$，从而导致化学平衡发生移动。

联立式(7-20）和式(7-25）可得

$$-RT\ln K^{\ominus}=\Delta_{r}H_{m}^{\ominus}-T\Delta_{r}S_{m}^{\ominus} \tag{7-34}$$

当温度变化范围较小，对 $\Delta_{r}H_{m}^{\ominus}$ 和 $\Delta_{r}S_{m}^{\ominus}$ 的影响较小，可以忽略温度变化所引起的对二者值的改变。设 $K_1^{\ominus}$、$K_2^{\ominus}$ 分别为温度 T_1 和 T_2 时的平衡常数，代入式(7-34）经整理后可得

$$\ln\frac{K_2^{\ominus}}{K_1^{\ominus}}=\frac{\Delta_{r}H_{m}^{\ominus}}{R}\left(\frac{1}{T_1}-\frac{1}{T_2}\right) \tag{7-35}$$

由式(7-35）可以看出，若 $\Delta_{r}H_{m}^{\ominus}>0$，即反应吸热，则 $K^{\ominus}$随温度升高而增大，即平衡正向移动，也就是向吸热方向移动，有利于产物生成；若 $\Delta_{r}H_{m}^{\ominus}<0$，即反应放热，$K^{\ominus}$随温度升高而减小，平衡将逆向移动，不利于产物生成。

利用式(7-35)，还可由不同温度下的平衡常数计算 $\Delta_{r}H_{m}^{\ominus}$，若已知 $\Delta_{r}H_{m}^{\ominus}$，则可由一个温度下的标准平衡常数求出另一个温度下的标准平衡常数。

（2）压力对化学平衡的影响

对于处于平衡的系统，增大压力，平衡位置的移动必定是朝着抵消压力增大的方向。所以，对于凝聚态系统，不管是物理变化还是化学变化，增加系统的压力总是使平衡向体积缩小的方向移动。体积缩小以削弱压力的增大。一般情况下，对于凝聚态反应，压力对平衡的影响可以忽略。

对于有气体参加的可逆反应，改变压力对平衡的影响有下列几种情况。

①当 $Q<K^{\ominus}$,$\Delta_{r}G_{m}^{\ominus}<0$，因此增加反应物的分压或降低产物的分压，平衡向正向移动；反之平衡向逆向移动。

② 当反应方程式前后气体分子数不相等时，增加系统的总压力，平衡将向气体分子数少的方向移动。降低系统的总压力，平衡将向气体分子数多的方向移动。

③ 当反应方程式前后气体分子数相等时，改变系统的总压力，平衡不移动。

（3）通入惰性气体对化学平衡的影响

对于有气相组分参加的反应，恒温下向反应系统中通入惰性气体（即不参与反应的气体），也会对平衡产生影响。

恒温恒压下通入惰性气体，因 $K^{\ominus}$ 和总压 $p_{总}$ 不变，对于气相反应，若反应前后气体分子数不相等，通入惰性气体使得反应组分气体分压减小，类似于将系统减压，平衡将向气体分子数多的方向移动；若反应前后气体分子数相等，总压的改变不会使平衡发生移动，即惰性气体的加入，对反应无影响。

恒温恒容下通入惰性气体，因 $p_{总}$ 随 $n_{总}$ 成比例变化，故对平衡无影响。

7.4 化学反应的速率

研究化学反应速率的科学称为**化学动力学**（chemical kinetics），它是研究化学反应速率、反应机理以及影响反应速率因素的理论。化学反应速率的相关研究在实际应用中十分重要，它可以帮助了解某一条件下某一反应的速率大小，判断其是否有实际利用价值。如药物合成反应的速率很慢，就会影响生产效率，甚至失去实际生产价值；相反，如果药物分解迅速，很快失效，那么就没有了使用价值。除此以外，生物化学中的蛋白质、核酸、糖类的相关水解反应、金属的腐蚀、塑料的老化等均需通过化学动力学进行研究。因此学习化学动力学基础对生物及医学专业的学生有很重要的意义。

7.4.1 化学反应速率的基本概念

(1) 化学反应速率的定义

化学反应速率（reaction rate）是衡量反应进行快、慢的标量，可以用反应物浓度随时间的降低或产物的浓度随时间的增加来表示。

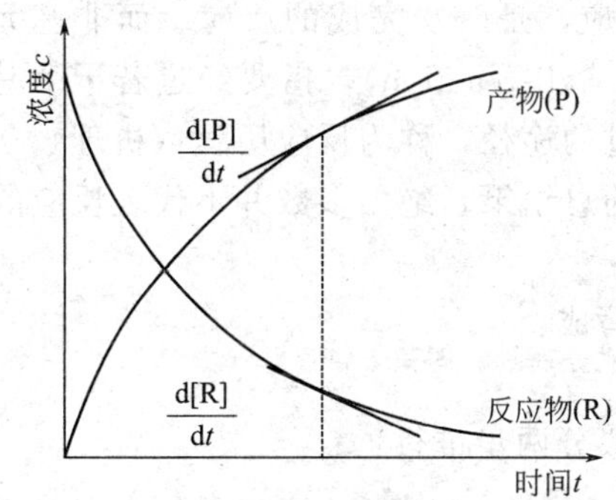

图 7-2 反应物浓度随时间变化曲线

如图 7-2 所示，多数反应反应物或产物浓度随时间的变化不是线性的，开始时反应物浓度较大，速率较快，随着浓度变小，速率减慢。

由于反应式中各物质的计量系数不一致，用不同物质的浓度变化率表示的反应速率数值不尽相同。如 $2H_2+O_2 = 2H_2O$，H_2 消耗速率是 O_2 消耗速率的 2 倍。但如果用反应进度随时间的变化率表示反应速率，就不会有此现象。因此，可将反应速率 r 定义为单位体积内反应进度随时间 t 的瞬时变化率。

设反应为 $\alpha R \longrightarrow \beta P$

$t=0$ $\quad n_{R,0} \quad n_{P,0}$

$t=t$ $\quad n_R \quad n_P$

若反应开始时（$t=0$），反应物 R 和生成物 P 的物质的量分别为 $n_{R,0}$ 和 $n_{P,0}$，当反应时间为 t 时，物质的量分别为 n_R 和 n_P，则根据反应进度 ξ 的定义：

$$\xi=\frac{n_B-n_{B,0}}{\upsilon_B}=\frac{n_R-n_{R,0}}{-\alpha}=\frac{n_P-n_{P,0}}{\beta}$$

上式对 t 微分得到在某个时刻 t 时反应进度的变化率：

$$\frac{d\xi}{dt}=\dot{\xi}=\frac{1}{\upsilon_B}\times\frac{dn_B}{dt}=-\frac{1}{\alpha}\times\frac{dn_R}{dt}=\frac{1}{\beta}\times\frac{dn_P}{dt}$$

定义：**化学反应速率**（rate of chemical reaction）

$$r \overset{\text{def}}{=\!=} \frac{1}{V} \times \frac{d\xi}{dt} \tag{7-36}$$

对于恒容反应，有

$$r = \frac{1}{V} \times \frac{d\xi}{dt} = \frac{1}{V\upsilon_B} \times \frac{dn_B}{dt} = \frac{1}{\upsilon_B} \times \frac{dc_B}{dt} = \frac{1}{\upsilon_B} \times \frac{d[B]}{dt} \tag{7-37}$$

则上述反应的速率为 $r = -\frac{1}{V\alpha} \times \frac{dn_R}{dt} = \frac{1}{V\beta} \times \frac{dn_P}{dt}$

如果恒容（V=常数），则

$$r = \frac{1}{\upsilon_B} \times \frac{d[n_B/V]}{dt} = -\frac{1}{\alpha} \times \frac{dc_R}{dt} = -\frac{1}{\alpha} \times \frac{d[R]}{dt} = \frac{1}{\beta} \times \frac{dc_P}{dt} = \frac{1}{\beta} \times \frac{d[P]}{dt}$$

式(7-37) 显示反应速率 r 可由任一组分 B 的浓度随时间的变化率表示，对于确定的反应方程式，其值是确定的，不因所选物质 B 不同而不同。

值得注意的是，对于同一反应，r 与用哪种物质表示无关，但与反应计量方程式的写法有关，因此写 r 时需给出方程式。

例如　$N_2O_5 =\!=\!= N_2O_4 + 1/2O_2$　　$r = -\frac{d[N_2O_5]}{dt} = \frac{d[N_2O_4]}{dt} = 2\frac{d[O_2]}{dt}$

$2N_2O_5 =\!=\!= 2N_2O_4 + O_2$　　$r = -\frac{1}{2} \times \frac{d[N_2O_5]}{dt} = \frac{1}{2} \times \frac{d[N_2O_4]}{dt} = \frac{d[O_2]}{dt}$

(2) 基元反应和非基元反应

反应机理（reaction mechanism）是指反应进行的微观过程，很多反应过程的机理很复杂。根据反应机理可将化学反应分为基元反应和非基元反应。**基元反应**（elementary reaction）是指反应物分子碰撞后直接形成产物分子的反应，是一步完成的反应。而非基元反应又称复杂反应（complex reaction）或总包反应（over all reaction），指要经过若干个基元反应才能完成的反应。这些基元反应代表了总反应经过的途径，称为反应历程（机理）。

通常写的化学方程式只代表反应的计量式，是反应的总结果，绝大多数并不代表反应的真正历程。

例如，在气相中 H_2 和卤素 I_2 反应，通常把反应式写成：

① $H_2 + I_2 =\!=\!= 2HI$

但根据大量的实验结果，现在知道 H_2 和 I_2 反应一般分两步进行：

② $I_2 + M \longrightarrow 2I\cdot + M$

③ $H_2 + 2I\cdot \longrightarrow 2HI$

M 是惰性物质（反应器壁或其他分子），只起传递能量作用。

上述方程式①只是表示了 H_2 与 I_2 反应的总结果，是非基元反应。方程式②、③都是基元反应，代表了 H_2 与 I_2 反应的历程。

基元反应的化学计量方程式显示了反应的实际历程，其所需微观粒子的总数称为**反应分子数**（molecularity of reaction），这些微观粒子可以是分子、原子、离子或自由基等。反应分子数是一个与微观机理相关的物理量，复杂反应则无此概念。反应分子数一般为 1、2、3，相应的反应被称为单分子反应、双分子反应和三分子反应，如：

单分子反应：　$Cl_2 \longrightarrow 2Cl\cdot$

双分子反应：　$H_2 + Cl\cdot \longrightarrow HCl + H\cdot$

三分子反应：　$H_2 + 2I\cdot \longrightarrow 2HI$

反应分子数大于 3 的气相反应尚未发现，这是因为 3 个以上的分子同时发生作用的概率很小。

复杂反应的方程式只代表反应的始态和终态，以及物质相互转化的计量关系，并不代表反应所经历的真实途径，复杂反应的机理需要通过动力学研究确定，目前仍是一项很具挑战性的工作。

7.4.2 化学反应速率方程

化学反应速率方程（rate equation of chemical reaction），又称**动力学方程**（kinetic equation），是用来表示浓度或分压等参数与反应速率或与时间关系的方程。速率方程由实验确定，通常可在恒温下测定反应速率与浓度间的关系式而得到，反应的速率方程可用微分式或积分式表示。

(1) 反应速率方程

基元反应的速率方程最简单。大量实验事实证明，基元反应的速率与反应物浓度的计量系数指数次方的乘积成正比，而与产物的浓度无关。该规律称为**质量作用定律**（law of massaction），是19世纪中期挪威化学家Guldberg和Wage提出的，只对基元反应适用。

由质量作用定律，对任意基元反应 $a\mathrm{A}+b\mathrm{B}+\cdots=g\mathrm{G}+\cdots$，其速率方程为

$$r=k[\mathrm{A}]^a[\mathrm{B}]^b\cdots \tag{7-38}$$

如：对反应 $H_2+2I\cdot \longrightarrow 2HI$　速率方程为 $r=k[H_2][I\cdot]^2$

　　对反应 $Cl_2 \longrightarrow 2Cl\cdot$　　速率方程为 $r=k[Cl_2]$

非基元反应则不具有这样的规律，其动力学方程只能通过实验等方法得到。某些非基元反应的速率方程，其形式可能与质量作用定律给出的形式相同，如反应 $H_2+I_2 = 2HI$，实验测得其速率方程为 $r=k[H_2][I_2]$；而很多非基元反应的速率方程其形式与质量作用定律所给形式是不同的，这表明它有复杂的反应机理。如反应 $H_2+Cl_2 = 2HCl$，实验测得其速率方程为 $r=k[H_2][Cl_2]^{1/2}$。

(2) 反应级数和反应速率常数

无论是否是基元反应，一般总是先把速率方程写成 $r=k[\mathrm{A}]^a[\mathrm{B}]^b[\mathrm{C}]^c\cdots$的形式，然后确定指数 a、b、c，a、b、c 的和就称为**反应级数**（order of reaction），即反应级数 n 为化学反应速率方程中各浓度项的指数的代数和，$n=a+b+c+\cdots$。反应级数反映了化学反应中各反应物的浓度对反应速率影响的程度。

基元反应的速率方程都具有整数级数（1、2、3）。因为基元反应是一步反应，$r=k[\mathrm{A}]^a[\mathrm{B}]^b[\mathrm{C}]^c\cdots$中的指数 a、b、c 就是计量方程式中的系数（也是参与反应的分子数），只能是整数。基元反应的反应级数一般与反应分子数一致（一级反应是单分子反应，二级反应是双分子反应，三级反应是三分子反应）。

非基元反应的级数是由实验测定出来的，可能为整数或分数，也可能是正的、负的或零。级数为零表示反应速率与反应物浓度无关，级数为负值表示增加浓度反而使速率下降。

速率方程 $r=k[\mathrm{A}]^a[\mathrm{B}]^b\cdots$中的系数 k 称为**速率常数**（rate constant），相当于各物质的浓度都等于单位浓度时的反应速率。k 是一个重要的物理量，它的大小直接反映速率的快慢。k 与浓度无关，而与温度、反应介质、催化剂、反应器等有关。k 的量纲与反应级数有关，为 $[浓度]^{1-n}\cdot[时间]^{-1}$；由其量纲可推断反应级数，如某反应 k 的量纲为 $[时间]^{-1}$，则可知该反应为一级反应。

(3) 一些简单级数反应的速率方程和动力学特征

对于速率方程为 $r=k[\mathrm{A}]^n$ 的反应，称为 n 级反应，当 n 为简单的整数如0、1、2等

时，其速率方程和动力学特征相对简单，接下来讨论以下几种简单级数反应的速率方程和相应的线性关系式、半衰期等动力学特征。

① 一级反应　**一级反应**（first order reaction）是反应速率与反应物浓度的一次方成正比的反应。一级反应的实例很多，如放射性元素的衰变、大多数的热分解反应、部分药物在体内的代谢、分子内部的重排反应及异构化反应等。

对某一级反应 $A \longrightarrow P$，则反应速率方程为

$$r=-\frac{d[A]}{dt}=k_1[A]$$

将上式定积分

$$-\int_{[A]_0}^{[A]}\frac{d[A]}{[A]}=\int_0^t k_1 dt$$

得
$$\ln[A]-\ln[A]_0=-k_1 t$$

或
$$\ln\frac{[A]}{[A]_0}=-k_1 t \tag{7-39}$$

$$[A]=[A]_0 e^{-k_1 t}$$

式(7-39) 中，$[A]_0$ 为反应物 A 的初始浓度；$[A]$为反应时间 t 后的反应物 A 的浓度。若以 $\ln[A]$-t 作图，应得一直线，斜率为$-k_1$，k_1 的量纲应为 [时间]$^{-1}$。

化学动力学中常将反应物消耗了一半所需的时间称为反应的**半衰期**（half-life），用 $t_{1/2}$ 表示，则一级反应的半衰期为

$$t_{1/2}=\frac{\ln 2}{k_1}=\frac{0.693}{k_1} \tag{7-40}$$

可以看出，一级反应的半衰期与反应物的初始浓度无关。

【例 7-2】 已知 320K 时反应 $A+B = C+D$ 的速率方程为 $r=k[A]$，A 的初始浓度为 $300mol \cdot m^{-3}$，$t_{1/2}=2.16\times10^3 s$，求（1）反应进行到 40min 时的速率；（2）A 反应掉 32%所需时间。

解：(1) 由速率方程 $r=k[A]$可知这是一级反应，故 $k=\frac{\ln 2}{t_{1/2}}$，$[A]=[A]_0 e^{-kt}$.

$t=40min=2400s$ 时，$r=k[A]=\frac{\ln 2}{t_{1/2}}[A]_0 e^{-k_1 t}=4.46\times10^{-2} mol\cdot m^{-3}\cdot s^{-1}$

(2) A 反应掉 30%，则

$$t=-\frac{1}{k_1}\ln\frac{[A]}{[A]_0}=-\frac{t_{1/2}}{\ln 2}\ln\frac{(1-30\%)[A]_0}{[A]_0}=-\frac{2.16\times10^3 s}{0.693}\times\ln 0.7=1200s$$

② 二级反应　**二级反应**（second order reaction）是反应速率与反应物浓度的二次方成正比的反应。在溶液中的许多有机化学反应属于二级反应，如加成反应、分解反应、取代反应等。二级反应有以下两种类型：Ⅰ $2A\longrightarrow P$；Ⅱ $A+B\longrightarrow P$。在Ⅱ类型中，若 A 和 B 的初始浓度相等，则在数学处理时可视作Ⅰ处理：

$$r=-\frac{d[A]}{a\,dt}=k_2[A]^2$$

积分整理可得

$$\frac{1}{[A]}-\frac{1}{[A]_0}=k_2 t \tag{7-41}$$

以 $1/[A]$ 对 t 作图得一直线，斜率为 k_2，k_2 的量纲为［浓度］$^{-1}$·［时间］$^{-1}$。

由半衰期定义可得

$$t_{1/2}=\frac{1}{k_2[A]_0} \tag{7-42}$$

由此可知，二级反应的半衰期与反应物的初始浓度成反比。

【例 7-3】 乙酸乙酯的皂化反应为二级反应。若在 298K 时的速率常数 k_2 为 $4.5L \cdot mol^{-1} \cdot min^{-1}$，乙酸乙酯和碱的初始浓度均为 $0.020mol \cdot L^{-1}$，试求在此温度下反应的半衰期及 20min 后反应物的浓度。

解： 二级反应，$k_2=4.5L \cdot mol^{-1} \cdot min^{-1}$，$[A]_0=0.020mol \cdot L^{-1}$

$$t_{1/2}=\frac{1}{k_2[A]_0}=\frac{1}{4.5L \cdot mol^{-1} \cdot min^{-1} \times 0.020mol \cdot L^{-1}}=11min$$

20min 后反应物的浓度

$$\frac{1}{[A]}=\frac{1}{[A]_0}+k_2t=\frac{1}{0.020mol \cdot L^{-1}}+4.5L \cdot mol^{-1} \cdot min^{-1} \times 20min$$

$$[A]=7.14 \times 10^{-3} mol \cdot L^{-1}$$

③ 零级反应　**零级反应**（zero order reaction）是指反应级数为零的反应，其反应速率与反应物浓度无关，且为一个定值。零级反应并不多，如某些光化学反应只与光的强度有关，反应速率不会因反应物浓度变化而有所变化；一些多相催化反应，如氨在催化剂表面分解为氮气和氢气的反应，其反应速率与催化剂的表面状态有关，而与气相反应物浓度无关；很多酶催化反应，当反应进行到一定程度时，底物与酶结合达到饱和，再增加底物浓度也不影响反应速率，反应速率为一定值，这时的酶催化反应也是一种零级反应。零级反应的速率方程为

$$r=-\frac{d[A]}{dt}=k_0[A]^0=k_0$$

积分整理可得

$$[A]_0-[A]=k_0t \tag{7-43}$$

以［A］对 t 作图得一直线，斜率为 $-k_0$，k_0 的量纲为［浓度］·［时间］$^{-1}$。由半衰期定义可得零级反应的半衰期为

$$t_{1/2}=\frac{[A]_0}{2k_0} \tag{7-44}$$

现将上述 3 种简单级数反应的特征列在表 7-1 中。

表 7-1　简单级数反应的特征

反应级数	基本方程	线性关系	斜率	半衰期 $t_{1/2}$	k 的量纲
一级反应	$\ln\frac{[A]_0}{[A]}=k_1t$	$\ln[A]$-t	$-k_1$	$\frac{\ln2}{k_1}$	［时间］$^{-1}$
二级反应	$\frac{1}{[A]}-\frac{1}{[A]_0}=k_2t$	$\frac{1}{[A]}$-t	k_2	$\frac{1}{k_2[A]_0}$	［浓度］$^{-1}$·［时间］$^{-1}$
零级反应	$[A]=-k_0t+[A]_0$	$[A]$-t	$-k_0$	$\frac{[A]_0}{2k_0}$	［浓度］·［时间］$^{-1}$

7.4.3　反应速率理论简介

(1) 有效碰撞理论

1918 年，路易斯（W. C. M. Lewis）首先提出气相双分子反应的碰撞理论，后来进一步

发展为**有效碰撞理论**（effective collision theory）。其基本论点如下所述。

① 化学反应发生的先决条件是反应物分子之间必须相互碰撞，碰撞频率的大小决定反应速率的大小，但并非所有的碰撞都能发生反应。

② 分子间只有有效碰撞才能发生反应。有效碰撞的两个条件是：首先，分子必须有足够大的动能克服分子相互接近时电子云之间和原子核之间的排斥力；其次，分子的碰撞选择一定的方向才能发生反应。能发生有效碰撞的反应物分子称为**活化分子**（activating molecular），活化分子只占全部分子的很少比例。

一定温度下，体系中反应物分子具有一定的平均能量（E），活化分子具有的最低能量（E^*）与反应物分子的平均能量（E）之差称为反应的**活化能**（activation energy）E_a，即

$$E_a = E^* - E$$

每一个反应都有其特定的活化能。E_a 可以通过实验测出，称为经验活化能。大多数反应的活化能为 60～250kJ·mol^{-1}。活化能小于 42kJ·mol^{-1}的反应，反应速率很大，可瞬间完成，如酸碱中和等。活化能大于 420kJ·mol^{-1}的反应，反应速率则很小。

温度升高，活化分子数增多，反应速率增大；浓度增大，单位时间内的有效碰撞增多，速率也增大。

有效碰撞理论为人们深入研究化学反应速率与活化能的关系提供了理论依据，对于气相反应的解释相当成功，但它并未从分子内部原子重新组合的角度来揭示活化能的物理意义，不能说明反应过程及其能量的变化，对于液相反应和多相复杂反应的解释也不够理想。

（2）过渡状态理论

1930 年，爱林（H. Eying）、佩尔采（H. Pelzer）等在统计力学和量子力学的基础上提出了过渡状态理论（transition state theory）。

过渡状态理论的基本观点：化学反应不是只通过分子之间的简单碰撞就能完成的，当反应物分子相互接近时要进行化学键的重排，形成一个高势能垒的中间过渡状态——**活化配合物**（activated complex），然后再转化为产物。例如，NO_2 和 CO 的反应中，当 NO_2 和 CO 的活化分子碰撞之后，就形成了一种活化配合物[ONOCO]（图 7-3），把这种处于一种中间状态，旧键未完全断裂、新键尚未完全形成的活化配合物称为过渡态，将过渡态与反应物之间的能量差称为反应的活动能或反应能垒。决定反应的快慢的因素主要是反应能垒的高低，而一般催化剂加快反应实际上是改变了反应的机理，降低了反应的活化能。对于一般反应，反应的热效应正好等于正、逆向反应的活化能之差：$\Delta H = E_a - E'_a$。

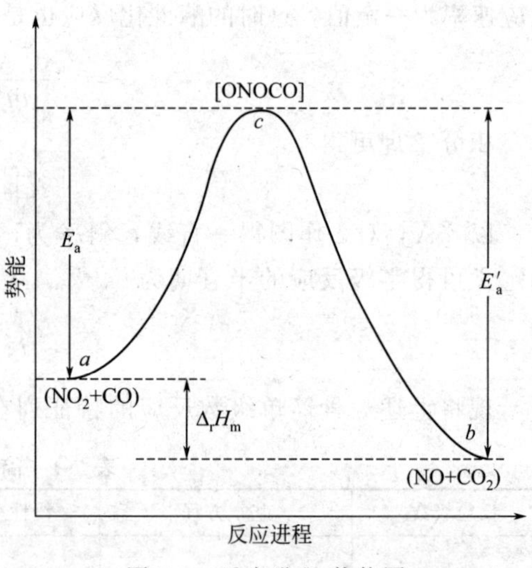

图 7-3　反应进程-势能图

7.4.4 影响化学反应速率的因素

（1）温度对化学反应速率的影响

温度对反应速率的影响表现在速率常数随温度的变化上，对多数反应而言，温度升高，

速率常数增加，反应速率加快。主要原因是温度升高，可导致更多的分子成为活化分子，活化分子增加，因而反应速率加快。

1889年阿伦尼乌斯（S. Arrhenius）提出速率常数 k 与反应温度 T 的关系，**即阿伦尼乌斯方程式**：

$$k=Ae^{-\frac{E_a}{RT}} \tag{7-45}$$

式中，A 为常数，称为指数前因子，它与单位时间内反应物的碰撞总数（碰撞频率）有关，也与碰撞时分子取向的可能性（分子的复杂程度）有关；R 为摩尔气体常数（$8.314\text{J}\cdot\text{mol}^{-1}\cdot\text{K}^{-1}$）；$E_a$ 为反应的活化能；T 为热力学温度；e 为自然对数的底。对式(7-45）取对数，得阿伦尼乌斯方程式的另一形式：

$$\ln k=-\frac{E_a}{RT}+\ln A \tag{7-46}$$

依据阿伦尼乌斯方程式可得出下列推论。

① 某反应的活化能 E_a、R 和 A 是常数，温度 T 升高，则 k 变大，反应加快。

② 当温度一定时，如反应的 A 值相近，E_a 愈大，则 k 愈小，即活化能越大，反应越慢。

③ 对不同的反应，温度对反应速率影响的程度不同。由于 $\ln k$ 与 $1/T$ 呈直线关系，而直线的斜率为负值($-E_a/R$)，故 E_a 越大的反应，直线斜率愈小，即当温度变化相同时，E_a 越大的反应，k 的变化越大。

利用阿伦尼乌斯方程式进行有关计算时，常要消去未知常数 A。设某反应在温度 T_1 时反应速率常数为 k_1，而在温度 T_2 时反应速率常数为 k_2，又知 E_a 及 A 不随温度而变，则式（7-46）可演变为：

$$\ln\frac{k_2}{k_1}=\frac{E_a}{R}\left(\frac{1}{T_1}-\frac{1}{T_2}\right) \tag{7-47}$$

利用这一关系式可以从两个已知温度下的速率常数确定反应的活化能，或从已知反应的活化能及某一温度下的速率常数计算另一温度下的速率常数。

【例 7-4】 硝基异丙烷在水溶液中与碱的中和反应是二级反应，其速率常数可表示为：

$$\ln k=-\frac{7284.4}{T/\text{K}}+27.383$$

时间以 min 为单位，浓度用 $\text{mol}\cdot\text{dm}^{-3}$ 表示。

① 计算反应活化能 E_a；

② 若硝基异丙烷与碱的浓度均为 $0.008\text{mol}\cdot\text{dm}^{-3}$，求 283K 时反应的半衰期。

解：①对照阿伦尼乌斯方程式 $\ln k=-\frac{E_a}{RT}+\ln A$ 可知

$E_a/R=7284.4\text{K}$ 则 $E_a=7284.4\text{K}\times8.314\text{J}\cdot\text{mol}^{-1}\cdot\text{K}^{-1}=60.56\text{kJ}\cdot\text{mol}^{-1}$

②$\ln k=-\frac{7284.4}{283}+27.383=1.643$ $k=5.17\ (\text{mol}\cdot\text{dm}^{-3})^{-1}\cdot\text{min}^{-1}$

$$t_{1/2}=\frac{1}{k[\text{A}]_0}=\frac{1}{5.17\ (\text{mol}\cdot\text{dm}^{-3})^{-1}\cdot\text{min}^{-1}\times0.008\text{mol}\cdot\text{dm}^{-3}}=24.18\text{min}$$

(2) 催化剂对化学反应速率的影响

催化剂（catalyst）是加入少量就能显著地改变反应速率的物质。有些催化剂能加快反应速率，这类催化剂称为正催化剂。如常温常压下，氢气和氧气的反应慢得不易察觉，但放入少许铂粉催化剂，它们就会立即反应生成水，而铂的化学成分及本身的质量并没有改变。而能使反应速率减慢的物质也称为负催化剂，如阻化剂或抑制剂等。有些反应的产物可作为其反应的催化剂，从而使反应速率加快，这一现象称为自动催化。例如高锰酸钾在酸性溶液中与草酸的反应，开始时反应较慢，一旦反应生成了 Mn^{2+} 后，反应就自动加速。通常所说的催化剂，都是指正催化剂。

催化剂之所以能加快化学反应速率，是由于催化剂参与了化学反应，生成了中间化合物，改变了反应途径，降低了反应的活化能，从而使更多的反应物分子成为活化分子，在反应过程中，催化剂又能从中间化合物再生出来，导致反应速率显著增大。图 7-4 形象地表示出有催化剂存在时，由于改变了反应途径，使反应沿着活化能较低的途径进行，因而加快了反应速率。

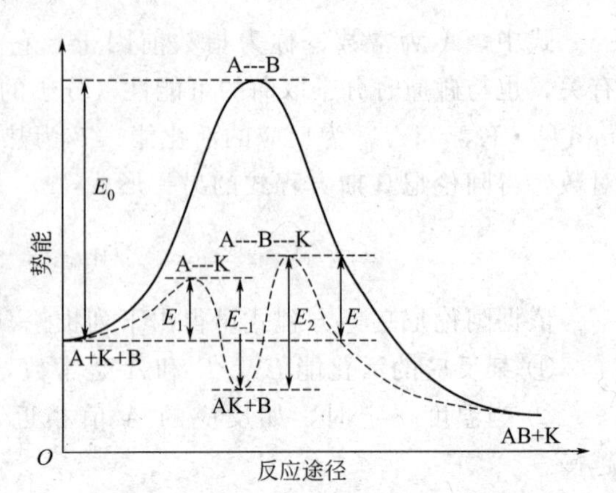

图 7-4 催化剂降低反应活化能示意图

催化剂具有以下几个基本特点。

① 催化剂对反应速率的影响，是通过改变反应历程实现的。催化剂参与了化学反应过程，生成中间化合物，但它可以在转变为生成物的反应中再生出来。因此，催化剂的某些物理性质常会发生变化，如外观改变、晶形消失等。

② 催化剂不能改变反应的标准平衡常数和平衡状态。可逆反应的标准摩尔吉布斯自由能变与标准平衡常数之间的关系为 $\Delta_r G_m^{\ominus} = -RT\ln K^{\ominus}$，由于催化剂在化学反应前后的化学组成和质量都未发生变化，因此 $\Delta_r G_m^{\ominus}$ 与催化剂存在与否无关。对于一个给定的化学反应，在一定温度下 $\Delta_r G_m^{\ominus}$，为定值，不因催化剂的存在而变化，当然 $K^{\ominus}$ 也不会变化，所以催化剂不能改变标准平衡常数和平衡状态。

③ 催化剂能同等程度地加快正反应速率和逆反应速率，缩短反应到达化学平衡所需的时间。因此，一个对正反应有催化作用的催化剂，必然对逆反应也有催化作用。利用这一原理，可以帮助人们从某些容易实现的逆反应入手，去寻找比较难实现的正反应的催化剂。

④ 催化剂具有选择性。一种催化剂在一定条件下只对某一个反应或某一类反应具有催化作用，而对其他反应没有催化作用。

⑤ 催化剂不能改变化学反应的方向。在等温等压和不做非体积功的条件下，一个化学反应能否发生取决于 $\Delta_r G_m$，只有 $\Delta_r G_m < 0$ 的反应才能自发进行。由于催化剂不能改变 $\Delta_r G_m$，所以不能使 $\Delta_r G_m > 0$ 的反应进行。对于热力学预言不能发生的反应，使用任何催化剂都是徒劳的，但催化剂可以使 $\Delta_r G_m < 0$ 的化学反应以显著的速率进行。

习 题

1. 计算系统的热力学能变化，已知：

(1) 系统吸热 1000J，对环境做功 540J；

(2) 系统吸热 250J，环境对系统做功 635J。

2. 一系统由状态 A 变化到状态 B，沿途径 Ⅰ 放热 100J，环境对系统做功 50J。试计算：

(1) 系统由状态 A 沿途径 Ⅱ 变化到状态 B，对环境做功 80J，则 Q 为多少？

（2）系统由状态 A 沿途径Ⅲ变化到状态 B，吸热 40J，则 W 为多少？

3. 298.15K 时，化学反应 $N_2(g)+3H_2(g) \xlongequal{} 2NH_3(g)$ 在一恒容容器内进行，已知生成 1molNH_3 放热 41.35kJ，计算 298.15K 时该反应的摩尔焓变。

4. 已知 298.15K 时下列反应的标准摩尔焓变：

（1）$Fe_2O_3(s)+3CO(g) \xlongequal{} 2Fe(s)+3CO_2(g)$；$\Delta_r H_{m,1}^{\ominus}=-27.61kJ \cdot mol^{-1}$

（2）$6Fe_2O_3(s)+CO(g) \xlongequal{} 4Fe_3O_4(s)+CO_2(g)$；$\Delta_r H_{m,2}^{\ominus}=-58.58kJ \cdot mol^{-1}$

（3）$2Fe_3O_4(s)+CO(g) \xlongequal{} 6FeO(s)+CO_2(g)$；$\Delta_r H_{m,3}^{\ominus}=38.07kJ \cdot mol^{-1}$

试计算下述反应在 298.15K 的标准摩尔焓变 $\Delta_r H_{m,4}^{\ominus}$。

$$FeO(s)+CO(g) \xlongequal{} Fe(s)+CO_2(g)$$

5. 利用 $\Delta_f H_m^{\ominus}$ 数据，试计算下列反应的标准摩尔焓变。

（1）$Fe_2O_3(s)+3CO(g) \xlongequal{} 2Fe(s)+3CO_2(g)$

（2）$4NH_3(g)+5O_2(g) \xlongequal{} 4NO(g)+6H_2O(g)$

6. 若丙烷 $C_3H_8(g)$ 的标准摩尔燃烧焓 $\Delta_c H_m^{\ominus}=-2220.0kJ \cdot mol^{-1}$，试求 $C_3H_8(g)$ 的标准摩尔生成焓。

7. 下列反应或变化中，系统的熵变 $\Delta_r S_m^{\ominus}$ 是正值还是负值？

（1）$H_2O(g) \longrightarrow H_2O(l)$　　（2）$NaCl(s) \longrightarrow NaCl(l)$

（3）$2NO_2(g) \xlongequal{} 2NO(g)+O_2(g)$　　（4）$2CO(g)+O_2(g) \xlongequal{} 2CO_2(g)$

8. 通过计算说明反应：$2CuO(s) \xlongequal{} Cu_2O(s)+1/2O_2(g)$

（1）在常温（298.15K）、标准态下能否自发进行；

（2）在 700K、标准态下能否自发进行。

9. 写出下列反应的平衡常数 K_c、K_p 与 $K^{\ominus}$ 的表达式。

（1）$CH_4(g)+H_2O(g) \rightleftharpoons CO(g)+3H_2(g)$

（2）$CaCO_3(s) \rightleftharpoons CaO(s)+CO_2(g)$

（3）$Al_2O_3(s)+3H_2(g) \rightleftharpoons 2Al(s)+3H_2O(g)$

10. 反应 $CaCO_3(s) \rightleftharpoons CaO(s)+CO_2(g)$，试由热力学数据确定

（1）200℃时平衡常数 $K^{\ominus}$；

（2）当 $p_{CO_2}=1.0kPa$ 时，反应的 $\Delta_r G_m$ 及反应自发进行的方向。

11. 在 1393K 时，反应 $CO_2(g)+H_2(g) \rightleftharpoons CO(g)+H_2O(g)$ 的 $K_1^{\ominus}=2.0$，而反应 $2CO_2(g) \rightleftharpoons 2CO(g)+O_2(g)$ 的 $K_2^{\ominus}=1.4\times10^{-12}$，试求反应 $H_2(g)+1/2O_2(g) \rightleftharpoons H_2O(g)$ 的 $K_3^{\ominus}$ 值。

12. 写出下列可逆反应标准平衡常数的数学表达式。

$$2CO(g)+O_2(g) \rightleftharpoons 2CO_2 \quad \Delta_r H_m^{\ominus}=\text{负值}$$

在固定反应容器总体积的平衡体系中，如果分别采取下列操作：(1)加入更多的 O_2；(2)从体系中取走 CO；(3)增加体系的压强；(4)降低温度；(5)将 N_2 加入容器。体系中 CO_2 的浓度将发生怎样的变化？

13. 300K 时，合成氨反应 $3H_2(g)+N_2(g) \rightleftharpoons 2NH_3(g)$ 的 $K^{\ominus}=5.9\times10^5$，$\Delta_r H_m^{\ominus}=-92.2kJ \cdot mol^{-1}$，假定 $\Delta_r H_m^{\ominus}$ 和 $\Delta_r S_m^{\ominus}$ 在 300～600K 的温度范围内保持不变，计算该可逆反应在 600K 时的标准平衡常数。

14. 气体 A 的分解反应 A（g）$\longrightarrow$ 产物，当 A 浓度等于 $0.20mol \cdot dm^{-3}$ 时，反应速率为 $0.015mol \cdot dm^{-3} \cdot s^{-1}$。如果该反应为：（1）零级反应，（2）一级反应，（3）二级反应，

反应速率常数分别是多少？A 的浓度等于 0.5mol·dm^{-3}时，反应速率分别是多少？

15. 已知某药物水解 30%即失效，若该药物溶液的质量浓度为 5.0g·L^{-1}，1 年后质量浓度下降为 4.2g·L^{-1}，设该药物水解反应为一级反应，计算此药物的半衰期和有效期。

16. 某种酶催化反应的活化能是 50kJ·mol^{-1}，正常人的体温为 37℃. 当患者发烧到 40℃时，此酶催化反应的速率增加了多少？

17. 蔗糖水解反应为 $C_{12}H_{22}O_{11} + H_2O \longrightarrow 2C_6H_{12}O_6$，该反应的活化能 E_a = 110kJ·mol^{-1}，300K 时该反应的半衰期为 1.22×10^4s，且半衰期与反应物的起始浓度无关。

(1) 求该反应的反应级数；

(2) 写出该反应的速率方程；

(3) 计算 310K 时该反应的速率常数。

参 考 文 献

[1] 魏祖期，刘德育．基础化学．第 8 版．北京：人民卫生出版社，2013.

[2] 胡琴，祁嘉义．基础化学．第 3 版．北京：高等教育出版社，2014.

[3] 傅洵，许泳吉，解从霞．基础化学教程．第 2 版．北京：科学出版社，2012.

[4] 徐春祥．基础化学．第 3 版．北京：高等教育出版社．2013.

8 滴定分析

分析化学是研究物质化学组成的分析方法及相关理论的一门科学，它与无机化学、有机化学和物理化学——四大化学构成了化学的基础学科。分析化学的主要任务是确定物质的化学组成（**定性分析**）、各组分的含量（**定量分析**）及其化学结构（**结构分析**）。

定量分析可分为**化学分析**和**仪器分析**，化学分析又分为重量分析和滴定分析。**滴定分析**（titrimetric analysis）也称容量分析（volumetric analysis），是常用的化学分析方法之一。它一般用于测定物质含量大于1%的常量组分，其快速、准确（相对误差0.1%左右）、操作简便、成本低廉，因此在化学、化工及医药卫生的生产和科研方面应用相当广泛。

8.1 滴定分析原理

8.1.1 滴定分析的概论

(1) 滴定分析法及基本概念

在滴定分析法中，将已知准确浓度的溶液称为**标准溶液**（standard solution），也叫滴定剂。滴定分析是将标准溶液通过滴定管滴加到待测溶液中，直至达到化学计量点，再根据消耗的标准溶液的体积和已知浓度来计算出待测物质的含量。其中，将标准溶液通过滴定管滴加到装有待测溶液的锥形瓶中的这一过程，称为**"滴定"**（titration）。

加入的标准溶液与待测物质按照化学计量关系刚好反应完全时，称反应达到了**化学计量点**（stoichiometric point）。由于许多化学反应达到化学计量点时，并没有明显的现象，无法确认是否到达化学计量点，故经常在滴定之前，往待测溶液中滴加少量指示剂，借助指示剂的颜色变化来确定终点的到达。在滴定过程中，指示剂刚好发生颜色转变时，称达到**"滴定终点"**（end point of titration）。但指示剂并不总是刚好在化学计量点变色，也就是滴定终点与化学计量点有一定的差别，由此产生的误差，称为**"滴定误差"**（titration error）。

(2) 滴定分析法对反应的基本要求

化学反应很多，并不是所有的化学反应都可以应用到滴定分析中，只有满足下列条件的化学反应，才能用于滴定分析。

① 反应要按照一定的计量关系进行，反应完全程度要求在99.9%以上。

② 反应要能较快进行，或者能够通过加热或添加催化剂等办法加快反应速率。

③ 必须有适当简便的方法来确定滴定终点的到达。

(3) 滴定分析法的分类

按照滴定时参与的化学反应类型，可以分为四种，分别是酸碱滴定法、配位滴定法、氧化还原滴定法和沉淀滴定法。

按照滴定方式的不同，可以分为如下四种。

① 直接滴定法　凡是能满足滴定分析基本要求的化学反应，都可以用于直接滴定，即直接用标准溶液滴定待测溶液。如，用 NaOH 标准溶液滴定 HCl。

② 返滴定法　当反应速率较慢或者反应物是固体时，加入的滴定剂不能立即与其反应完全，故不能直接滴定。可先加入一定量过量的滴定剂，待反应完全后，再加入另一种滴定剂滴定剩余的第一种滴定剂。如在固体 $CaCO_3$ 的测定中，若直接用 HCl 滴定，反应非常慢，故不能直接滴定。可以先往待测的固体 $CaCO_3$ 中加入一定量过量的 HCl 标准溶液，待其反应完全后，再用 NaOH 标准溶液返滴定过量的那部分 HCl。

③ 置换滴定法　当被测物与滴定剂不能按照化学计量关系反应或者同时有副反应发生时，不能直接滴定。可以先往被测物质中加入适当试剂，反应生成一种能被滴定的物质，再用标准溶液滴定此被置换出来的生成物。例如，硫代硫酸钠是一种还原剂，在酸性条件下与重铬酸钾等强氧化剂作用时，$S_2O_3^{2-}$ 会被氧化成 SO_4^{2-} 和 $S_4O_6^{2-}$，而且没有确定的计量关系，无法进行定量计算，故不能直接滴定。可以采用如下方法实现测定。先在酸性重铬酸钾溶液中加入过量的碘化钾，再用硫代硫酸钠标准溶液滴定生成的碘单质。

$$Cr_2O_7^{2-} + 6I^- + 14H^+ \longrightarrow 2Cr^{3+} + 3I_2 + 7H_2O$$

$$I_2 + 2S_2O_3^{2-} \longrightarrow 2I^- + S_4O_6^{2-}$$

④ 间接滴定法　当被测物质不能直接与滴定剂作用，却能和另一种可与标准溶液作用的物质反应时，可用间接滴定法。例如，Ca^{2+} 不能直接与高锰酸钾标准溶液作用，但可与高锰酸钾标准溶液作用的 $C_2O_4^{2-}$ 起反应，定量生成 CaC_2O_4，可通过间接测定 $C_2O_4^{2-}$，而测定 Ca^{2+} 的含量。

$$Ca^{2+} + C_2O_4^{2-} \longrightarrow CaC_2O_4 \downarrow$$

$$CaC_2O_4 + H_2SO_4 \longrightarrow CaSO_4 + H_2C_2O_4$$

$$5H_2C_2O_4 + KMnO_4 + 3H_2SO_4 \longrightarrow 10CO_2 \uparrow + 2MnSO_4 + K_2SO_4 + 8H_2O$$

8.1.2 标准溶液

滴定分析法的操作分为三个步骤：标准溶液的配制、标准溶液浓度的标定和待测物质含量的测定。标准溶液的配制可分为直接配制法和间接配制法。

(1) 直接配制法

准确称取一定量的基准物质，溶解后定量转移至容量瓶中，加水稀释定容。可根据物质的质量和体积，计算出其准确浓度。

基准物质是指能够直接用来配制标准溶液的物质。基准物质必须满足以下条件。

① 物质的组成应与其化学式完全相符，如 $H_2C_2O_4 \cdot 2H_2O$ 的结晶水含量也应与其化学式相符。

② 纯度要高，含量≥99.9%。

③ 性质稳定，如不易吸收空气中的二氧化碳和水分，也不易被空气氧化。

④ 摩尔质量要尽量大，可以尽量减小称量误差。

(2) 间接配制法

当试剂不满足基准物质的条件时，就不能直接用来配制标准溶液。此时可以采取间接配制法，即先将其配制成近似浓度的溶液，再用另一种标准溶液标定，确定其准确浓度。所谓**标定**，就是用一种标准溶液对待标液进行滴定，来求得待标液的准确浓度的过程。

8.2 误差

每一次测量都是由实验人员取少量物质作为试样，通过某种仪器对被测组分的某些物理或化学性质进行测定。由于受各种因素，如实验人员的主观因素或者时间、环境、费用等客观因素的影响，导致测定结果不可能与真实值完全一致，两者之间总会有一定差距，即客观上存在着不可避免的误差。本章节将讨论误差产生的原因和特点，以及减免误差的方法。

8.2.1 分析结果的准确度和精密度

(1) 准确度

准确度（accuracy）是指测量值（x）与真实值（T）的接近程度，常用**误差**（error）来衡量。误差越小，表示测量值与真实值越接近，准确度就越高。误差有两种表示方式：绝对误差（E_a，absolute error）和相对误差（E_r，relative error）。绝对误差是指测量值与真实值之间的差值，相对误差是指绝对误差占真实值的百分比。

绝对误差 $$E_a = x - T \tag{8-1}$$

相对误差 $$E_r = \frac{E_a}{T} \times 100\% \tag{8-2}$$

在实际分析工作中常采用相对误差来表示测量的准确度。

【例 8-1】 用分析天平准确称取两份某物质的样品，质量分别为 2.3570g 和 0.2357g，假如这两份样品的真实质量分别为 2.3571g 和 0.2358g，分别计算两份样品的绝对误差和相对误差。

解：两份样品的绝对误差分别为

$$E_{a_1} = 2.3570\text{g} - 2.3571\text{g} = -0.0001\text{g}$$

$$E_{a_2} = 0.2357\text{g} - 0.2358\text{g} = -0.0001\text{g}$$

相对误差分别为

$$E_{r_1} = \frac{-0.0001}{2.3571} \times 100\% = -0.004\%$$

$$E_{r_2} = \frac{-0.0001}{0.2358} \times 100\% = -0.04\%$$

(2) 精密度

在实际工作中，试样的真实值往往是未知的，此时便无法用误差来衡量分析结果的好坏，通常可以采用精密度来评价分析结果。**精密度**（precision）是指多次重复测量的结果相互之间的接近程度。用**偏差**（deviation）来衡量精密度的大小。偏差越小，精密度越高。偏差公式表如表 8-1 所示。

表 8-1 偏差公式表

偏差公式名称	表达式
绝对偏差 (absolute deviation)	$d_i = x_i - \overline{x}$ (8-3)
平均偏差 (average deviation)	$\overline{d} = \frac{\lvert d_1 \rvert + \lvert d_2 \rvert + \cdots + \lvert d_n \rvert}{n}$ (8-4)
相对平均偏差 (relative average deviation)	$\overline{d}_r = \frac{\overline{d}}{\overline{x}} \times 100\%$ (8-5)
标准偏差 (standard deviation)	$s = \sqrt{\frac{d_1^2 + d_2^2 + \cdots + d_n^2}{n-1}}$ (8-6)
相对标准偏差 (relative standard deviation)	$s_r = \frac{s}{\overline{x}} \times 100\%$ (8-7)

式中，d_1、d_2、…、d_n 表示第 1、2、…、n 次测量值的偏差；x 为单次测量值；$\overline{x}$ 为 n 次测量值的平均值。对于一般的测定分析来讲，如测定次数不多，可以采用相对平均偏差来表示实验的精密度。如果测定次数较多，采用相对标准偏差更合理。

【例 8-2】 对某物质的质量进行了 4 次称量测定，结果（g）分别为：0.2041、0.2049、0.2039 和 0.2043。试求此次测量的平均偏差和相对平均偏差。

解：

$$\overline{x} = \frac{0.2041 + 0.2049 + 0.2039 + 0.2043}{4} = 0.2043(\text{g})$$

$$\overline{d} = \frac{\lvert -0.0002 \rvert + \lvert 0.0006 \rvert + \lvert -0.0004 \rvert + \lvert 0.0000 \rvert}{4} = 0.0003$$

$$\overline{d}_r = \frac{\overline{d}}{\overline{x}} \times 100\% = \frac{0.0003}{0.2043} \times 100\% = 0.15\%$$

（3）准确度和精密度的关系

准确度是衡量测量值与真实值的符合程度，而精密度是衡量多次操作之间的符合程度，即测量的重现性。如果精密度不高，说明本次测量的操作不可信、不可靠，就更谈不上准确度了。故要准确度高，精密度一定要高。精密度高是准确度高的前提。但是精密度高，准确度不一定高。如图 8-1 所示，A 精密度高，准确度也高；B 精密度不高，准确度也不高；C 精密度高，准确度不高。

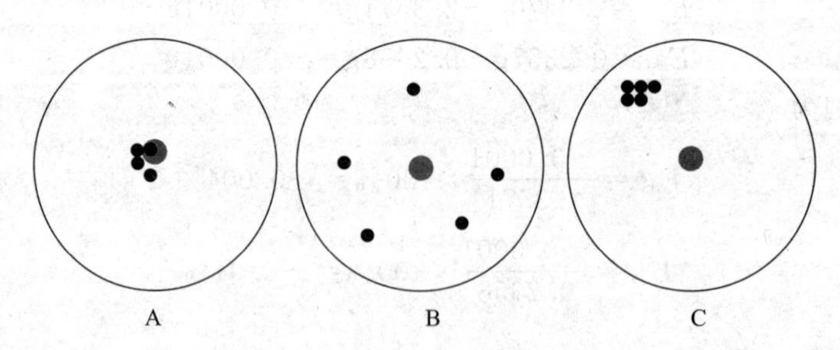

图 8-1 准确度与精密度的关系

8.2.2 误差产生的原因

在实际测定工作中，有很多因素可以产生误差。根据产生误差的各种因素的性质，可将误差分为系统误差和偶然误差。

（1）系统误差

系统误差（systematic error）也叫可测误差，是由某种可察觉的、固定的因素导致产生的误差。由于系统误差是测定过程中某些经常性的因素造成的，因此其影响比较恒定，若在同一条件下进行多次的重复测定，误差会重复出现。系统误差造成的结果是测定数据总是偏高或偏低，而且精密度可能会比较高，但不会有高的准确度。

根据产生的具体原因，又分为方法误差、仪器或试剂误差及操作误差。

① 方法误差　由于选用的实验方法不合适或不够完善所引起的误差。

比如，在滴定分析中，滴定误差和化学计量点不可能刚好符合，总是存在一定的差距，这就是一种系统误差。

② 仪器或试剂误差　由于所用的实验仪器未校准或试剂纯度不符合要求等引起的误差。例如，天平不等臂、玻璃仪器未清洗干净、蒸馏水引入杂质等。

③ 操作误差　由实验人员的操作习惯或主观因素引起的误差。如滴定分析中，观察滴定终点颜色变化时，总是偏深或者总是偏浅，而且不同的人偏深或偏浅的程度也不同，这就产生了系统误差。

（2）偶然误差

偶然误差（accidental error）又称不可测误差或随机误差，是由一些难以察觉的或不可控制的随机因素导致的误差。例如，测定条件下的温度、电压等的微小波动，空气的尘埃或水分含量的改变等都可引起此类误差。

8.2.3　提高分析结果准确度的方法

采取合适的方法减免误差，可以有效提高测定的准确度。根据误差的性质不同，可以针对性地选择减免误差的方法。

（1）减免系统误差的方法

① 校准仪器、选用合适纯度的试剂　为减免误差，需要对所用仪器校准，并将测定结果结合校准值进行分析；需用合适纯度的试剂，避免杂质带来的误差。

② 选用合适的实验方法　不同的实验方法具有不同的灵敏度和准确度。比如滴定分析法一般用于测定常量组分准确度比较高，但是对于微量，甚至是痕量，往往测不出来，灵敏度不够高。如果测定含量很低的试样组分，可以选择仪器分析，灵敏度较高，虽然相对误差较大，但是绝对误差较小，能够满足测定的准确度要求。但仪器分析对于常量组分又无法测准。所以，选择合适的实验方法，对于测定来说很重要。

③ 空白试验　把不加被测物质的试样叫作试样空白。对试样空白按照与正常试样被测定的方法和步骤进行分析测定，由此得到的结果为空白值，然后在正常试样的测定结果中减去空白值，这样就可以减免由仪器或试剂带来的系统误差。

④ 对照试验　将标样（已知准确含量的试样）与被测试样按照同样的方法和步骤进行测定，然后算出标样的测量值与已知的准确值之差，即可得到此分析方法的系统误差，再用此误差对被测试样的测量值进行校正，此为对照试验。

（2）减免偶然误差的方法

偶然误差多次测定一般不会重复出现，但也有规律。大误差出现的概率小，小误差出现的概率大，绝对值相同的正负误差出现的概率几乎相等。根据此规律，可以进行多次测量，取其平均值，可以减免偶然误差。

值得一提的是，在分析测定过程中，由于操作不规范、仪器不洁净、丢失试样、加错试剂、看错读数、记录或计算错误等，属于过失，是错误而不是误差，应及时纠正或重做。

8.3 有效数字

8.3.1 有效数字的含义

有效数字（significant figure）是指，在实际分析测定工作中能测量到的、有实际数值意义的数字。有效数字既能表示数值的大小，又能表明测量值的准确程度，它包括实验测得的全部准确数字和一位可疑数字，其中可疑数字有上下各一个单位的误差。例如，用分析天平称得一个试样的质量为0.1080g。0.1080g这一数据，表达了以下信息：采用的分析天平称量时，可读至万分位，反映实验仪器达到的精度；0.1080g的数值中，0.108是准确的，小数后第四位数“0”是可疑的，其数值有±1的误差。

在0～9这十个数字中，0有两种作用：起定位作用或者是有效数字。例如0.07050L这个数据中，7前面的两个0都起定位作用，7后面的两个0都是有效数字，这个数据有四位有效数字。

在变换单位或者变为科学计数法时，有效数字的位数不应发生改变。例如，0.07050L也就是70.50mL，0.07050L也可以写成7.050×10^{-2}L，都还是四位有效数字。

对于pH、lg$K$等对数值的有效数字的位数，只与小数部分的位数有关，整数部分是与该数字的10的幂次方有关的。如pH＝6.50的有效数字不是三位，而是两位，因为小数点后面只有5和0两位数字。而小数点前面的6是与10的方次有关，不计入有效数字位数。pH＝6.50也可记为$[H_3O^+]=3.2\times10^{-7}\,mol\cdot L^{-1}$，有效数字的位数仍然是两位。

有时在计算中遇到常数、倍数、分数等数字，它们没有不确定性，都是准确值，所以不受有效数字位数的限制，一般也不考虑其有效数字的位数。

8.3.2 有效数字的修约规则

在对实验数据进行处理时，各个数据的有效数字的位数常常不可能完全一致。为了避免数字过长引起的繁琐的运算工作量，在不影响计算准确度的前提下，对要计算的数字按照一定规则进行处理，舍去多余的数字，这一过程称为**修约**（rounding）。

修约规则是“四舍六入五留双”，即如待修约数为4时舍去，为6时，进一位。如果待修约数为5且5后面有≥1的数字，则进一位。如果5后面没有数字或数字为0，则分两种情况：5前面的数字是偶数则舍去，是奇数则进一位。

例如，把1.4658、1.4650和1.4750这三个数字保留到三位有效数字，则应该分别为1.47、1.46和1.48。

必须注意的是，对原数据只能修约一次，不能做多次修约。例如，2.5746→2.57，不能2.5746→2.575→2.58。

8.3.3 有效数字的运算规则

在加减运算时，应以绝对误差最大的数据，即小数点后位数最少的数据为准。如2.4265＋0.38，应以0.38的小数点后第二位为准。因为0.38的小数点后第二位，也就是8已经是可疑数字了，再与其他数据相加，小数点后的第三位也不准确了，所以只保留到小数点后第二位。

$$2.4265+0.38=2.81$$

在进行乘除运算时，则应以相对误差最大的数据，即有效数字位数最少的数据为准。如 1.5843×2.15，应以 2.15 为准，2.15 是三位有效数字，则最后保留三位有效数字。原因是 2.15 的相对误差最大。以此为依据，计算结果如下：

$$1.5843\times 2.15=3.41$$

如果使用计算工具，如计算器或计算机等处理数据，只需对最后的计算结果修约一次，不用进行多步修约。

8.4 酸碱滴定法

酸碱滴定法（acid-base titration）是以质子传递反应为定量计算基础的滴定分析方法。该方法可以用来测定一般的酸、碱，或与酸碱能直接或间接发生反应的物质。酸碱滴定法是滴定分析法中应用最为广泛、最重要的方法之一。

8.4.1 酸碱指示剂

多数酸碱反应没有明显的现象，无法确定是否到达终点。所以通常在滴定之前，往待滴溶液中加入少量指示剂，帮助判断滴定终点的到达。

（1）酸碱指示剂的变色原理

酸碱指示剂（acid-base indicator）一般都是有机弱酸或有机弱碱，与其相应的共轭碱或共轭酸有着不同的结构与颜色。

酚酞指示剂是一有机弱酸，其在溶液中存在如下解离平衡。

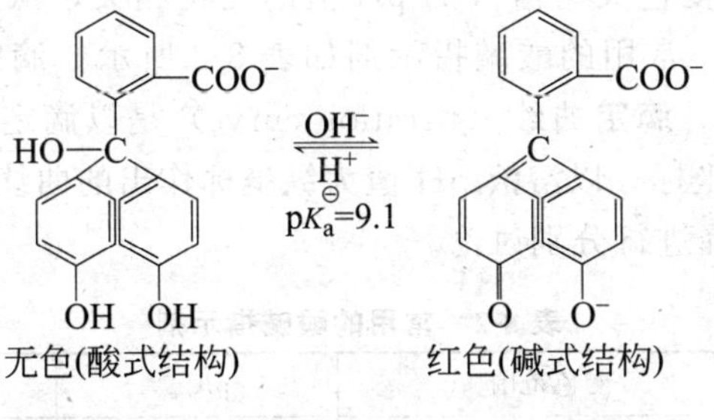

COO^- HO—C OH OH　$\underset{H^+}{\overset{OH^-}{\rightleftharpoons}}$ $pK_a^{\ominus}=9.1$　COO^- C O O^-

无色(酸式结构)　　红色(碱式结构)

平衡式中显示，若溶液碱性增强，pH 值逐渐变大，平衡会朝右移动，则酸式结构逐步转变为碱式结构，溶液由无色变为红色。若溶液酸性增强，则相反，由红色变为无色。也就是说，酸碱指示剂的颜色会随着溶液的酸碱性（即 pH）的变化而变化，所以可以用来指示溶液的 pH。

以 HIn 和 In^- 分别表示指示剂的酸式结构和碱式结构。但其在溶液达到解离平衡时，可用下式表示：

$$HIn \rightleftharpoons H^+ + In^-$$

$$K_{a,HIn}^{\ominus}=\frac{[H^+][In^-]}{[HIn]} \tag{8-3}$$

$$\frac{[In^-]}{[HIn]}=\frac{K_{a,HIn}^{\ominus}}{[H^+]} \tag{8-4}$$

将上式整理为：

$$pH=pK^{\ominus}_{a,HIn}+\lg\frac{[In^-]}{[HIn]} \tag{8-5}$$

由上式可知，某酸碱指示剂的 $K^{\ominus}_{a,HIn}$ 在一定的温度下是个定值，这时溶液中碱式结构和酸式结构的浓度比$\frac{[In^-]}{[HIn]}$只随［H^+］变化而变化。当溶液 pH 值发生变化时，两种结构的浓度比也随之发生变化，而两种结构具有不同的颜色，结构的浓度比变化也意味着颜色的比例发生了变化，从而指示滴定终点的到达。这就是酸碱指示剂的变色原理。

(2) 酸碱指示剂的变色范围和变色点

理论上，在具有任何 pH 值的溶液中，指示剂的酸式结构和碱式结构都同时存在，只是浓度的比例不同罢了。但是人的肉眼并不能观察出所有浓度比例下的混合颜色。一般，当两种结构浓度的比值≥10 或≤1/10 时，人眼只能看到浓度较大的那种结构具有的颜色。只有当浓度比值在 1/10～10 时，才能观察到酸式结构色与碱式结构色之间的颜色变化。此时，pH 为 $pK^{\ominus}_{a,HIn}+1\sim pK^{\ominus}_{a,HIn}-1$，把此范围称为该酸碱指示剂的理论**变色范围**（color change interval）。当 $pH=pK^{\ominus}_{a,HIn}$时，酸式结构与碱式结构的浓度相等，此时溶液的颜色是中间混合色，指示剂在此 pH 值时的变色最敏锐，故把此 pH 值称为该指示剂的**变色点**（color change point）。

在实际工作中，由于人眼对于不同的颜色有不同的敏感程度，再加上两种颜色互相掩盖，导致人们实际能观察到的颜色范围与理论变色范围有一定差距。但一般实际的变色范围大于 1 个 pH 单位，不超过 2 个 pH 单位

8.4.2 酸碱滴定法的基本原理

酸碱滴定中，很重要的一个工作是要首先选择合适的指示剂，用来告诉测定者滴定终点的到达，而指示剂的变色又与溶液的 pH 值的变化相关，从所以要先搞清楚滴定过程中溶液 pH 值的变化情况。常用的酸碱指示剂如表 8-2 所示。滴定曲线可以帮助了解这些信息并确定合适的指示剂。**滴定曲线**（titration curve）是以滴定过程中加入的滴定剂（酸或碱标准溶液）的量为横坐标，以溶液 pH 值为纵坐标作出的曲线。下面就各种不同类型的酸碱滴定曲线及 pH 的选择进行分别讨论。

表 8-2 常用的酸碱指示剂

指示剂	变色范围	$pK^{\ominus}_{In}$	酸色	碱色
百里酚蓝(1)	1.2～2.8	1.7	红色	黄色
甲基橙	3.1～4.4	3.7	红色	黄色
溴酚蓝	3.1～4.6	4.1	黄色	紫色
溴甲酚绿	3.8～5.4	4.1	黄色	紫色
甲基红	4.4～6.2	5.0	红色	黄色
溴百里酚蓝	6.0～7.2	7.3	黄色	蓝色
中性红	6.8～8.0	7.4	红色	黄色
酚酞	8.0～9.6	9.1	无色	红色
百里酚蓝(2)	8.0～9.6	8.9	黄色	蓝色
百里酚酞	9.4～10.6	10.0	无色	蓝色

8.4.2.1 强酸或强碱的滴定

强酸或强碱滴定是以质子传递反应为基础的，反应式如下：

$$H^+ + OH^- \longrightarrow H_2O$$

反应的平衡常数约为10^{14}，非常大，所以反应非常完全。

下面以 NaOH 滴定 HCl 为例讨论强碱滴定强酸的过程。设两者浓度均为 0.1000 $mol \cdot L^{-1}$，HCl 的体积 V_a 为 20.00mL。滴定过程大致分为如下四个阶段。

① 滴定前　NaOH 的体积 $V_b=0$，此时溶液的 $[H^+]$ 只由 HCl 提供。

$$[H^+]=0.1000mol \cdot L^{-1}$$

$$pH=1.00$$

② 滴定开始至化学计量点之前　此时溶液中 HCl 过量，$V_a>V_b$，溶液的 pH 值由过量的 HCl 决定。假设滴定的相对误差按±0.1%计，则加入的强碱 NaOH 的 V_b 为 20.00mL×(100%－0.1%)＝19.98mL 时：

$$[H^+]=\frac{20.00mL-19.98mL}{20.00mL+19.98mL}\times 0.1000mol \cdot L^{-1}=5.00\times 10^{-5}mol \cdot L^{-1}$$

$$pH=4.30$$

③ 达到化学计量点时　$V_a=V_b=20.00mL$，NaOH 和 HCl 刚好反应完全，此时溶液呈中性，$[H^+]=[OH^-]$，pH＝7.00。

④ 化学计量点后　此时，溶液中 NaOH 过量，$V_a<V_b$，溶液的 pH 值由过量的 NaOH 决定。假设加入的 NaOH 的 V_b 为 20.00mL×(100%＋0.1%)＝20.02mL 时：

$$[OH^-]=\frac{20.02mL-20.00mL}{20.00mL+20.02mL}\times 0.1000mol \cdot L^{-1}=5.00\times 10^{-5}mol \cdot L^{-1}$$

$$pOH=4.30, pH=14.00-4.30=9.70$$

用上述方法计算出滴定过程中各点的 pH 值，并将数据列于表 8-3 中。

表 8-3　室温下用 NaOH（0.1000mol·L⁻¹）滴定 HCl（0.1000mol·L⁻¹）时溶液的 pH 值的变化

NaOH V/mL	滴定百分比	剩余 HCl V/mL	过量 NaOH V/mL	pH
0.00	0.000	20.00		1.00
18.00	0.900	2.00		2.28
19.80	0.990	0.20		3.30
19.98	0.999	0.02		4.30
20.00	1.000	0.00		7.00(化学计量点)
20.02	1.001		0.02	9.70
20.20	1.010		0.20	10.70
22.00	1.100		2.00	11.70
38.00	1.900		18.00	12.49
40.00	2.000		20.00	12.52

以加入的 NaOH 的体积 V_b 为横坐标、溶液的 pH 为纵坐标，作图可得强碱滴定强酸的滴定曲线，如图 8-2 中 a 曲线。

从表 8-3 和图 8-2 可看出，当加入 NaOH 的体积量为 19.98mL，即滴定百分比为 99.9%时，pH 值从 1.00 变为 4.30，变化了 3.30 个单位，变化比较缓慢，曲线较为平坦。

而当 NaOH 加入量从 19.98mL 到 20.20mL，即滴定百分比从 99.9%到 100.1%时，pH 值从 4.30 变为 9.70，变化了 5.4 个单位，而这中间仅仅只相差一滴 NaOH 而已，这个阶段 pH 发生了突变，曲线几乎垂直，称为**滴定突跃**（titration jump）。突跃所在的 pH 范围称为**滴定突跃范围**（titration jump interval）。本例的滴定突跃范围是 4.30～9.70。

作出滴定曲线的目的是选择合适的指示剂。理论上，希望指示剂在化学计量点处变色，但是实际上往往不太容易找到这样的指示剂。从滴定曲线中可以看出滴定突跃范围，那么只要指示剂的变色范围部分或全部地落在突跃范围内，就可以观察到滴定终点的到达，而且这样带来的滴定的相对误差不超过±0.1%，符合准确度要求。按照这个原则，上例中可以选用的指示剂有酚酞、甲基橙和甲基红。

如果反过来，用 HCl($0.1000mol \cdot L^{-1}$)滴定 NaOH($0.1000mol \cdot L^{-1}$)20.00mL，则滴定曲线如图 8-2 中的 b 曲线，形状相似，与 a 曲线对称，pH 值变化由大到小，与 a 曲线相反，滴定突跃范围相同，所以也可以选择上述三种指示剂。

滴定突跃范围的大小与酸碱的浓度有关。

由图 8-3 可知，溶液的浓度越大，滴定突跃范围也就越大，反之，浓度越小，滴定突跃范围也越小。突跃范围越大，可以选择的指示剂就越多，但是如果浓度太大，可能引起的滴定误差会较大。突跃范围太小，可选的指示剂就比较少，浓度小到一定的程度，会使突跃范围太小而无法找到合适的指示剂。所以，为了选择到合适的指示剂，且不会引入较大误差，一般在滴定分析中，酸碱的浓度在 $0.1 \sim 0.5mol \cdot L^{-1}$为宜。

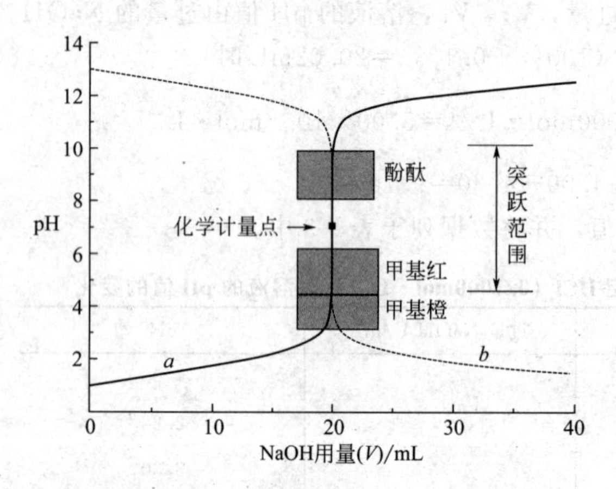

图 8-2　NaOH（$0.1000mol \cdot L^{-1}$）与 HCl（$0.1000mol \cdot L^{-1}$）的滴定曲线

（注：a 为 NaOH 滴 HCl，b 为 HCl 滴 NaOH）

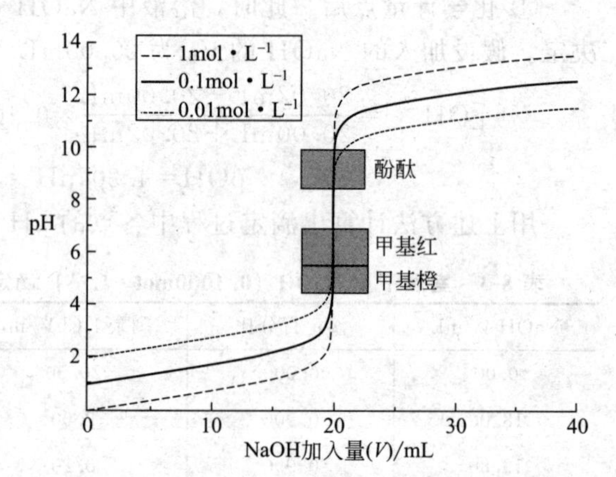

图 8-3　不同浓度的 NaOH 滴定相应不同浓度的 HCl 的滴定曲线

8.4.2.2　一元弱酸或弱碱的滴定

强碱滴定一元弱酸 HA 的基本反应为：

$$OH^-(aq) + HA(aq) = A^-(aq) + H_2O(l)$$

现以 NaOH 溶液滴定 20.00mL HAc 溶液为例，讨论滴定过程中溶液 pH 值的变化。设两者浓度均为 $0.1000mol \cdot L^{-1}$。

① 滴定前　NaOH 的体积 $V_b=0$，此时溶液的$[H^+]$只由 HAc 提供，按一元弱酸的 pH 计算公式进行计算。

$$[H^+] = \sqrt{c(HAc)K_a^{\ominus}(HAc)} = \sqrt{0.1000 \times 1.8 \times 10^{-5}}$$

$$[H^+]=1.34\text{mol}\cdot L^{-1}$$
$$pH=2.88$$

② 滴定开始至化学计量点之前　滴定加入的 NaOH 与 HAc 反应生成 NaAc，NaAc 与剩余的 HAc 组成缓冲对，此溶液为缓冲溶液。故可将缓冲溶液的 pH 计算公式用于该溶液 pH 值的计算。加入的强碱 NaOH 的 V_b 为 20.00mL×(100%−0.1%)=19.98mL 时：

$$pH=4.74+\lg\frac{0.1000\times19.98}{0.1000\times(20.00-19.98)}=7.74$$

③ 达到化学计量点时　$V_a=V_b=20.00\text{mL}$，NaOH 和 HAc 刚好反应完全，此时溶液中全部是 NaAc，可以按照一元弱碱的 pH 计算公式来计算 pH 值。

$$[OH^-]=\sqrt{c(Ac^-)K_b^{\ominus}(Ac^-)}=\sqrt{0.05000\times5.6\times10^{-10}}$$
$$[OH^-]=5.33\times10^{-6}\text{mol}\cdot L^{-1}$$
$$pOH=5.28,pH=14.00-5.28=8.72$$

④ 化学计量点后　与前面一元强碱滴定强酸时类似，此时溶液中 NaOH 过量，$V_a<V_b$，溶液的 pH 由过量的 NaOH 决定。假设加入的 NaOH 的 V_b 为 20.02mL 时：

$$[OH^-]=\frac{20.02\text{mL}-20.00\text{mL}}{20.00\text{mL}+20.02\text{mL}}\times0.1000\text{mol}\cdot L^{-1}=5.00\times10^{-5}\text{mol}\cdot L^{-1}$$
$$pOH=4.30,pH=14.00-4.30=9.70$$

用上述方法计算出滴定过程中各点的 pH 值，并用这些数据作出曲线图，如图 8-4 所示。

从图 8-4 中可以看出，强碱滴定弱酸与强碱滴定强酸有几个不同之处。

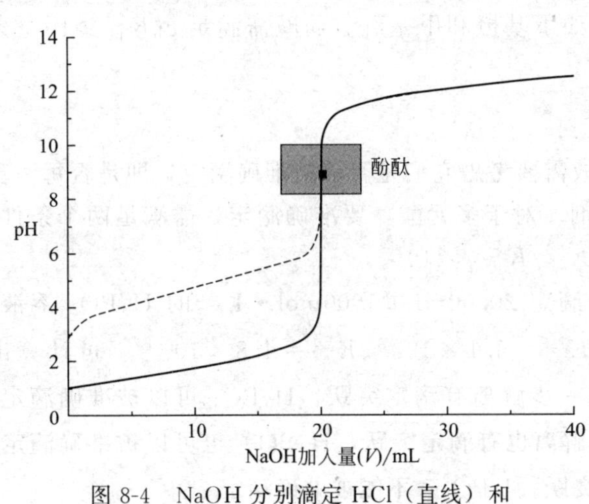

图 8-4　NaOH 分别滴定 HCl（直线）和 HAc（虚线）的滴定曲线

第一，曲线的起始点不同，比滴定 HCl 时高了。此处曲线的起始点是 2.88，而滴定 HCl 时是 1。原因是 HAc 的酸性较 HCl 弱，不能完全电离出 H^+，所以在同浓度下，HAc 溶液的 $[H^+]$ 要比 HCl 的低，pH 值则比 HCl 的要高。

第二，化学计量点位置不同。此曲线的化学计量点为 8.72，而滴定 HCl 时是 7，化学计量点高了。因为在计量点时，溶液是 NaAc 溶液，是一元弱碱，所以计量点升高至碱区。

第三，突跃范围变窄了。突跃范围为 7.74～9.70，而不如滴定 HCl 时的 4.30～9.70 宽。原因主要是滴定的起始点和化学计量点都变高了。导致在酸区变色的指示剂，如甲基橙和甲基红都无法使用。

第四，曲线的前一段形状不同。曲线的前半段中，从开始到计量点之间，两头比较陡，中间比较平缓。原因是：当 NaOH 滴到 HAc 溶液中后，生成的 NaAc 和剩余的 HAc 组成缓冲对，形成缓冲溶液。由于缓冲能力在缓冲比为 1 时最大，与 1 相差越大，缓冲能力就越小。在曲线前半段的两头，缓冲比与 1 相差较大，缓冲能力较弱，所以当加入强碱 NaOH

时，溶液的 pH 值变化就较大；而中段缓冲比趋近于 1，所以 pH 变化较缓。

强碱滴定弱酸的滴定突跃范围，除了与酸碱的浓度有关之外，还会受弱酸的强度影响。从图 8-5 可知，弱酸越强，突跃范围越大，反之，突跃范围越小。当弱酸弱到一定的程度，突跃范围变得很小，此时无法找到合适的指示剂，所以就不能准确滴定了。结合酸碱浓度的影响，强碱准确滴定弱酸的判据条件是 $c_a K_a^{\ominus} \geqslant 10^{-8}$。

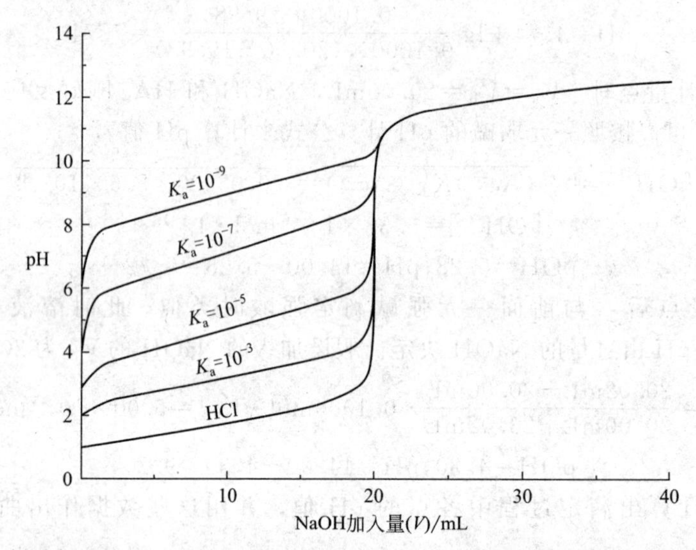

图 8-5　0.1000mol·L^{-1}的 NaOH 滴定不同强度的酸的滴定曲线

强酸滴定弱碱同强碱滴定弱酸类似，只是 pH 的变化方向相反，计量点也不同，落在酸区，所以只能选择在酸区变色的指示剂，如甲基橙和甲基红。弱碱需满足 $c_b K_b^{\ominus} \geqslant 10^{-8}$ 条件，才能被强酸准确滴定。

8.4.2.3　多元酸或多元碱的滴定

由于多元酸或多元碱存在多步电离，故需要考虑它们是否能被准确滴定，即是否每一步都有滴定突跃，这样才能选择合适的指示剂。对于多元酸，要准确滴定，需满足两个条件：每一步的反应均需满足 $c_a K_{a_i}^{\ominus} \geqslant 10^{-8}$，且 $K_{a_i}^{\ominus}/K_{a_{i+1}}^{\ominus} \geqslant 10^4$。

例如，用 0.1000mol·L^{-1} 的 NaOH 滴定 20.00mL0.1000mol·L^{-1} 的 H_3PO_4 溶液。查表可知，H_3PO_4 的 $K_{a_1}^{\ominus}=6.9\times10^{-3}$、$K_{a_2}^{\ominus}=6.1\times10^{-8}$、$K_{a_3}^{\ominus}=4.8\times10^{-13}$。可计算出 $c_a K_{a_1}^{\ominus} > 10^{-8}$，且 $K_{a_1}^{\ominus}/K_{a_2}^{\ominus} > 10^4$，可知第一步解离有滴定突跃，$H_3PO_4$ 可以被准确滴定；$c_a K_{a_2}^{\ominus} \approx 10^{-8}$，且 $K_{a_2}^{\ominus}/K_{a_3}^{\ominus} > 10^4$，第二步解离也有滴定突跃，$H_2PO_4^-$ 也可以被准确滴定；但 $c_a K_{a_3}^{\ominus} < 10^{-8}$，故第三步解离没有滴定突跃，$HPO_4^{2-}$ 不能被准确滴定。

由图 8-6 可看出，H_3PO_4 被 NaOH 滴定，有明显的两个滴定突跃。由于多元酸的滴定曲线较一元酸复杂，故在选择指示剂时，可以通过计算每一步解离反应的化学计量点，选择在计量点附近变色的指示剂即可。如用简式近似计算两步化学计量点分别为 4.68 和 9.76，故可选择甲基红和酚酞分别作为两步滴定的指示剂。

$$pH_1=\frac{1}{2}(pK_{a_1}^{\ominus}+pK_{a_2}^{\ominus})=\frac{1}{2}\times(2.16+7.21)=4.68$$

$$pH_2=\frac{1}{2}(pK_{a_2}^{\ominus}+pK_{a_3}^{\ominus})=\frac{1}{2}\times(7.21+12.32)=9.76$$

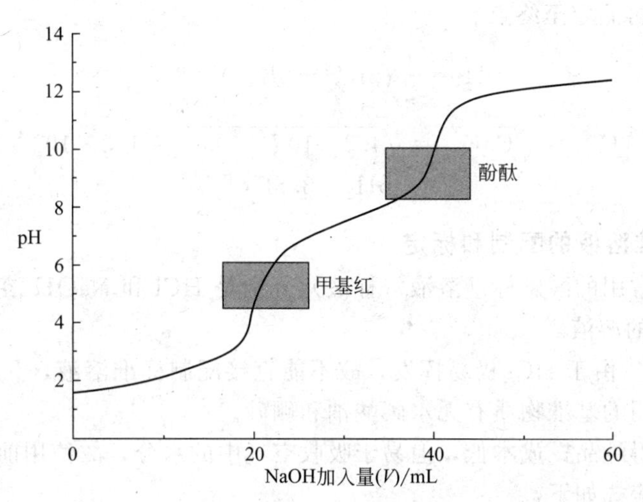

图 8-6　0.1000mol・L^{-1}的 NaOH 滴定 0.1000mol・L^{-1}的 H_3PO_4 溶液的滴定曲线

多元碱的滴定同多元酸类似，要准确滴定必须每一步的反应均满足 $c_bK^{\ominus}_{b_i} \geqslant 10^{-8}$，且 $K^{\ominus}_{b_i}/K^{\ominus}_{b_{i+1}} \geqslant 10^4$。例如，用 0.1000mol・$L^{-1}$ 的 HCl 滴定 20.00mL0.1000mol・L^{-1}的 Na_2CO_3 溶液。查表可知，H_2CO_3 的 $K^{\ominus}_{a_1}=4.3\times10^{-7}$、$K^{\ominus}_{a_2}=5.6\times10^{-11}$，算出 $CO_3{}^{2-}$ 的 $K^{\ominus}_{b_1}=1.8\times10^{-4}$、$K^{\ominus}_{b_2}=2.3\times10^{-8}$。可计算出 $c_bK^{\ominus}_{b_1}>10^{-8}$，且 $K^{\ominus}_{b_1}/K^{\ominus}_{b_2}\approx10^4$，可知第一步解离有滴定突跃，$Na_2CO_3$ 可以被准确滴定。但是由于 $K^{\ominus}_{b_1}/K^{\ominus}_{b_2}\approx10^4$，第一步和第二步解离有交叉，故突跃不是特别明显。由于第二步的 $K^{\ominus}_{b}$ 接近 10^{-8}，故 $NaHCO_3$ 也能被准确滴定。滴定曲线如图 8-7 所示。

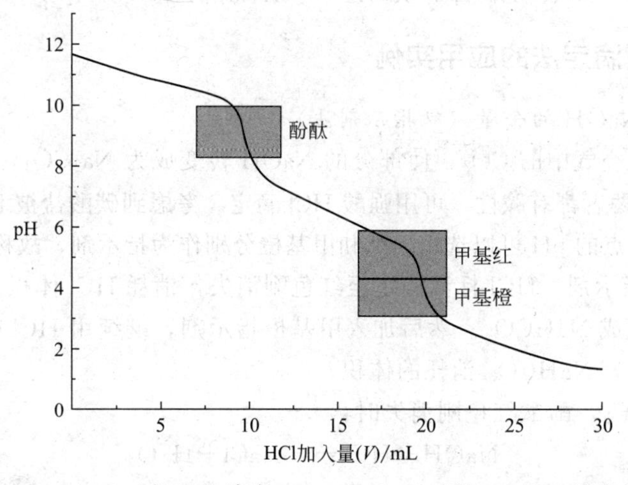

图 8-7　0.1000mol・L^{-1}的 HCl 滴定 0.1000mol・L^{-1}的 Na_2CO_3 溶液的滴定曲线

第一步的化学计量点处，产物是 $NaHCO_3$，可由两性物质的近似公式计算其 pH 值。第二步解离的产物是 H_2CO_3（溶解态 CO_2），饱和溶液的浓度为 0.04mol・L^{-1}，由近似公式计算出 pH 值。由两步计量点的 pH 值可选择指示剂分别为酚酞和甲基橙。由于第一计量点附近的突跃不是特别明显，故可选用百里酚蓝和甲酚红混合指示剂，可使终点变色敏锐，减小滴定误差。在第二计量点处，由于终点时 CO_2 过多，易形成过饱和溶液使酸度增大，从而导致终点提前。为避免此现象，通常在接近终点时充分旋摇或煮沸溶液，以使溶解态的

CO_2 逸出，稍冷后再滴定至终点。

$$pH_1=\frac{1}{2}(pK_{a_1}^{\ominus}+pK_{a_2}^{\ominus})=8.3$$

$$[H^+]=\sqrt{CaK_{a_1}^{\ominus}}=\sqrt{4.3\times10^{-7}\times0.04}=1.3\times10^{-4}$$

$$pH_2=3.8P$$

8.4.2.4 酸碱标准溶液的配制和标定

酸碱滴定中最常用的酸碱标准溶液（标液）分别是 HCl 和 NaOH 溶液。一般配制成浓度为 $0.1mol\cdot L^{-1}$的溶液。

① 酸标准溶液　由于 HCl 极易挥发，故不能直接配制标准溶液，只能间接配制，再用基准物质标定。常用的基准物质有无水碳酸钠和硼砂。

无水碳酸钠易得纯品，成本低，但易于吸收空气中的水分，故使用前应烘干，并放置于干燥器中备用。反应式如下：

$$Na_2CO_3+2HCl \longrightarrow 2NaCl+CO_2\uparrow+H_2O$$

硼砂（$Na_2B_4O_7\cdot10H_2O$）易得纯品，不易吸湿，摩尔质量较无水碳酸钠大，故称量误差较小。但硼砂还有结晶水，保存时应在相对湿度为 60%的恒湿器中，以免结晶水损失。反应式为：

$$Na_2B_4O_7+2HCl+5H_2O \longrightarrow 4H_3BO_3+2NaCl$$

② 碱标准溶液　NaOH 在空气中易于吸收水蒸气和 CO_2，故只能间接配制其标准溶液，再标定，可用草酸（$H_2C_2O_4\cdot2H_2O$）或邻苯二甲酸氢钾（$KHC_8H_4O_4$）标定。但由于邻苯二甲酸氢钾易得纯品，又不含结晶水，易于保存，摩尔质量大，故更常用。

$$KHC_8H_4O_4+NaOH = KNaC_8H_4O_4+H_2O$$

8.4.3 酸碱滴定法的应用实例

(1) 测定药用 NaOH 的含量（双指示剂法）

NaOH 易于吸收空气中的 CO_2，使部分的 NaOH 转变成为 Na_2CO_3，从而形成 NaOH 与 Na_2CO_3 的混合物。两者都有碱性，可用强酸 HCl 滴定。考虑到碳酸盐被 HCl 滴定时有两个化学计量点，根据计量点的 pH 可以选用酚酞和甲基橙分别作为指示剂，故称为双指示剂法。

先以酚酞作为指示剂，HCl 标液滴定至红色刚消失，消耗 HCl 体积 V_1，此时 NaOH 全部反应，Na_2CO_3 生成 $NaHCO_3$。然后加入甲基橙指示剂，继续用 HCl 标液滴定至橙红色，消耗 HCl 体积 V_2，为 $NaHCO_3$ 消耗的体积。

消耗 HCl 体积 V_1，酚酞红色刚消失时：

$$NaOH+HCl = NaCl+H_2O$$

$$Na_2CO_3+HCl = NaCl+NaHCO_3$$

消耗 HCl 体积 V_2，甲基橙变为橙红色时：

$$NaHCO_3+HCl = NaCl+H_2O+CO_2\uparrow$$

Na_2CO_3 和 NaOH 的质量分数可用下式计算：

$$Na_2CO_3\%=\frac{c_{HCl}V_2M_{Na_2CO_3}}{m_s}\times100\%$$

$$NaOH\%=\frac{c_{HCl}(V_1-V_2)M_{NaOH}}{m_s}\times100\%$$

式中，m_s 为样品总质量；$M_{Na_2CO_3}$ 和 M_{NaOH} 分别为 Na_2CO_3 和 NaOH 的摩尔质量，式中的物理量都使用我国法定计量单位。

(2) 测定食醋中的总酸度

食醋中主要含有乙酸，含量为 3%～5%，除此之外，还含有乳酸等有机酸。故可以用强碱 NaOH 滴定食醋测出总酸度。由于乙酸含量较多，所以通常用 HAc 来表示食醋的总酸度。滴定反应如下式：

$$HAc + NaOH \longrightarrow NaAc + H_2O$$

由于滴定突跃范围在 7.74～9.70，化学计量点为 8.72，在碱区，故可用酚酞作为指示剂。滴定完成后可用下式计算 HAc 的质量分数：

$$HAc\% = \frac{c_{NaOH} V_{NaOH} M_{HAc}}{m_{HAc}} \times 100\%$$

8.5 配位滴定法

配位滴定法（complexometric titration）是以配位反应为基础的滴定分析方法。配位滴定法主要应用于金属离子的含量测定。目前，已有六十多种元素可用配位滴定法测定，应用广泛。

8.5.1 配位滴定法的基本原理

用于配位滴定法的配位剂有无机配位剂和有机配位剂。其中，有机配位剂应用更为广泛，如氨羧配位剂。由于有机配位剂可以与金属离子形成螯合物，所以也称螯合剂。最常用的螯合剂是乙二胺四乙酸（EDTA），用 EDTA 作为螯合剂的配位滴定法称为 EDTA 滴定法。

EDTA 是有机四元酸，通常用简式 H_4Y 表示。因其在水中的溶解度较小，通常将其制成二钠盐，即 EDTA 二钠盐 $Na_2H_2Y \cdot 2H_2O$，一般也简称 EDTA。

(1) EDTA 与金属离子的配位反应的特点

① EDTA 具有很强的配位能力，能与几乎所有的金属离子形成较稳定的螯合物。

② EDTA 能与金属离子以配位比 1∶1形成螯合物，便于最后的定量计算。反应式简写为：$M + Y \longrightarrow MY$。

③ EDTA 与金属离子形成的螯合物，多数带有电荷，故易溶于水，反应迅速，利于在水中进行滴定分析。

④ EDTA 与金属离子形成的螯合物的颜色有一定规律，与无色金属原子结合可生成无色螯合物，与有色金属原子结合所生成的螯合物颜色更深。例如钙、镁等无色金属与 EDTA 形成的螯合物是无色的，而天蓝色的铜离子溶液在与 EDTA 反应后变为深蓝色。

(2) 外界条件对 EDTA 与金属离子配位反应的影响

① 酸度的影响　在高酸度条件下，EDTA 是一个六元弱酸，在溶液中存在六级解离平衡和七种存在形式，但只有 Y_4^- 能与金属离子配位。

$$H_6Y^{2+} \underset{+H^+}{\overset{-H^+}{\rightleftharpoons}} H_5Y^+ \underset{+H^+}{\overset{-H^+}{\rightleftharpoons}} H_4Y \underset{+H^+}{\overset{-H^+}{\rightleftharpoons}} H_3Y^- \underset{+H^+}{\overset{-H^+}{\rightleftharpoons}} H_2Y^{2-} \underset{+H^+}{\overset{-H^+}{\rightleftharpoons}} HY^{3-} \underset{+H^+}{\overset{-H^+}{\rightleftharpoons}} Y^{4-}$$

故酸度越高，游离的 Y_4^- 越少，EDTA 的配位能力就越弱，故酸度不宜太高。但若酸度太低，金属离子有可能形成氢氧化物沉淀。所以对于每种金属离子在用 EDTA 滴定时，都需要控制在一定的 pH 范围，酸度不宜太高，也不宜太低。

② 其他金属离子的干扰　因为 EDTA 的配位能力很强，溶液中如果同时存在其他金属离子，极有可能也会被 EDTA 滴定而使测定结果偏高。为了避免此误差，可以在滴定之前加入掩蔽剂与干扰离子配位；或者通过调节溶液 pH 值，使干扰离子在该酸度条件下不与 EDTA 反应，消除其干扰。

③ 其他配体的干扰　若溶液中存在其他能与被测金属离子形成配合物的配体，则会使测定结果偏低，需在滴定之前通过调节溶液的酸度或其他方法消除其干扰。

(3) 金属离子指示剂

在配位滴定中，也需要加入一种指示剂，用来指示金属离子的浓度，所以称为金属离子指示剂，简称金属指示剂。

金属指示剂也是一种配体，它本身的颜色与它和金属离子形成的配合物的颜色有明显区别，而且一般还要求这个配合物的稳定性要比 EDTA 与金属离子形成的配合物的稳定性要小，才能在反应达到计量点时，已与指示剂配位的金属离子被 EDTA 夺去而使指示剂释放出来，溶液便显示出指示剂本身的颜色。以铬黑 T 为例，说明金属指示剂的作用原理。

铬黑 T 在 $pH<6.3$ 时呈紫红色，在 $pH=6.3\sim11.6$ 时呈蓝色，在 $pH>11.6$ 时为橙色，与金属离子形成的配合物为酒红色，故铬黑 T 应在 $pH=6.3\sim11.6$ 使用。

滴定前，在含有 Mg^{2+} 的溶液($pH=8\sim10$)中加入铬黑 T 指示剂后，溶液呈酒红色，反应式如下：

$$\underset{\text{(蓝色)}}{\text{铬黑 T}}+Mg^{2+}=\!=\!=\underset{\text{(酒红色)}}{Mg^{2+}\text{-铬黑 T}}$$

滴定达到终点时，滴定剂 EDTA 夺取 Mg^{2+}-铬黑 T 中的 Mg^{2+}，使铬黑 T 游离出来，溶液由酒红色变为蓝色，发生如下反应：

$$\underset{\text{(酒红色)}}{Mg^{2+}\text{-铬黑 T}}+\text{EDTA}=\!=\!=\underset{\text{(蓝色)}}{\text{铬黑 T}}+Mg^{2+}\text{-EDTA}$$

(4) EDTA 标准溶液的配制和标定

由于 EDTA 的溶解度较小，实际工作中常用 EDTA 二钠盐来配制标准溶液。一般采用间接法配制 EDTA 标准溶液。先配制近似浓度的溶液，再用基准物质标定。常用来标定 EDTA 的基准物质有 Zn、ZnO、$CaCO_3$、$MgCO_3\cdot7H_2O$ 等。标定 EDTA 溶液时，用氨缓冲溶液调节 pH 值约为 10，滴加铬黑 T 指示剂。一般将 EDTA 标准溶液的浓度配制为 $0.01\sim0.05mol\cdot L^{-1}$。

8.5.2　配位滴定法的应用实例

(1) 测定含钙药物中的钙含量

很多药物含有钙，比如乳酸钙、葡萄糖酸钙和氯化钙等。测定钙含量的方法有很多，其中《中华人民共和国药典》中多采用 EDTA 滴定法。滴定之前，将待测钙试样溶液（如乳酸钙）用氨缓冲溶液调节 pH 值至 10 左右，滴加铬黑 T 指示剂，此时溶液呈现 Ca^{2+}-铬黑 T 配合物的颜色——酒红色。再用 EDTA 标准溶液滴定，当溶液颜色由酒红色变为蓝色时，到达终点。可用下式计算出乳酸钙的含量。

$$\text{乳酪钙}\%=\frac{c_{EDTA}V_{EDTA}M_{\text{乳酸钙}}}{m_s}\times100\%$$

(2) 测定水的硬度

水的硬度是指水中所含钙和镁的总量。一般将所测的钙镁离子换算成碳酸钙的含量，用每升水中含有的碳酸钙的质量（mg）来表示。滴定前加入氨缓冲溶液、铬黑 T 指示剂，用 EDTA 标准溶液滴定，溶液由酒红色变为蓝色即可。水的硬度按下式计算。

$$CaCO_3(mg/L)=c_{EDTA}V_{EDTA}M_{CaCO_3}$$

8.6 氧化还原滴定法

氧化还原滴定法（oxidation-reduction titration）是以氧化还原反应为定量计算基础的滴定分析方法。氧化还原滴定法主要是以氧化剂或还原剂为标准溶液，测定具有氧化性或还原性的物质，也可以间接测定不具有氧化性或还原性的物质，应用广泛。常用的有高锰酸钾法、碘量法、溴量法、重铬酸钾法等。

8.6.1 高锰酸钾法

(1) 概述

$KMnO_4$ 是常用的一种氧化剂，其在不同的酸度下可以被还原成不同的产物。若在弱酸性、中性或碱性条件下，会被还原成 MnO_2 的褐色沉淀，影响滴定。故在滴定分析中，主要利用 MnO_4^- 在强酸性条件下的强氧化性能，在此条件下可被还原成无色的 Mn^{2+}：

$$MnO_4^- + 8H^+ + 5e^- \longrightarrow Mn^{2+} + 4H_2O$$

$$E^{\ominus}(MnO_4^-/Mn^{2+}) = 1.481V$$

常用的无机强酸有 H_2SO_4、HNO_3 和 HCl。HNO_3 具有氧化性，会与被测定的还原性物质反应；而 HCl 有还原性，会被 $KMnO_4$ 氧化，故一般不使用这两种酸，而用 H_2SO_4 来提供滴定所需的强酸性条件。酸度不宜太高，也不宜太低。酸度太高，$KMnO_4$ 会分解；酸度太低，会生成 MnO_2 沉淀。另外，$KMnO_4$ 为紫红色，而生成的 Mn^{2+} 无色，所以不需另加指示剂，$KMnO_4$ 本身可以作为指示剂，称其为自身指示剂。

(2) $KMnO_4$ 标准溶液的配制与标定

① 配制　市售的 $KMnO_4$ 常含有 MnO_2、硫酸盐和硝酸盐等杂质，配制所用的蒸馏水也常含有少量还原性物质，所以 $KMnO_4$ 标准溶液需间接配制。一般先称取比理论量稍多的 $KMnO_4$，溶于蒸馏水，加热煮沸约 1h，以使其中的还原性物质充分反应，放冷，再用玻璃砂芯漏斗过滤，于棕色试剂瓶中放置于阴凉处。

② 标定　常用来标定 $KMnO_4$ 标准溶液的基准物质是草酸钠（$Na_2C_2O_4$），离子反应式如下：

$$2MnO_4^- + 5C_2O_4^{2-} + 16H^+ \longrightarrow 2Mn^{2+} + 10CO_2\uparrow + 8H_2O$$

反应中应注意几个方面。反应中生成的 Mn^{2+} 可以作为催化剂使反应加快。由于反应开始时 Mn^{2+} 较少，速率较慢，滴定前需要加热溶液至 70～80℃，温度不宜超过 90℃，否则 $H_2C_2O_4$ 会受热分解。硫酸提供反应所需的酸度 0.5～1.0mol·L^{-1}，太高易引起 $H_2C_2O_4$ 分解，太低会产生 MnO_2 沉淀。另外，要控制好滴定速率。开始时 Mn^{2+} 较少，滴定速率不宜太快，否则滴入过多的 $KMnO_4$ 在热的强酸性溶液中会自身分解。最后滴入的一滴 $KMnO_4$ 所致的粉红色半分钟不褪色，则为终点。

(3) 应用示例

市售双氧水是质量分数为 30%过氧化氢的水溶液。测定双氧水中的过氧化氢，可先稀释，再用高锰酸钾法直接测定。到达滴定终点时粉红色半分钟不褪色即可。滴定反应的离子方程式如下：

$$2MnO_4^- + 5H_2O_2 + 6H^+ = 2Mn^{2+} + 5O_2 + 8H_2O$$

8.6.2 碘量法

(1) 概述

碘量法是以 I_2 作为氧化剂或者 I^- 作为还原剂的滴定分析方法。

$$I_2 + 2e^- = 2I^-$$

$$E^{\ominus}(I_2/I^-) = 0.5355V$$

由上式可知，虽 I_2 是不太强的氧化剂，但可氧化标准电极电势小于 0.5355V 的物质，如维生素 C、$S_2O_3^{2-}$ 等，此为直接碘量法。I^- 是中强度的还原剂，可以还原标准电极电势大于 0.5355V 的物质，而被氧化成 I_2，生成的 I_2 可用另一种标准溶液滴定测得，此为间接碘量法。

由于 I_2 在水中的溶解度不大，故通常在配制溶液时加入 KI，使其形成 I_3^-，增大其溶解度，也可以避免 I_2 的挥发。碘量法中所用指示剂为淀粉，由蓝色的出现或消失来判断是否达到终点。

(2) I_2 标准溶液的配制与标定

纯碘可用升华法制得，但因碘的挥发性和腐蚀性，不宜使用分析天平称量，故通常先配制成近似浓度的溶液，再标定以确定准确浓度。通常用 $Na_2S_2O_3$ 标准溶液标定。

配制 I_2 标准溶液时需加入 KI 助溶，并于棕色试剂瓶中避光保存，以免氧化。

(3) $Na_2S_2O_3$ 标准溶液的配制与标定

硫代硫酸钠易风化、潮解，且常含有少量杂质，故不能直接配制其标准溶液。配制的硫代硫酸钠水溶液容易与水中 CO_2、O_2、细菌反应，所以配制所需的蒸馏水必须新煮沸并冷却后使用，溶液的 pH 值保持在 9～10 为宜。配制好后，放置 7～10 天，浓度稳定后再标定。

标定可用 I_2 标准溶液或者其他基准物质，常用 $K_2Cr_2O_7$ 标准溶液。先加入已知过量的 KI，在强酸性条件下，被 $K_2Cr_2O_7$ 定量氧化成 I_2，再用 $Na_2S_2O_3$ 溶液滴定 I_2，即可算出 $Na_2S_2O_3$ 溶液的浓度。离子反应式如下：

$$Cr_2O_7^{2-} + 6I^- + 14H^+ = 2Cr^{3+} + 3I_2 + 7H_2O$$

$$I_2 + 2S_2O_3^{2-} = 2I^- + S_4O_6^{2-}$$

(4) 应用示例

① 测定维生素 C 的含量（直接碘量法）　维生素 C 分子中有烯醇式结构，具有较强的还原性，可被 I_2 氧化，定量反应比为 1∶1。

$$C_6H_8O_6\ (\text{C(=O)}-\text{C(OH)}=\text{C(OH)}-\text{CH}-\text{CH(OH)}-\text{CH}_2\text{OH}) + I_2 \rightleftharpoons C_6H_6O_6\ (\text{C(=O)}-\text{C(=O)}-\text{C(=O)}-\text{CH}-\text{CH(OH)}-\text{CH}_2\text{OH}) + 2HI$$

由于维生素 C 在碱性条件下还原性更强，极易被氧化，故通常在滴定时加入 HAc，以保持溶液一定的酸性，避免维生素 C 被空气等氧化而影响测定结果。

② 测定葡萄糖的含量（间接碘量法）　葡萄糖分子中的醛基易被氧化成羧基。在碱性条件下，I_2 发生歧化反应，生成的 IO^- 可氧化葡萄糖，而剩余的 IO^- 在碱性条件下又歧化

生成 IO_3^- 和 I^-。经酸化后析出 I_2，可用 $Na_2S_2O_3$ 标准溶液滴定这部分剩余的 I_2。离子反应式如下：

$$I_2+2OH^- \longrightarrow IO^-+I^-+H_2O$$

$$CH_2OH(CHOH)_4CHO+IO^- \longrightarrow CH_2OH(CHOH)_4COO^-+I^-$$

$$3IO^- \longrightarrow IO_3^-+2I^-$$

$$4IO_3^-+2I^-+6H^+=3I_2+3H_2O$$

8.7 沉淀滴定法

沉淀滴定法（precipitation titration）的化学定量基础是沉淀反应。沉淀滴定法对沉淀反应的要求，除了与其他滴定反应类似，如反应迅速、定量、有合适指示剂等，还要求生成的沉淀溶解度小，无副反应或副反应不影响滴定。

沉淀滴定法多见测定卤素离子及 SCN^- 等离子的银盐沉淀反应，故又称银量法。可以用于测定 Ag^+、卤素离子及 SCN^- 等离子的含量。银量法中可使用不同的指示剂，故又分为铬酸钾指示剂法（Mohr 法）、铁铵矾指示剂法（Volhard 法）和吸附指示剂法（Fajans 法）。

8.7.1 铬酸钾指示剂法

（1）概述

铬酸钾指示剂法（Mohr 法）通常以 $AgNO_3$ 标准溶液为滴定剂，K_2CrO_4 为指示剂，在中性或弱碱性（pH=6.5～10.5）条件下测定 Cl^- 和 Br^-。

滴定中：$Ag^++Cl^- \longrightarrow AgCl\downarrow$（白色）

终点反应：$2Ag^++CrO_4^{2-} \longrightarrow Ag_2CrO_4\downarrow$（砖红色）

由 AgCl 和 Ag_2CrO_4 的溶度积常数计算出两者的溶解度，可知前者溶解度较小。故当滴加 $AgNO_3$ 溶液时，先生成 AgCl 白色沉淀，但 Cl^- 按计量比完全反应完后，过量的一滴 $AgNO_3$ 立即和指示剂 K_2CrO_4 反应生成 Ag_2CrO_4 的砖红色沉淀，颜色变化明显，易于观察。

此法中需要注意的是，反应条件需控制在中性或弱碱性，酸性条件下易生成弱酸 $HCrO_4^-$，无法与 Ag^+ 结合；而碱性太强，Ag^+ 可形成 Ag_2O 沉淀。

由于 AgI 和 AgSCN 吸附性能较强，分别可吸附 I^- 和 SCN^-，影响测定的准确性，故 Mohr 法多用于测定 Cl^- 和 Br^-，一般不用于测定 I^- 和 SCN^-。

在用 Mohr 法测定 Cl^- 和 Br^- 时，需预先除去待测溶液中的阴阳干扰离子，或通过加入掩蔽剂消除其干扰，否则影响测定。

（2）$AgNO_3$ 标准溶液的配制与标定

$AgNO_3$ 标准溶液可准确称取基准级 $AgNO_3$，用无卤素的蒸馏水溶解，定容，于棕色试剂瓶中避光保存。也可用市售 $AgNO_3$ 先配制粗略浓度的溶液，再用 NaCl 标准溶液标定。

8.7.2 铁铵矾指示剂法

铁铵矾指示剂法（Volhard 法）适用于强酸性条件下的测定，以铁铵矾[$NH_4Fe(SO_4)_2\cdot 12H_2O$]为指示剂。Volhard 法有两种滴定方式：直接滴定法（测 Ag^+）和返滴定法（测卤素离子)。

直接滴定法是用 KSCN 或 NH_4SCN 标准溶液直接滴定用硝酸酸化的 Ag^+ 溶液，终点时，过量的一滴 KSCN 或 NH_4SCN 标准溶液与 Ag^+ 结合，生成红色的$[Fe(SCN)]^{2+}$ 配离子。反应式如下：

滴定中：$Ag^+ + SCN^- \longrightarrow AgSCN\downarrow$(白色)

终点反应：$Fe^{3+} + SCN^- \longrightarrow [Fe(SCN)]^{2+}$(红色)

滴定反应通常在 $0.3mol \cdot L^{-1} HNO_3$ 介质中进行，酸度不能过低，否则会生成 Fe^{3+} 的水解产物，其颜色为棕色，干扰终点的观察。由于滴定过程中生成 AgSCN 沉淀会吸附少量 Ag^+ 而导致终点提前，故在接近滴定终点时，需充分振摇锥形瓶，以释放被吸附的 Ag^+，减小误差。

返滴定法是往硝酸酸化后的卤素离子溶液中加入已知过量的 $AgNO_3$ 标准溶液，再滴加铁铵矾指示剂，用 KSCN 或 NH_4SCN 标准溶液滴定过量的 $AgNO_3$。反应如下：

滴定前：$Ag^+ + X^- \longrightarrow AgX\downarrow$

滴定中：$Ag^+ + SCN^- \longrightarrow AgSCN\downarrow$(白色)

终点反应：$Fe^{3+} + SCN^- \longrightarrow [Fe(SCN)]^{2+}$(红色)

滴定过程中，要注意两个方面。第一，通过查表可知，AgCl 的溶度积常数要比 AgSCN 的大，如果在接近终点时用力振荡，会使 AgCl 转化为 AgSCN，导致终点提前。通常在 Ag^+ 和 X^- 充分反应后，为避免此转化，在滴定前先将沉淀过滤再对滤液进行滴定，或者加入少量有机溶剂，如硝基苯等，其可包覆在 AgCl 沉淀表面，阻止转化副反应。AgI 和 AgBr 的溶度积常数要比 AgSCN 的小，无须考虑此问题。第二，在对含有 I^- 的溶液进行测定时，滴定前一定要确保溶液中有过量的 Ag^+，即 I^- 已完全反应，否则 I^- 会与加入的指示剂中的 Fe^{3+} 发生如下氧化还原反应：

$$2Fe^{3+} + I^- \longrightarrow 2Fe^{2+} + I_2$$

KSCN 或 NH_4SCN 标准溶液可用 Ag NO_3 标准溶液进行标定确定浓度。

8.7.3 吸附指示剂法

吸附指示剂法（Fajans 法）是利用吸附指示剂来确定终点到达的一种银量法。吸附指示剂是一类有机染料，为有机弱酸或有机弱碱。其有效成分是有机弱酸的酸根离子或有机弱碱的阳离子。这些离子本身具有一定鲜明的颜色，但它们被沉淀物质吸附后，结构发生变化而导致颜色也发生了改变，故可以利用此性质来确定终点的到达。下面以 $AgNO_3$ 为标准溶液，荧光黄（HFl）为指示剂测定 Cl^- 为例说明其原理。

HFl 是有机弱酸，在 pH＝7～10 的测定条件下，以 Fl^- 形式存在，呈现黄绿色。滴定开始至计量点之间的过程中，滴入的 Ag^+ 与溶液中的 Cl^- 反应生成 AgCl 沉淀。AgCl 沉淀会吸附溶液中过量存在的 Cl^- 而使沉淀带有负电荷。到达计量点后，滴入过量的一滴 $AgNO_3$ 后，AgCl 沉淀会吸附 Ag^+ 而带有正电荷，进而会吸附溶液中的 Fl^-。Fl^- 一旦被吸附，结构立即改变，从而颜色也由黄绿色变为粉红色，颜色变化明显。

在使用 Fajans 法测定时，为了提高终点时指示剂的颜色变化的敏感性，往往还需要注意以下几方面的条件。

① 调整溶液的酸度，使指示剂在此酸度下主要以离子形式存在。如上例中，荧光黄是有机弱酸，使用时必须在碱性条件下，才能大部分以 Fl^- 形式存在。

② 由于终点所观察到的颜色反应发生在沉淀物质的表面，故表面积越大，观察到的颜

色变化越明显。为了使终点颜色变化更敏锐，通常在滴定前，往溶液中加入适量的高分子溶液，如环糊精等，以阻止沉淀胶体的聚集，保持较大表面积。

③ 指示剂中的有效离子应与滴定剂离子的电荷性质相反。如上例中，荧光黄的有效离子是 Fl^-，滴定剂离子是 Ag^+，这样最终沉淀吸附 Ag^+ 带有正电荷，才能吸附阴离子 Fl^-，从而改变溶液的颜色。

④ 沉淀对于指示剂有效离子和被测离子的吸附大小要合适，对被测离子的吸附应略大于对指示剂有效离子的吸附。如上例中，滴定中 AgCl 沉淀吸附 Cl^- 而不吸附 Fl^-，计量点刚过，沉淀就吸附 Fl^- 而使溶液变色。若 AgCl 沉淀对 Fl^- 的吸附能力太强，则会导致终点提前；太弱则终点退后，都会带来较大误差。下面是卤化银沉淀对几种常用的吸附指示剂和卤离子的吸附能力的大小顺序。

I^-＞二甲基二碘荧光黄＞Br^-＞曙红＞Cl^-＞荧光黄

由以上顺序可看出，测定 Cl^- 时，只能选择荧光黄作为吸附指示剂，而测定 Br^- 时，选曙红为宜，测 I^- 则可以选二甲基二碘荧光黄。

⑤ 滴定操作不应在强光下进行，否则卤化银会光照分解，生成的 Ag 使溶液呈灰色或黑色，干扰观察终点。

习　题

1. 名词解释：

滴定分析法、滴定、标准溶液、标定、化学计量点、滴定误差。

2. 判断下列有效数字的位数：

（1）0.1032　（2）2.8700　（3）0.06280　（4）4.50×10^{-7}　（5）pH＝6.71　（6）0.023％

3. 按照有效数字的运算规则，进行计算：

（1）1.203＋34.26－83.1＝

（2）52.74×7.012/0.03058＝

（3）87.35×1.068＋1.069＝

（4）pH＝2.03，$[H^+]$ ＝

4. 测定某生物样品中的葡萄糖，分别进行了四次测定，含量为 52.13％、52.24％、52.35％、52.28％，试求此次测量结果的相对平均偏差。

5. 预配制 $0.1000mol\cdot L^{-1}$ 的重铬酸钾标准溶液 50mL，应称取重铬酸钾多少克？

6. 判断下列酸碱是否能被强酸或强碱直接准确滴定。如果能，有几个滴定突跃，可选用何指示剂。（设浓度均为 $0.1000mol\cdot L^{-1}$。）

（1）苯酚（C_6H_5OH，$pK_a=9.95$）

（2）苯甲酸（C_6H_5COOH，$pK_a=4.21$）

（3）苯胺（$C_6H_5NH_2$，$pK_b=9.34$）

（4）羟胺（NH_2OH，$pK_b=8.04$）

（5）草酸（$H_2C_2O_4$，$pK_{a_1}=1.23$，$pK_{a_2}=4.19$）

7. 准确称取邻苯二甲酸氢钾 0.4962g，配制成溶液，用其标定 NaOH 溶液，消耗 NaOH 溶液 27.46mL，试计算 NaOH 溶液的准确浓度。

8. 工业纯碱中的 Na_2CO_3 含量可用酸碱滴定法测定。某纯碱试样 0.3685g，以 HCl 标准溶液滴定，用甲基橙作为指示剂，消耗 0.2003mol·L^{-1}的 HCl 28.71mL。计算该试样中 Na_2CO_3 的质量分数。

9. 准确量取某食醋试样 15.00mL 至锥形瓶中，加水稀释，用 NaOH 标准溶液滴定，消耗 0.3215mol·L^{-1}的 NaOH 28.71mL。求食醋试样中的乙酸含量（用物质的量分数表示）。

10. 量取某水样 100.0mL 至锥形瓶，以氨缓冲溶液调节 pH=10，用铬黑 T 作为指示剂，用 EDTA 标准溶液滴定至终点（酒红色变为蓝色），消耗 0.01015mol·L^{-1}的 EDTA 21.04mL。求该水样的总硬度（以 $CaCO_3$ mg·L^{-1}表示）。

11. 奶粉中的钙含量可用 EDTA 滴定法测定。有某奶粉试样 2.00g，将其预处理后制得试液，用 EDTA 标准溶液滴定，消耗 0.01024mol·L^{-1}的 EDTA 15.31mL。计算该奶粉中的钙含量（用质量分数表示）。

12. 用基准物质结晶草酸标定高锰酸钾溶液。准确称取结晶草酸（$H_2C_2O_4 \cdot 2H_2O$）1.4816g，用蒸馏水溶解后定容于 250mL 容量瓶中。用移液管吸取 25.00mL 至锥形瓶中，用高锰酸钾溶液滴定，消耗草酸 26.27mL。求高锰酸钾溶液的准确浓度。

13. 测定某果汁中的抗坏血酸含量。取果汁样品 50.00mL 并用乙酸酸化，再加入 10.00mL 的 0.02315mol·L^{-1} I_2 标准溶液。完全反应后，用 0.01023mol·L^{-1} $Na_2S_2O_3$ 标准溶液滴定，消耗 20.14mL。求该果汁中抗坏血酸的含量（g/mL）。

14. 测定血液中的钙含量可用置换滴定法测定。先将其转变为草酸钙沉淀（CaC_2O_4），再将沉淀过滤洗涤后溶于硫酸溶液，最后用高锰酸钾标准溶液滴定。现取某血样 10.00mL，将其稀释后，按前所述方法滴定，消耗 0.005000mol·L^{-1}高锰酸钾标准溶液 1.90mL。计算该血样中钙的物质的量浓度。

15. 有基准物质 NaCl 0.2034g，将其溶于水，以重铬酸钾为指示剂，用硝酸银溶液进行滴定，消耗了 25.18mL，求硝酸银溶液的准确浓度。

参考文献

[1] 魏祖期，刘德育．基础化学．第 8 版．北京：人民卫生出版社，2013.
[2] 游文玮．医用化学．第 2 版．北京：化学工业出版社．2014.
[3] 徐春祥．医学化学．第 2 版．北京：高等教育出版社．2008.
[4] 游文章．基础化学．北京：化学工业出版社．2010.

9 现代仪器分析

分析化学从以化学分析为主的经典分析化学，发展到当今以仪器分析为主的现代分析化学，是由生产技术发展的需求所决定的，可以毫不夸张地说，一个国家所具备的分析化学水平，是衡量其科学技术水平的重要标志之一。

通常将利用较特殊的仪器，以测量物质的物理性质为基础的一大类化学分析法，称为"**现代仪器分析**（modern instrumental analysis）"。根据分析原理，仪器分析可分为以下几类。

① 色谱分析仪器：薄层色谱扫描法、气相色谱法、高效液相色谱法、毛细管电泳法气相色谱法，主要对物质的各组分进行分离并同时进行定性、定量分析。

② 光谱分析仪器：紫外-可见分光光度法、红外吸收光谱法、荧光分光光度法、原子发射光谱法、原子吸收光谱法、等离子体发射波谱法，主要对物质的组分及元素组成进行分析。

③ 电化学分析仪器：电位分析法、库仑分析法、极谱分析法等，主要用于无机离子的定量分析。

④ 核磁共振波谱分析仪器：可根据核磁共振氢谱和碳谱确定物质的分子结构。

⑤ 质谱分析仪器：高分辨质谱、飞行时间质谱、四级杆质谱、离子阱质谱，主要确定物质的分子量和结构。

⑥ 电子显微镜分析仪器：透射电子显微镜、扫描电子显微镜、原子力显微镜等，主要用于物质的晶体结构和微观形态分析。

9.1 紫外-可见分光光度法

9.1.1 物质的吸收光谱

(1) *物质对光的选择性吸收*

紫外-可见分光光度法（ultraviolet-visible spectrophotometry）是利用某些物质的分子吸收200～780nm光谱区的辐射来进行分析测定的方法。其中波长位于200～400nm范围的光称为近紫外光，400～780nm范围的光为可见光。物质呈现不同的颜色，是它对不同波长的可见光具有选择性吸收的结果，物质呈现的颜色与它所吸收光的颜色（波长）有一定的关系。例如，当一束白光通过$CuSO_4$溶液时，Cu^{2+}选择性地吸收了部分黄色光，蓝光透过溶液，人肉眼看到的是透过光的颜色，于是 $CuSO_4$ 溶液就呈现出蓝色，黄光和蓝光为互补色光。其他颜色的光两两互补而成白光，表 9-1 列出了物质颜色与吸收光颜色之间的互补关系。

表 9-1　物质颜色与吸收光颜色之间的互补关系

物质颜色	吸收光	
	颜色	波长/nm
黄绿	紫	400～450
黄	蓝	450～480
橙	绿蓝	480～490
红	蓝绿	490～500
紫红	绿	500～560
紫	黄绿	560～580
蓝	黄	580～610
绿蓝	橙	610～650
蓝绿	红	650～780

(2) 物质的吸收光谱

为什么物质对光具有选择性吸收？这是因为当入射光的能量恰与物质分子跃迁能级之间的能量差相等时，该入射光才会被物质吸收。物质的吸收光谱是连续光谱，为了更精确地表示溶液对不同波长光的吸收情况，可将不同波长的紫外-可见光连续通过某一固定浓度的有色溶液，测定该溶液对不同波长的光的吸收程度，即吸光度，以波长为横坐标、吸光度为纵坐标绘图，得到一条曲线，称为吸收曲线或吸收光谱。图 9-1 分别有不同物质（A、B、C）的吸收光谱，及不同浓度的物质 B 的吸收曲线。曲线上吸光度最大的峰称为吸收峰值，其对应的波长为最大吸收波长（λ_{max}）。从图中可知，不同物质（A、B、C）的溶液吸收曲线、吸收光谱形状和最大吸收波长不同，且最大吸收波长与浓度无关，可以作为定性分析的依据；浓度不同的同一物质的溶液，吸收曲线形状和最大吸收波长相同，且在一定浓度范围内，浓度越大，吸光度越大，可以作为定量分析的依据。

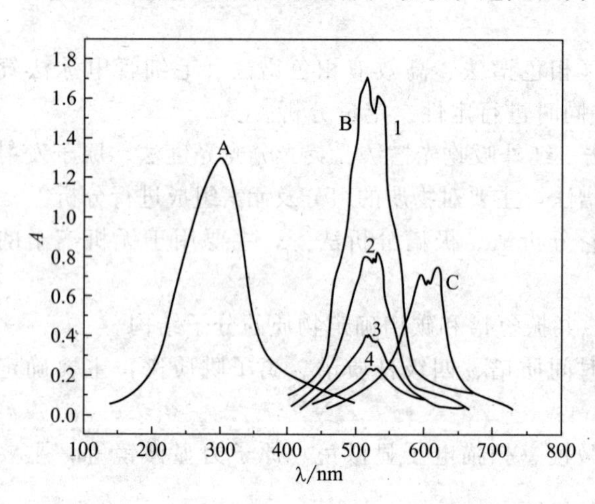

图 9-1　不同物质（A、B、C）和不同浓度（1、2、3、4）的同一物质（B）的吸收光谱

对于有机物来说，紫外-可见光的吸收是由组成分子的外层价电子能级跃迁产生的。价电子包括：σ 电子、π 电子和 n 电子（即非键电子）三种。价电子由低能级跃迁到高能级有：$\sigma \rightarrow \sigma^*$、$n \rightarrow \sigma^*$、$\pi \rightarrow \pi^*$ 和 $n \rightarrow \pi^*$ 四种类型。图 9-2 为这四种电子跃迁和跃迁能级大小。

四种跃迁所需能量的大小顺序为：$\sigma \rightarrow \sigma^* > n \rightarrow \sigma^* > \pi \rightarrow \pi^* > n \rightarrow \pi^*$。

① $\sigma \rightarrow \sigma^*$ 跃迁：饱和键的 σ 电子跃迁到 σ^* 反键轨道，该跃迁所需能量最大，所吸收波长最短，一般小于 150nm，位于远紫外区，一般不讨论该跃迁引起的吸收谱带。

② $n \to \sigma^*$ 跃迁：杂原子上非成键 n 电子跃迁到 σ^* 反键轨道，能发生该种跃迁的为含有杂原子（如—OH、—NH_2、—X 等基团）的饱和烃衍生物。该跃迁所需能量较大，最大吸收波长一般稍低于 200nm，在近紫外区仍然不易观察到。

③ $\pi \to \pi^*$ 和 $n \to \pi^*$ 跃迁：不饱和键上 π 电子跃迁到 π 的反键轨道，及杂原子 n 电子跃迁到 π 的反键轨道，这两种跃迁能量小，吸收峰一般都出现在大于 200nm 区域，是有机物吸收近紫外最有用的跃迁类型。能发生这两种跃迁的为含有不饱和键或杂原子不饱和键（如 C═C、C═O 等）的化合物。在有机化合物中，这种含有不饱和键的基团称为**生色团**（chromophore）。

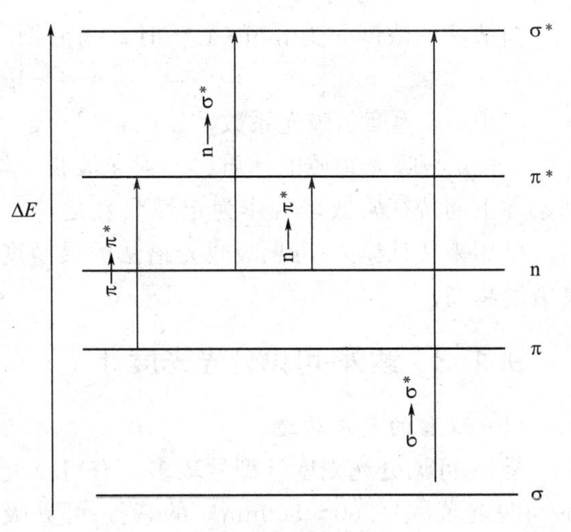

图 9-2　分子中电子跃迁类型和能级

9.1.2 分光光度法的基本原理

(1) 透光率与吸光度的关系

当一束平行的单色光（强度为 I_0）通过吸收池中的溶液时，光的一部分会被溶液吸收（I_a），一部分透过溶液（I_t），还有一部分被吸收池表面反射（I_r），则它们之间的关系为：

$$I_0 = I_a + I_t + I_r \tag{9-1}$$

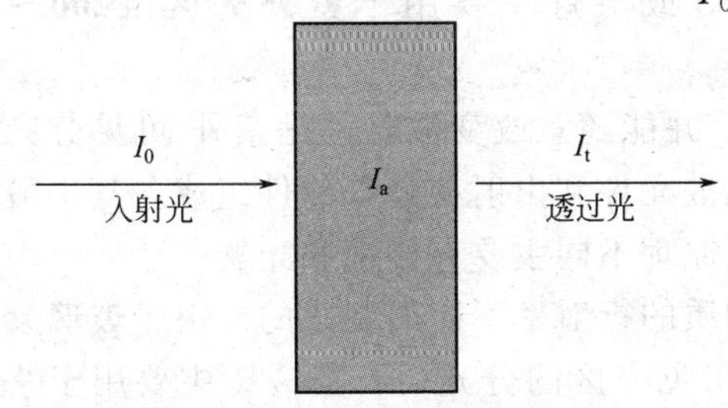

图 9-3　吸收前后光强度的变化

在使用紫外-可见分光光度法测定时，先要用空白溶液进行调零，再测定样品溶液，吸收池的质量和厚度都是一样的，因此 I_r 的影响可以相互抵消，如图 9-3 所示。式(9-1) 可以简化为：

$$I_0 = I_a + I_t \tag{9-2}$$

透过光强度与入射光强度的比值称为透光率，用 T 表示，常用百分数表示：

$$T = \frac{I_t}{I_0} \times 100\% \tag{9-3}$$

溶液透光率越大，对光的吸收程度越小；反之，对光的吸收越多。实际应用中，以透光率的倒数取对数称为吸光度，常用 A 表示。则透光率和吸光度之间的关系为：

$$A = \lg \frac{1}{T} = -\lg T \tag{9-4}$$

吸光度越大，表明该物质对光的吸收程度越大。

(2) 朗伯-比尔定律

紫外-可见吸收光谱定量分析的理论依据是吸收定律，它是由朗伯定律和比尔定律联合而成，又称**朗伯-比尔定律**（Lambert-Beer Law）：

$$A = -\lg T = abc \tag{9-5}$$

朗伯-比尔定律可表述为：当一束平行的单色光通过某一稀溶液时，溶液的吸光度与溶液的浓度和液层厚度的乘积成正比。式中，a 为吸光系数，$L \cdot cm^{-1} \cdot g^{-1}$；$c$ 为浓度，$g \cdot L^{-1}$；b 为液层厚度，cm。

当溶液的浓度 c 为 $mol \cdot L^{-1}$ 时，朗伯-比尔定律可表达为：

$$A=-\lg T=\kappa bc \tag{9-6}$$

式中，κ 为摩尔吸光系数，$L \cdot cm^{-1} \cdot g^{-1}$。

a 和 κ 与吸光物质的性质、入射光波长、溶剂等因素有关，是吸光物质在一定波长和溶剂条件下的特征常数，可作为定性参数之一。吸光系数的大小可以衡量物质对光的吸收能力，可用来估计紫外-可见吸收光谱法的灵敏度，吸光系数越大，物质对光的吸收能力越强，灵敏度越高。

9.1.3 紫外-可见分光光度计

(1) 仪器的基本构造

紫外-可见分光光度计型号较多，有可见光范围（400～800nm）的分光光度计；也有紫外-可见光范围（200～800nm）的紫外-可见吸收光谱仪，差别较大，但其基本结构和工作原理相似，都包括：光源、单色器、吸收池、检测器和信号显示器五个主要部件，如图 9-4 所示。

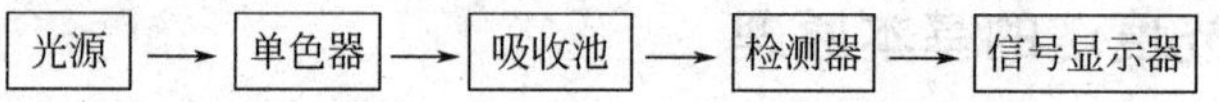

光源 ⟶ 单色器 ⟶ 吸收池 ⟶ 检测器 ⟶ 信号显示器

图 9-4　紫外-可见分光光度计的组成方框图

① 光源　入射光的来源，能提供强度足够、稳定和不同波长的连续光，常用的光源有两种：钨灯或卤钨灯，主要用于**可见光区（360～800nm）**，卤钨灯比普通钨灯使用寿命长和发光效率高，目前生产的仪器多采用卤钨灯；氘灯或氢灯主要用于**紫外光区（200～400nm）**。

② 单色器　将光源发出的复合光分解成单色光，并能随意改变波长，是紫外-可见分光光度计的核心部件，一般由入射光狭缝、准直镜、色散元件和出射狭缝等部件组成。其中最重要的部件是色散元件，起到分光的作用，根据分光原理不同主要有棱镜和光栅。

棱镜是根据不同波长的光在玻璃或石英等透明物质的折射率不同而制成的。由于玻璃会吸收 400nm 以下的紫外光，因此玻璃棱镜只适用于可见光区的分光；石英棱镜主要用于紫外光区的分光，对可见光区色散率较低。

光栅是利用光的衍射和干涉作用分光，对紫外和可见光的整个波长范围都有良好、均匀、一致的色散率，所以是目前用得最多的色散元件。

③ 吸收池　也称样品池或比色皿，用于盛放分析的样品溶液，形状和规格有多种，最常用的为 1cm×1cm 的方形池，一般由玻璃和石英两种材料制成，玻璃比色皿只能用于可见光区，石英比色皿可用于紫外和可见光区。

④ 检测器　作用是检测光信号，其原理是将光信号转化成电信号，常用的检测器有光电管、光电倍增管和光电二极管阵列检测器，目前多采用光电倍增管。

⑤ 信号显示器　作用是放大电信号并以适当的方式显示或记录下来。常用的信号显示器有直流检流计、电位调零装置、数字显示或自动记录装置等。目前紫外-可见分光光度计多配有计算机，一方面对仪器进行控制，一方面对数据进行采集和处理。

(2) 仪器的类型

紫外-可见分光光度计主要有单波长单光束和双光束双波长及光电二极管阵列分光光度计，下面主要介绍单波长单光束和双光束双波长分光光度计。

① 单波长单光束分光光度计　是最简单的分光光度计，构造简单，价格便宜，主要用

于定量分析。如图 9-5 所示，光源产生的复合光经过一个单色器分解成单色光，然后通过装有参比溶液或待测溶液的吸收池，部分光被吸光物质吸收，未吸收的光被检测器检测并放大后，以吸光度或透光率记录在显示器上。国产 721、722、724、751 型等仪器均属于此类。

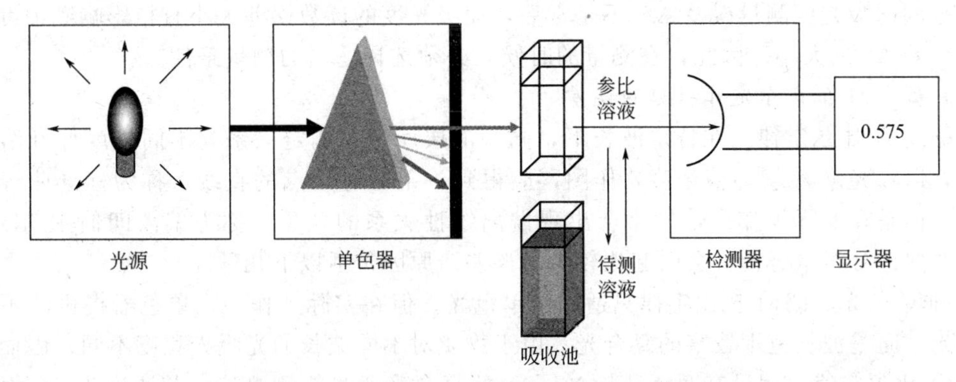

图 9-5 单波长单光束分光光度计示意图

② 双光束双波长分光光度计 目前国内使用最多、性能较完善的一种分光光度计。如图 9-6 所示，光源发出的复合光经过一个单色器分光后被斩光器分为两束波长相同、强度相同的单色光，一束经过参比溶液，另一束通过待测溶液，后经过检测器测量，并经过放大处理后，以不同方式记录下来。双光束同时经过参比溶液和待测溶液，可以消除光源强度不稳定带来的误差，操作简单。双光束紫外-可见分光光度计一般都能自动记录吸收曲线，因此该类型的仪器可以用于定量和定性分析。UV-260、UV-160、国产 730 和 740 等仪器均属于此类。

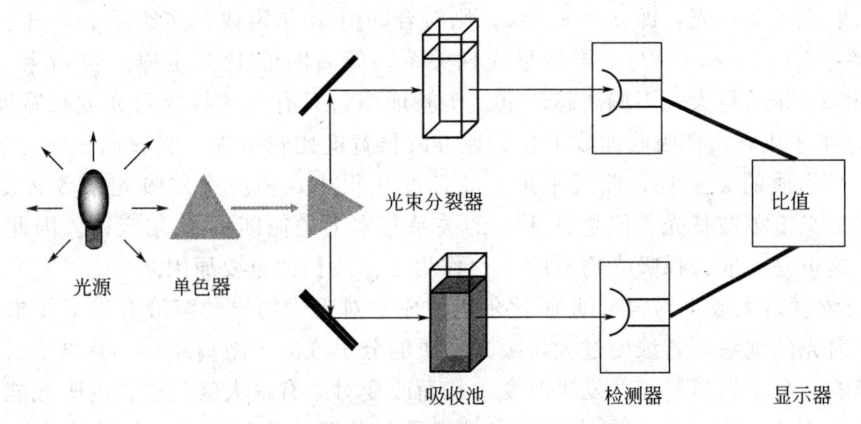

图 9-6 双光束双波长分光光度计示意图

9.1.4 分光光度法的误差及测量条件的选择

9.1.4.1 分光光度法的误差

分光光度法的误差主要有两个方面：一是仪器测量误差；二是偏离朗伯-比尔定律引起的误差。

(1) 仪器测量误差

也称光度测量误差，是误差的主要来源，包括：光源不稳定、单色器的质量差、吸收池厚度不一致或不平行、实验条件偶然变动等。其中透光率与吸光度的读数误差是衡量测定结果的主要因素，也是衡量仪器精密度的主要指标之一。

分光光度计中，透光率的读数刻度是均匀的，而吸光度是透光率的负对数，吸光度的读数刻度是不均匀的。因此，对于同一台仪器，透光率读数误差 ΔT 基本上为常数，但在不同吸光度范围内吸光度测量误差 ΔA 不是常数，而吸光度的读数误差大小直接影响到浓度测量的相对误差 Δc 的大小。因此，在测量的时候，必须选择适当的测量条件。

(2) *偏离朗伯-比尔定律引起的误差*

根据朗伯-比尔定律，在特定波长下，同一液层厚度，测定一系列不同浓度标准溶液的吸光度，以吸光度 A 对溶液浓度 c 作图，应得到一条通过原点的直线，称为标准曲线或工作曲线。但是在实际工作中，经常会出现偏离线性关系的现象，称为偏离朗伯-比尔定律。在曲线弯曲部分定量分析，会引起比较大的误差。原因包括以下几种。

① 非单色光　朗伯-比尔定律只适用于单色光。但在实际工作中，单色器提供的不是纯的单色光，而是波长范围较窄的复合光。由于物质对不同波长的光吸光程度不同，因而导致偏离朗伯-比尔定律。假设有两个波长 λ_1、λ_2 的复合光通过待测溶液，其浓度为 c，根据朗伯-比尔定律：

波长 λ_1 对光的吸收为：$A_1 = \lg \dfrac{I_{01}}{I_1} = \kappa_1 bc \rightarrow I_1 = I_{01} 10^{-\kappa_1 bc}$　(9-7)

波长 λ_2 对光的吸收为：$A_2 = \lg \dfrac{I_{02}}{I_2} = \kappa_2 bc \rightarrow I_2 = I_{02} 10^{-\kappa_2 bc}$　(9-8)

当两个波长 λ_1、λ_2 的复合光同时通过溶液时，则有：

$$A = \lg \frac{I_{01} + I_{02}}{I_1 + I_2} = \lg \frac{I_{01} + I_{02}}{I_{01} 10^{-\kappa_1 bc} + I_{02} 10^{-\kappa_2 bc}} = \kappa bc \tag{9-9}$$

如果入射光为单色光，即 $\kappa_1 = \kappa_2 = \kappa$，则符合朗伯-比尔定律。但实际上，由于 $\lambda_1 \neq \lambda_2$，则 $\kappa_1 \neq \kappa_2 \neq \kappa$，$A \neq \kappa bc$，$A$ 与 c 不能呈线性关系，偏离朗伯-比尔定律。若 κ_1 和 κ_2 相差越大，即 λ_1 和 λ_2 相差越大，则偏离越严重。实验证明，只有在选择入射光波长宽度越窄时，朗伯-比尔定律才成立。那吸收曲线上什么地方波长宽度比较窄呢？吸收曲线吸光度 A_{max} 处所对应的吸光物质的 λ_{max} 处，曲线平坦，波长变化很小，相应摩尔吸光系数 κ 变化很小，尽管非严格意义上单波长光，但是 A 和 c 的关系基本上遵循朗伯-比尔定律。因此，定量分析过程中，这也是一般选择吸光物质的 λ_{max} 作为工作波长的重要原因之一。

② 溶液浓度过大或不均匀　朗伯-比尔定律成立对吸光物质的溶液有以下要求：均匀稀溶液、无散射光的现象。若浓度过大，吸光物质的分子或离子距离缩小，其电子云或电荷分布会相互影响，分子轨道能级差发生改变，从而改变对原有最大吸收波长的吸光能力，使光吸收偏离朗伯-比尔定律。浓度越大，偏离越严重；若溶液不均匀，比如胶体溶液、悬浊液或乳浊液，有一部分入射光会被溶液中的质点散射而损失，使吸光度增加，从而偏离朗伯-比尔定律。因此紫外-可见分光光度法只适用于均匀透明的稀溶液。

③ 化学因素　是指吸光物质发生化学反应（如解离、缔合、互变异构等），使吸光物质发生了改变或浓度发生变化，从而引起偏离朗伯-比尔定律。例如重铬酸钾在水溶液中存在如下平衡：

$$Cr_2O_7^{2-} + H_2O \rightleftharpoons 2HCrO_4^- \rightleftharpoons 2CrO_4^{2-} + 2H^+$$

橙色，$\lambda_{max} = 350nm$　　　　黄色，$\lambda_{max} = 375nm$

当溶液稀释或 pH 值发生变化时，重铬酸钾和铬酸钾会发生转变，此时吸光物质发生了改变，对原来最大吸收波长光的吸收能力也随之发生改变，引起偏离。

9.1.4.2 提高测量准确度和灵敏度的方法

(1) 选择合适的测定条件

① 光度计读数范围的选择　由 $A=-\lg T=abc$，即：$\lg T=\dfrac{1}{2.303}\ln T=-abc$，两边微分得：

$$\mathrm{d}(\lg T)=\mathrm{d}\left(\frac{1}{2.303}\ln T\right)=0.434\times\frac{\mathrm{d}T}{T}$$

$$=-ab\times\mathrm{d}c=-abc\times\frac{\mathrm{d}c}{c}=\lg T\ \frac{\mathrm{d}c}{c} \tag{9-10}$$

即
$$E_r=\frac{\mathrm{d}c}{c}=0.434\times\frac{\mathrm{d}T}{T\lg T}\text{或}E_r=\frac{\Delta c}{c}\times100\%=0.434\times\frac{\Delta T}{T\lg T}\times100\% \tag{9-11}$$

由式(9-11)可知，浓度的相对误差，不仅与透光率读数绝对误差 ΔT 有关，还与透光率读数大小有关。图 9-7 给出了透光率与测量相对误差之间的关系。由图 9-7 可知，透光率很大或很小，相对误差都比较大；当透光率读数在 10%～70% 或吸光度 A 在 0.15～1.0 之间，才能保证测量的相对误差较小；当吸光度 $A=0.434$（或透光率 $T=36.8\%$）时，相对误差最小。

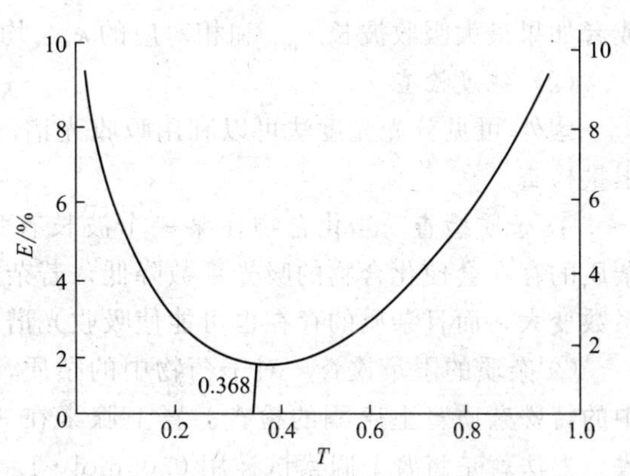

图 9-7　透光率与测量相对误差之间的关系

② 选择合适的波长　如图 9-8 所示，无其他物质干扰时，一般选择吸光物质的 λ_{max} 作为工作波长；但当最大吸收波长处有其他物质干扰时，应选择干扰少处最大吸收波长。

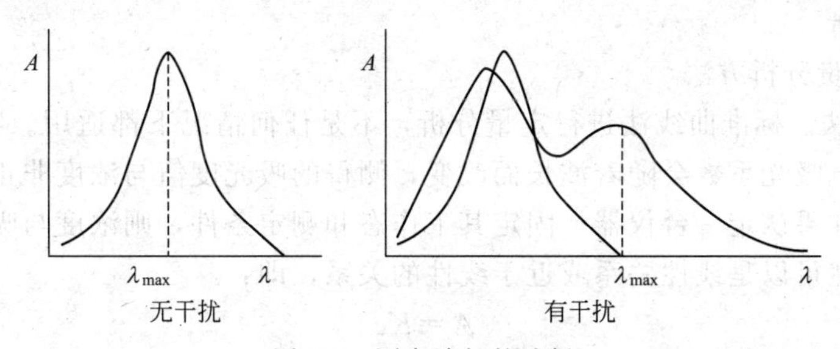

图 9-8　测定波长的选择

(2) 参比溶液的选择

又称空白溶液，作用是仪器的零点，即 $A=0$、$T=100\%$，以其作为测量相对标准来消除比色皿、溶剂、试剂、干扰离子等对光的吸收、反射、散射等产生的误差。参比溶液的选择原则如下所述。

① 如果待测样品、显色剂及所用的其他试剂在测定波长下均无吸收，则可用蒸馏水(或纯溶剂)作为参比溶液，称为溶剂空白；

② 如果显色剂及所用的其他试剂在测定波长下均有吸收，则可用不加待测样品的显色剂及其他试剂作为参比溶液，称为试剂空白；

③ 当待测样品中的干扰组分在测定波长处有吸收，而所用试剂和显色剂无吸收，则采用不加显色剂及其他试剂的待测样品作为参比溶液，称为样品空白；

④ 当待测样品中的干扰组分、显色剂或显色剂与干扰组分的反应产物都有吸收，可在一份待测样品中先加入适当的掩蔽剂将被测组分掩蔽起来，再按相同方法加入显色剂和其他试剂，以此作为参比溶液，称为褪色空白。

9.1.5 紫外-可见分光光度法的应用

通过测定物质对紫外-可见光的吸收，可用于无机化合物和有机化合物的定性、定量和结构分析。在化学和临床定量分析技术中，紫外-可见分光光度法是应用最广泛的方法之一。

(1) 定性分析

紫外-可见分光光度法进行定性分析时，主要根据吸收曲线的形状、吸收峰的数目以及最大吸收波长的位置和相对应的摩尔吸光系数进行定性分析。在相同条件下（仪器、溶剂、pH 等），比较未知化合物和已知标准物的吸收曲线，如果完全相同，可认为是同一物质；或者如果最大吸收波长 λ_{max} 和相对应的 κ_{max} 均相同，则可认为是同一物质。

(2) 纯度检查

紫外-可见分光光度法可以利用吸收光谱的形状或吸光度的数值进行杂质检查或杂质的限量检查。

① 杂质检查　当化合物在某一个波长有强吸收，而杂质在此波长无吸收或吸收很弱，杂质的存在会使化合物的吸光系数降低，若杂质在此波长的吸收更强，将会使化合物的吸光系数变大，而且杂质的存在也可能使吸收光谱曲线变形。

② 杂质的限量检查　对于药物中的杂质，需要制订一个容许存在的限量，如肾上腺素中的特殊杂质肾上腺酮的检查。肾上腺素在 310nm 有强吸收，而肾上腺酮在 310nm 无吸收，方法就是将肾上腺素试样用 $0.05mol \cdot L^{-1}$ HCl 溶液制成 1mL 含 2mg 的溶液，在 1cm 吸收池中，于 310nm 处测定吸光度 A，A 值不得超过 0.05。经过计算也就是肾上腺酮不得超过 0.06%。

(3) 定量分析

① 单组分定量分析方法

a. 标准曲线法。标准曲线法进行定量分析，不是任何情况下都适用。特别是非单色光，波长会发生变化，吸光系数会随着波长而改变，测得的吸光度值与浓度非正比关系，则将产生很大误差。但如果认定一台仪器，固定其工作态和测定条件，则浓度与吸光度之间的关系在很多情况下仍然可以是线性关系或近于线性的关系，即：

$$A = Kc \tag{9-12}$$

实验过程：先配制一系列不同含量的标准溶液，以不含被测组分的空白溶液作为参比，在相同条件下测定标准溶液的吸光度，绘制吸光度-浓度曲线（也称工作曲线），通过曲线得到回归方程和相关系数，然后再测定未知试样的吸光度，代入回归方程可求出待测试样的浓度。

b. 对照法。在同样条件下配制标准溶液和试样溶液，在选定波长处分别测量吸光度，根据朗伯-比尔定律可得到：

$$A_s = \kappa b c_s \tag{9-13}$$

$$A_x = \kappa b c_x \tag{9-14}$$

因为是同种物质、同台仪器及同一波长测定，所以 κ 相同，b 也相同，得到：

$$\frac{A_s}{A_x} = \frac{c_s}{c_x} \Rightarrow c_x = \frac{A_s}{A_x} c_s \tag{9-15}$$

该方法较简单，但要求在测定的浓度区间溶液完全遵守朗伯-比尔定律，而且 c_x 和 c_s 很接近时，才能得到较为准确的结果。

c. 吸光系数法。吸光系数法也称绝对法。根据朗伯-比尔定律 $A=abc$，若 b 和吸光系数 a 或摩尔吸光系数 κ 已知，即可根据测得的 A 求出被测物的浓度。通常 a 或 κ 可以从手册或文献中查到。

② 双组分定量分析方法　当两种或多种组分共存时，可根据各组分吸收光谱重叠的程度分别考虑测定方法。

如图 9-9 所示，a 组分和 b 组分在各自的测定波长处，其他组分没有吸收，按单组分定量分析方法，在各自最大吸收波长处进行测定，分别得到 a 组分和 b 组分的浓度。

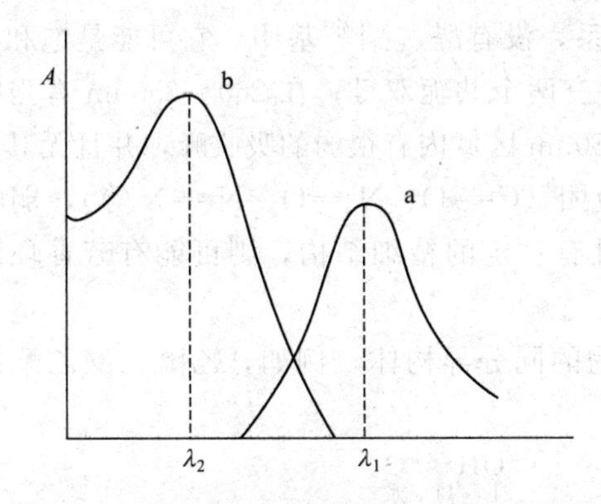

图 9-9　a 组分和 b 组分的吸收光谱（两组分在各自的最大吸收波长处互不干扰）

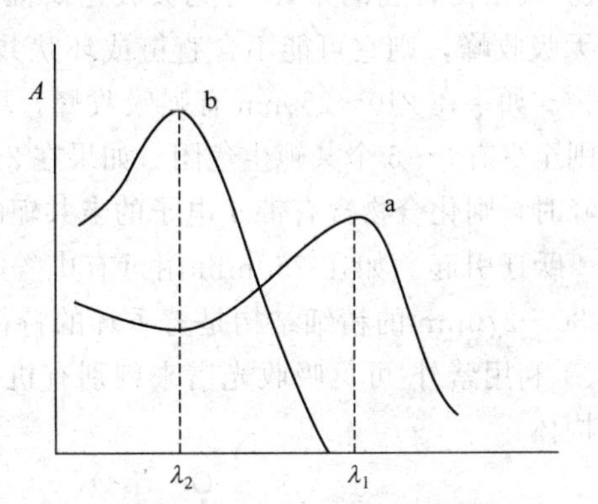

图 9-10　a 组分和 b 组分的吸收光谱（两组分在各自的最大吸收波长处有部分重叠）

如图 9-10 所示，a 组分和 b 组分的吸收光谱有部分重叠，在 a 组分的最大吸收波长 λ_1 处 b 组分没有吸收，而在 b 组分的最大吸收波长 λ_2 处 a 组分有吸收。测定方法就是在 λ_1 处测定 a 组分的浓度，再在 λ_2 处测定混合物溶液的吸光度 A_2，可根据吸光度的加和性计算出 b 组分的浓度。设液层的厚度为 1cm，计算公式如下：

$$A_1^a=\varepsilon_1^a c_a \Rightarrow c_a=\frac{A_1^a}{\varepsilon_1^a} \tag{9-16}$$

由
$$A_2^{a+b}=A_2^a+A_2^b=\varepsilon_2^a c_a+\varepsilon_2^b c_b \Rightarrow c_b=\frac{A_2^{a+b}-\varepsilon_2^a c_a}{\varepsilon_2^b} \tag{9-17}$$

在混合物测定中经常遇到的情况是各组分的吸收光谱相互重叠，如图 9-11 所示。两组分在最大吸收波长处相互有吸收。主要的测定方法有解线性方程组法、等吸收双波长分光光度法、系数倍率法和导数光谱法等。

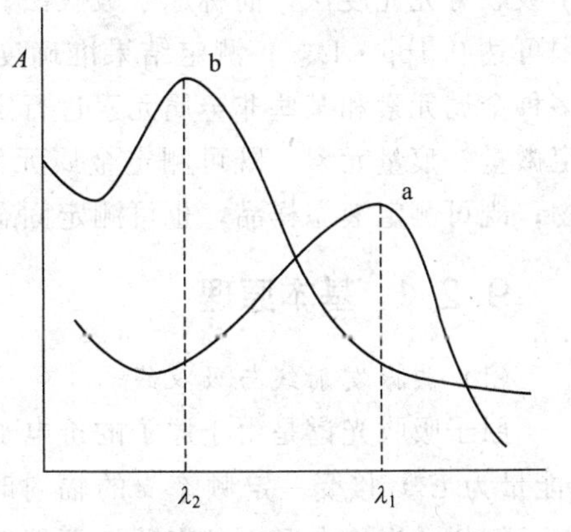

图 9-11　a 组分和 b 组分的吸收光谱（两组分在各自的最大吸收波长处有完全重叠）

下面介绍解线性方程组法：分别在波长 λ_1 和 λ_2 处测定混合物的吸光度，根据吸光度具有加和性，得到如下关系式：

$$A_1^{a+b}=A_1^a+A_1^b=\varepsilon_1^a c_a+\varepsilon_1^b c_b \tag{9-18}$$

$$A_2^{a+b}=A_2^a+A_2^b=\varepsilon_2^a c_a+\varepsilon_2^b c_b \tag{9-19}$$

解二元一次方程，可得两个组分的浓度：

$$c_a=\frac{A_1^{a+b}\varepsilon_2^b-A_2^{a+b}\varepsilon_1^b}{\varepsilon_1^a\times\varepsilon_2^b-\varepsilon_2^a\times\varepsilon_1^b} \tag{9-20}$$

$$c_b=\frac{A_2^{a+b}\varepsilon_1^a-A_1^{a+b}\varepsilon_2^a}{\varepsilon_1^a\varepsilon_2^b-\varepsilon_2^a\varepsilon_1^b} \tag{9-21}$$

解线性方程组法，理论上可用于任意多组分的测定，对于含 n 个组分的混合物，在 n 个波长处测定其吸光度的加和值，然后解 n 元一次方程组，即可分别求出各组分的浓度。但是，随着测定组分的增多，实验结果的误差也会增大。

（4）结构分析

① 根据化合物的紫外-可见吸收光谱推测化合物所含的官能团　如果化合物在紫外-可见光区无吸收峰，则它可能不含直链或环状共轭体系，没有醛、酮等基团，它可能是饱和有机化合物。如果在 210～250nm 有强吸收峰，可能含有两个共轭双键；在 260～350nm 有强吸收峰，则至少有 3～5 个共轭生色团。如果在 270～350nm 区域内有很弱的吸收峰，并且无其他强吸收峰时，则化合物含有带 n 电子的未共轭的生色团（C═O、N═O、N═N 等），弱峰由 $n\rightarrow\pi^*$ 跃迁引起。如在 260mm 附近有中等吸收且有一定的精细结构，则可能有芳香环结构（在 230～270nm 的精细结构是芳香环的特征吸收）。

② 利用紫外-可见吸收光谱来判别有机化合物的同分异构体　例如，乙酰乙酸乙酯的互变异构体：

$$H_3C-\overset{\overset{O}{\|}}{C}-\overset{H_2}{C}-\overset{\overset{O}{\|}}{C}-OEt \longleftrightarrow H_3C-\overset{\overset{OH}{|}}{C}=\overset{H}{C}-\overset{\overset{O}{\|}}{C}-OEt$$

酮式没有共轭双键，在 206nm 处有中等吸收；而烯醇式存在共轭双键，在 245nm 处有强吸收（$\kappa=18000L\cdot mol^{-1}\cdot cm^{-1}$）。因此根据它们的吸收光谱可判断存在与否。一般在极性溶剂中以酮式为主，非极性溶剂中以烯醇式为主。

9.2 原子吸收光谱法

原子吸收光谱法（atomic absorption spectrophotometry，AAS）是通过测量待测元素的基态原子对其特征谱线的吸收程度来进行元素定量分析的方法，称为原子吸收光谱法或原子吸收分光光度法，简称原子吸收法。该方法选择性好，谱线干扰小；灵敏度高，其检测下限可达 $0.1pg\cdot L^{-1}$；测定结果准确度好，相对误差约为 1%～2%；应用范围广，可对 70 多种金属元素和某些非金属元素进行定量分析。该方法既可测定低含量和大量元素，又可测定微量、痕量元素；既可测定金属元素，又可测定某些非金属，也可以间接测定有机化合物；既可测定液态样品，也可测定固态样品和气态样品。

9.2.1 基本原理

（1）共振发射线与吸收线

原子吸收光谱是由于原子的价电子在不同能级间发生跃迁而产生的。当处于基态的原子（能量为 E_i）接受一定频率 ν 的辐射时，根据能量的不同，其价电子会跃迁至不同的能级上。例如，当价电子由基态跃迁至能量最低的第一激发态（能量为 E_j）时会吸收一定的能量，同时由于第一激发态不稳定，又会在很短的时间内跃迁回基态，并且以光波的形式辐射出同样的能量。这种由激发态跃迁回基态所辐射的光谱线称为**共振发射线**；而使价电子由基态跃迁至激发态所产生的吸收谱线称为**共振吸收线**。

各种元素的原子结构和外层电子排布不同，从基态激发到第一激发态时所吸收的能量也不同，同样，由第一激发态跃迁回基态时所发射的光波频率也不同，因此各种元素具有各自特征的共振线。又由于对于大多数元素来讲，从基态跃迁至第一激发态的直接跃迁最容易发生，因此，这种共振吸收线或发射线被称为元素的主共振线，即元素的特征线，如 Mg 特征线是 285.2nm，钠的特征线是 589.0nm 等。

对于大多数元素来说，主共振线是元素所有谱线中最灵敏的谱线，原子吸收光谱法就是利用处于基态的待测原子蒸气对光源所辐射的共振线的吸收来进行分析的。

(2) 原子吸收线轮廓与谱线变宽

原子吸收谱线并不是绝对单色的几何线，而是具有一定的宽度，占据一定的频率范围的光谱线，通常称之为线的轮廓（或形状），如图 9-12 所示，在中心频率 ν_0 处有极大值 K_0，即峰值吸收系数。在 ν_0 两侧有一定的宽度，$K_\nu=K_0/2$ 时，曲线两点间距称为吸收线半宽度，以 $\Delta\nu$ 表示。K_ν 与光强度 I_0 及原子蒸气的厚度 L 无关，而是取决于吸收介质的性质和入射光的频率。$\Delta\nu$ 的值为 0.001～0.05nm。同样，发射线也具有一定的宽度，不过其半宽度更窄，为 0.0005～0.002nm。

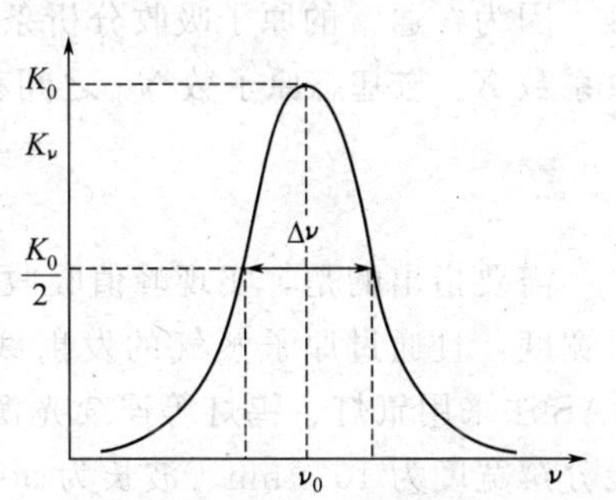

图 9-12　吸收轮廓线和半宽度

引起谱线变宽的原因主要有两类：一类是原子本身性质，例如谱线的自然变宽；另一类是外界条件影响，如热变宽和压力变宽等。下面简单介绍几种重要的变宽效应。

① 自然变宽　在无外界条件影响时谱线仍有一定的宽度，这种宽度为自然宽度，以 $\Delta\nu_N$ 表示。自然变宽的大小与产生跃迁的激发态原子的寿命有关。激发态原子寿命越长，$\Delta\nu_N$ 越窄。一般情况下，$\Delta\nu_N$ 约为 10^{-5}nm，与其他变宽效应相比，可以忽略不计。

② 多普勒（Doppler）变宽　原子在空间做无规则热运动引起的变宽为多普勒变宽，故又称热变宽，以 $\Delta\nu_D$ 表示，约为 10^{-3}nm。待测元素原子的原子量越小，温度越高，变宽越显著。

③ 洛伦茨（Lorentz）变宽　原子与其他粒子（分子或原子）之间的碰撞，使原子的基态能级发生变化，从而使谱线变宽。由于气态粒子间的碰撞是由一定压力所致，故又称压力变宽，以 $\Delta\nu_L$ 表示，其数量级与 $\Delta\nu_D$ 相同。

在通常的原子吸收分析条件下，吸收线变主要受 Doppler 变宽和 Lorentz 变宽所控制，其他可导致线变宽的因素还有共振变宽、场致变宽、基曼效应变宽等。但在原子吸收分析的条件下，这些引起变宽的因素都可以忽略不计。

(3) 积分吸收与峰值吸收

① 积分吸收　由原子吸收谱线的轮廓与变宽可知，原子的发射线与吸收线本身都是具有一定宽度（频率）范围的谱线，只要对发射线中被吸收掉的部分进行准确测量，就是求算吸收曲线所包含的整个吸收峰面积的方法，即求积分吸收的方法，即可求得原子浓度。积分吸收与火焰中基态原子数的关系，由下列方程式表示：

$$\int K_\nu \mathrm{d}\nu=\frac{\pi e^2}{mc}fN_0 \tag{9-22}$$

式中，K_ν 为吸收系数；e 为电子电荷；m 为电子质量；c 为光速；N_0 为单位体积原子蒸气中吸收辐射的基态原子数，亦即基态原子密度；f 为振子强度，代表每个原子中能够吸收或发射特定频率光的平均电子数，在一定条件下对一定的元素，f 可视为一定值，因此 f 为一常数。由式(9-22) 可见，积分吸收与单位体积原子蒸气中吸收辐射的基态原子数 N_0 呈线性关系，而与频率无关，只要测得积分吸收值，即可求得 N_0，再根据 N_0 与待测物中原子总数 N 以及待测物浓度 c 的关系，即可求出待测物的绝对含量，不需与标准比较。

而事实上，由于原子吸收谱线的宽度仅有 10nm，要在这样狭窄的范围内准确测量积分吸收，一方面，需要分辨率极高的单色器，制造这种单色器尚存技术上的困难；另一方面，即使制造出这种单色器，采用普通分光光度法所用的传统光源（氘灯、钨灯等连续光源），测定积分吸收也是行不通的。

② 峰值吸收　由于积分吸收测量的困难，1955 年 A. Walsh 提出了采用锐线光源作为辐射源测量谱线的极大吸收（或峰值吸收）来代替积分吸收，从而解决了原子吸收测量的困难。因为在通常的原子吸收分析条件下，若吸收线的轮廓主要取决于多普勒变宽，则峰值吸收系数 K_ν 与基态原子数 N_0 之间存在如下关系：

$$K_0=\frac{2\sqrt{\pi\ln 2}}{\Delta\nu_D}\times\frac{e^2}{mc}N_0 f \tag{9-23}$$

需要指出的是，实现峰值吸收测量的条件是光源发射线的半宽度应明显地小于吸收线的半宽度，且通过原子蒸气的发射线的中心频率恰好与吸收线的中心频率 ν_0 相重合。若是 AAS 法采用氘灯、钨灯等连续光源经单色器分光后，分出的是相对单色的光谱带。要达到能分辨宽度为 10^{-3}nm、波长为 500nm 的谱线，按照分辨率 $R=\lambda/\Delta\lambda$ 计算，需要有分辨率高达 50×10^4 的单色器，这在目前的技术条件下还十分困难。

为了使通过原子蒸气的发射线特征（极大）频率恰好能与吸收线的特征（极大）频率相一致，通常用待测元素的纯物质作为锐线光源的阴极，使其产生发射，这样发射物质与吸收物质为同一物质，产生的发射线与吸收线特征频率完全相同，可实现峰值吸收。锐线光源就是能辐射出谱线宽度很窄的原子线光源，该光源的使用不必采用分辨率极高的单色器，而且使吸收线和发射线变成了同类线，强度相近，吸收前后发射线的强度变化明显，测量能够准确进行。

当频率为 ν、强度为 I_0 的平行光，通过长度为 L 的基态原子蒸气时，基态原子就会对其产生吸收，使 I 降低。根据朗伯-比尔定律：

$$I=I_0 e^{-K_\nu L}\Rightarrow A=\lg\frac{I_0}{I}=0.434K_\nu L \tag{9-24}$$

采用锐线光源，$\Delta\nu$ 很小，并用中心频率的峰值吸收系数 K_0 来代替原子蒸气对辐射的吸收特性，即吸光度 A 为：

$$A=0.434K_0 L \tag{9-25}$$

在通常的原子吸收测定条件下，原子蒸气中基态原子数 N_0 近似地等于总原子数 N。在实际工作中，要求测定的并不是蒸气相中的原子浓度，而是被测试样中的某元素的含量。当在给定的实验条件下，被测元素的含量 c 与蒸气相中原子浓度 N 之间保持稳定的比例关系时，有：

$$N=bc \tag{9-26}$$

式中，b 是与实验条件有关的比例常数。当实验条件一定，可将吸光度简写为：

$$A=Kc \tag{9-27}$$

即在特定条件下，吸光度 A 与待测元素的浓度 c 呈线性关系，由此作为原子吸收定量的依据。

9.2.2 原子吸收光谱仪

原子吸收光谱仪由锐线光源、原子化系统、单色器和检测器四大部分组成。图 9-13 为单光束原子吸收光谱仪示意图。

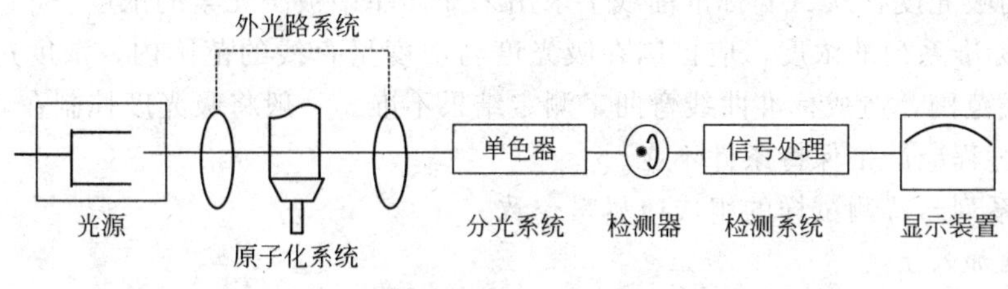

图 9-13 单光束原子吸收光谱仪示意图

(1) 光源

原子吸收光谱仪所用的光源为能够发射被测元素共振谱线的**锐线光源**(sharp line source)。对锐线光源的基本要求是:发射谱线宽度很窄,辐射强度大,稳定性好,背景小,使用寿命长,操作简便。符合上述要求的锐线光源有空心阴极灯、蒸气放电灯、高频无极放电灯等。目前广泛使用的是空心阴极灯。

(2) 原子化器

原子化器(atomizer)是原子吸收光谱仪的重要组成部分。它的作用是将试液蒸发干燥并使待测元素转变成气态的基态原子,使待测试样中元素原子化的方法有火焰法和非火焰法。火焰原子化器(flare atomizer)是应用最广泛的原子化器,它由雾化器、雾化室和燃烧器三部分组成;无火焰原子化器种类很多,以高温石墨炉原子化器(graphitefurnace atomizer)应用最为广泛。石墨炉原子化器是利用大电流通过石墨管产生高温而使待测元素原子化。这种原子化方法所需试样量少,且几乎不受试剂形态的限制,原子化效率高(几乎达到100%),基态原子在吸收区停留时间长,绝对灵敏度较高,但其操作较复杂费时,测定精密度较低。

(3) 单色器

单色器(monochromator)即分光系统的内光路,由入射狭缝、出射狭缝、反射镜和色散元件组成。单色器被置于原子化器之后,能够防止原子化器发射的非待测元素的特征谱线进入检测器,同时也可以避免因透射光太强而引起光电倍增管的疲劳。原子吸收法因选用的吸收线为锐线光源发出的特征谱线,并用峰值吸收法进行测量,加之原子光谱本身比较简单,故对单色器的色散率和分辨率的要求均不太高。

(4) 检测系统

检测系统(detection system)主要由检测器、检波放大器和读出装置组成,其作用是将待测光信号转换成电信号,经检波放大器后显示结果。原子吸收光谱法中通常用光电倍增管(photoelectric multiplier)作为检测器。光电倍增管具有很高的光电转换效率、信噪比和灵敏度,但对供电电压的稳定性要求高。实际操作时,应注意防止光电倍增管的疲劳。放大器采用和空心阴极灯同频率的脉冲或方波调制电源。其作用是将被测信号放大,同时除去接收到的非被测信号(直流信号)。经放大后的被测信号被送入读数装置显示读数或由记录仪记录。

9.2.3 原子吸收光谱定量分析方法

(1) 标准曲线法

这是最常用的基本分析方法。配制一组合适的标准样品，在最佳测定条件下，由低浓度到高浓度依次测定它们的吸光度 A，以吸光度 A 对浓度 c 作图。在相同的测定条件下，测定未知样品的吸光度，从 A-c 标准曲线上求出未知样品中被测元素的浓度。

① 配制标准系列的浓度，应控制在吸光度与浓度呈直线的范围内，浓度过大或过小都会超出此直线范围，造成标准曲线弯曲，测定结果不准。一般将吸光度控制在 0.1～0.5。

② 测量过程应严格保持条件不变。

③ 标准系列与待测试样的组成应尽量一致。

(2) 标准加入法

标准加入法的最大优点是可最大限度地消除基体影响，但不能消除背景吸收。对批量样品测定手续太繁琐，不宜采用，对成分复杂的少量样品测定和低含量成分分析，准确度较高。

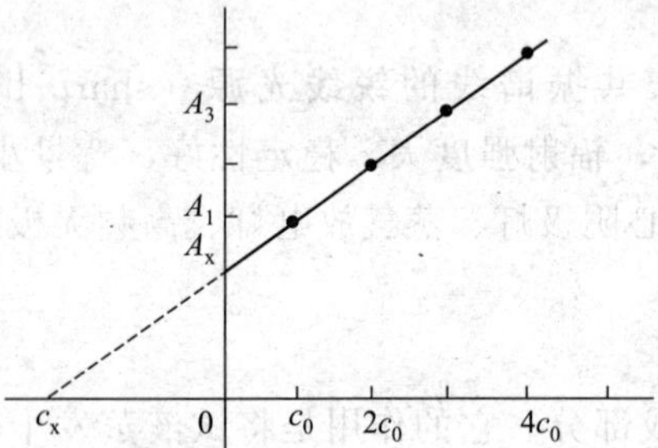

图 9-14　标准加入法工作曲线图

步骤是：取若干份（例如四份）体积相同的试样溶液，从第二份开始分别按比例加入不同量的待测元素的标准溶液，然后用溶剂稀释至一定体积（设试样中待测元素的浓度为 c_x，加入标准溶液后浓度分别为 c_x+c_s、c_x+2c_s、c_x+3c_s、c_x+4c_s），分别测得其吸光度（A_x、A_1、A_2 及 A_3），以 A 对加入量作图，如图 9-14 所示，这时曲线并不通过原点。显然，相应的截距所反映的吸收值正是试样中待测元素所引起的效应。如果外延此曲线与横坐标相交，相应于原点与交点的距离，即为所求的试样中待测元素的浓度 c_x。

9.2.4 原子吸收光谱法的应用

AAS 由于本身所具有的一系列优点，广泛用于冶金、地质、环保、材料、临床、医药、食品、法医、交通和能源等多个方面。按照涉及试样的领域，AAS 可对近 70 种元素进行直接测量，加上间接测量元素，总量可达 74 种。在农、林、水科学中，它主要用于土壤、动植物、食品、饲料、肥料、大气、水体等样品中金属元素和部分非金属元素的定量分析。

(1) 直接原子吸收分析

直接原子吸收分析，指试样经适当前处理后，直接测定其中的待测元素。金属元素和少数非金属元素可直接测定。

① 样品的前处理　样品一般需要进行适当的前处理，分解其中的有机质等，把待测组分转移到溶液中，再进行测定。

土样可采用氢氟酸溶解法或强酸消化法处理。前者是用 HF-HCl 或 HF-$HClO_4$ 混合酸在聚四氟乙烯容器中处理土样，蒸干后再溶于盐酸，可用于除 Si 外的绝大多数元素分析；后者采用 HNO_3-$HClO_4$、HNO_3-HCl、HNO_3-$HClO_4$-H_2SO_4 或 HNO_3-$HClO_4$-$(NH_4)_2MoO_4$ 等混合强酸消化处理土样，这些方法只适用于 Cd、Pd、Ni、Cu、Zn、Se、K、Mn、Co、Fe 等部分元素分析，不适用于土样全成分分析。

动植物样品及食品、饲料等样品，可用灰化法或强酸消化法处理。前者是在 450～

550℃的高温下灰化样品，再用 HCl 或 HNO_3 溶解，对于 As、Se、Hg 等易挥发损失的元素不能用此法；后者是用 HNO_3-$HClO_4$、HNO_3-$HClO_4$-H_2SO_4 等消化分解试样，适用于绝大多数元素的分析。

② 测定　试样前处理后，含量较高的 K、Na、Ca、Cu、Mn、Fe、Zn 等元素可直接（或适当稀释后）用火焰原子化法测定；含量低的 Cd、Ni、Co、Mo 等元素需萃取富集后用火焰原子化法测定，或者直接用石墨炉原子化法测定；易挥发且含量低的 As、Sb、Se 等元素宜选用氧化物发生法或石墨炉原子化法；汞宜选冷原子化法。

（2）间接原子吸收分析

间接原子吸收分析指待测元素本身不能或不容易直接用原子吸收光谱法测定，而利用它与第二种元素（或化合物）发生化学反应，再测定产物或过量的反应物中第二种元素的含量，依据反应方程式即可算出试样中待测元素的含量。大部分非金属元素通常需要采用间接法测定。

9.3 色谱法

色谱法（chromatography）又叫层析法，是根据各物质在两相中的分配系数不同而进行分离、分析的方法，广泛应用于复杂的多组分混合物的分离和分析，可将多组分试样先分离后，再进行定性、定量分析。经典色谱法分离过程和其含量测定过程是离线的，现代色谱法分离测定是在线的。色谱法作为一种重要的分析技术广泛地应用于化学、化工、医药和食品等领域。

9.3.1 色谱法概论

色谱法是俄国植物学家茨维特于 1906 年创立的。他在研究植物叶色素成分时，使用了一根竖直的玻璃管，管内充填颗粒的碳酸钙，然后将植物叶的石油醚浸取液由柱顶端加入，并继续用纯净石油醚淋洗。结果发现在玻璃管内植物色素被分离成具有不同颜色的谱带，“色谱”一词也就由此得名。后来这种分离方法逐渐应用于无色物质的分离，“色谱”一词虽然已失去原来的含义，但仍被沿用下来。色谱法应用于分析化学中，并与适当的检测手段相结合时，就构成了色谱分析法。通常所说的色谱法就是指色谱分析法。

色谱法有多种类型，从不同的角度出发，有各种色谱分类法。

① 按两相状态分类　所谓“相”是指一个体系中的某一均匀部分，如茨维特的实验中玻璃管内的碳酸钙为固定相，流动的石油醚液体为流动相。按所使用的固定相和流动相的不同，色谱法可分为下面几类。

气相色谱
- 气-固色谱：流动相为气体，固定相为固体吸附剂。
- 气-液色谱：流动相为气体，固定相为涂在固体担体上或毛细管内壁上的液体。

液相色谱
- 液-固色谱：流动相为液体，固定相为固体吸附剂。
- 液-液色谱：流动相为液体，固定相为涂在固体担体上的液体。

② 按固定相使用形式分类　柱色谱：固定相装在色谱柱中（填充柱和毛细管柱）。

纸色谱：固定相为滤纸，把样品溶液点加到滤纸上，然后用溶剂展开。

薄层色谱：将固定相涂成薄层或做成薄膜，操作方法类似于纸色谱。

③ 按分离过程的机制分类　吸附色谱：固定相起吸附剂的作用，利用它对不同物质的

物理吸附性质的差别达到样品组分的分离。

分配色谱：利用不同组分在固定相与流动相间分配系数的差异进行分离。

此外，还有一些利用其他物理化学原理进行分离的色谱方法，如离子交换色谱、络合色谱、热色谱等。本章讨论应用非常广泛的气相色谱。

9.3.2 气相色谱法的基本原理

利用试样中各组分在气相和固定液液相间的分配系数不同，当汽化后的样品被载气带入色谱柱中运行时，组分就在其中的两相间进行反复多次分配，由于固定相对各组分的吸附或溶解能力不同，各组分在色谱柱中的运行速度就不同，经过一定的柱长后，便彼此分离，按顺序离开色谱柱进入检测器，产生的离子流讯号经放大后，在记录器上描绘出各组分的色谱峰。

9.3.3 气相色谱仪

气相色谱仪主要包括五大系统：载气系统、进样系统、分离系统、检测系统和记录系统。如图 9-15 所示，基本流程如下所述。

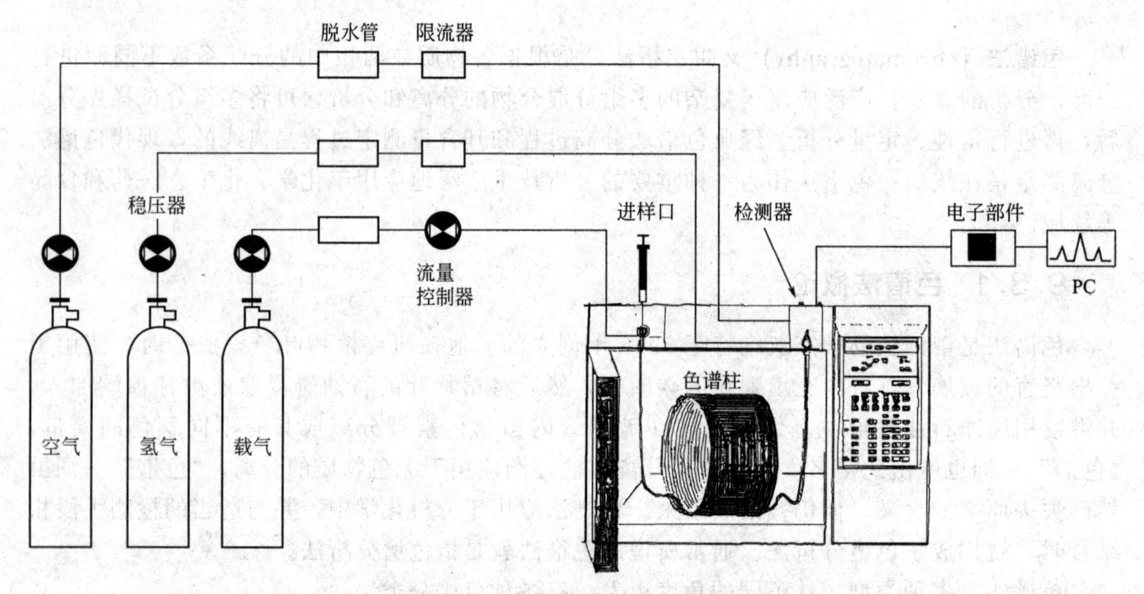

图 9-15 气相色谱仪基本流程

(1) 载气系统

可控而纯净的载气源。载气从气源钢瓶/气体发生器出来后依次经过减压阀、净化器、汽化室、色谱柱、检测器，然后放空。

载气必须是纯净的（99.999%），要求化学惰性，不与有关物质反应。载气的选择除了要考虑对柱效的影响外，还要与分析对象和所用的检测器相配。常用的载气有氢气、氮气、氦气等气体。一般用热导检测器时，使用氢气、氦气，其他检测器使用氮气。

净化器：多为分子筛和活性炭管的串联，可除去水、氧气以及其他杂质。

(2) 进样系统

包括汽化室和进样装置，保证样品瞬间完全汽化而引入载气流。常以微量注射器（穿过隔膜垫）将液体样品注入汽化室。

进样条件的选择：影响色谱的分离效率以及分析结果的精密度和准确度。

汽化室温度：一般稍高于样品沸点，保证样品瞬间完全汽化。

进样量：不可过大，否则造成拖尾峰，进样量不超过数微升；柱径越细，进样量应越少；采用毛细管柱时，应分流进样以免过载。

进样速度（时间）：1s 内完成，时间过长可引起色谱峰变宽或变形。

（3）分离系统

分离系统是色谱分析的心脏部分，是在色谱柱内完成试样的分离，因为大多数分离都强烈依赖于温度，故色谱柱要安装在能够精密控温的柱箱内。

① 色谱柱的选择

a. 色谱柱的种类。分为填充柱和毛细管/空心柱两类。填充柱材质多为不锈钢或玻璃，毛细管柱的材质多为石英。

b. 固定相的选择。固体固定相：是表面有一定活性的固体吸附剂，如活性炭、硅胶、氧化铝分子筛等，不同的分析对象选用不同的吸附剂。液体固定相：由固定液和载体组成。固定液均匀地涂布在载体表面。

c. 载体。要求比表面积大，化学稳定性和热稳定性好，颗粒均匀，有一定的机械强度。

d. 固定液的选择。高沸点有机液体，在操作范围内蒸气压低，热稳定性好，对样品各组分有适当的溶解能力，选择性高，挥发性小，不与样品发生化学反应等。一般根据“相似性原则”选择固定液，即组分的结构、性质或极性与固定液相似时，在固定液中的溶解度就大，保留时间长，有利于相互分离；反之，则溶解度小，保留时间短。常用固定液有甲基聚硅氧烷（如 SE-30、OV-17 等）、聚乙二醇（如 PEG-20M 等）。

② 柱温的选择　柱温可以采用恒温或程序升温：在能保证分离度的前提下，尽量使用低柱温，但应保证适宜的组分保留时间及峰不拖尾，减小检测本底。根据样品沸点情况选择合适柱温，柱温应低于组分沸点 50～100℃，宽沸程样品应采用程序升温。程序升温好处：改善分离效果、缩短分析周期、改善峰形、提高检测灵敏度。

（4）检测器

检测器是将流出色谱柱的载气流中被测组分的浓度（或量）变化转化为电信号变化的装置，是气相色谱仪的核心部件之一。检测器的输出信号经转化放大后成为色谱图。

气相色谱所用检测器有热导池检测器（TCD）、氢火焰电离检测器（FID）、电子捕获检测器（ECD）、氮磷检测器（NPD）等。

① 热导池检测器（TCD）　TCD 是一种应用较早的通用型检测器，对任何气体均可产生响应，因而通用性好，而且线性范围宽、价格便宜、应用范围广，但灵敏度较低，现仍在广泛应用。它由金属池体和装入池体内两个完全对称孔道内的热敏元件所组成，基于被分离组分与载气的热导率不同进行检测。

所有气体都能够导热，但是氢气和氦气的热导率最大，故是优选的载气。

② 氢火焰电离检测器（FID）　FID 是使用最广泛的检测器，它利用有机物在 H_2-空气燃烧的高温火焰中电离成正负离子，并在外加电场的作用下做定向移动形成电子流，其电流的强度与单位时间内进入检测器离子室的待测组分含碳原子的数目有关，所以它适用于含碳有机物的测定。FID 为典型的质量型检测器，具有结构简单、稳定性好、灵敏度高、响应迅速、比热导池检测器的灵敏度高出近 3 个数量级、检测下限可达 10～12g・g^{-1} 等特点。对有机化合物具有很高的灵敏度，但对无机气体、水、四氯化碳等含氢少或不含氢的物质灵敏度低或不响应。

FID 检测器需使用三种不同气体：载气、氢气（燃气）和空气（助燃气），通常三种气体的流速比约为 1∶1∶10。FID 检测器温度对 FID 检测器的灵敏度和噪声的影响不显著，为了防止有机物冷凝，一般控制在比柱温箱高 30～50℃。此时氢在检测器中燃烧生成水，以蒸汽形式逸出检测器，若温度低，水冷凝在离子化室会造成漏电并使色谱基线不稳，故检测温度应高于 150℃，一般控制在 250～350℃。

（5）信号记录处理系统

包括信号记录和数据显示等。检测器得到的电信号经过转化放大后由数据处理机/积分仪/记录仪/色谱工作站接收处理后成为色谱图，可对样品进行定性、定量分析。

9.3.4 气相色谱的应用

（1）组分定性分析

色谱法主要利用保留值定性，但在很多情况下，仍需借助其他手段。包括以下方法：利用保留时间定性；利用加入纯物质增加峰高法定性；利用相对保留值定性；利用碳数/沸点规律定性；利用保留指数定性；利用双柱或多柱定性；利用检测器定性；与其他方法结合定性。

（2）组分定量分析

色谱定量分析的依据是被测组分的质量与其色谱峰面积/峰高成正比：即 $m_i = f_i A_i$

① 归一化法　前提：试样中所有组分都产生信号并能检出色谱峰。

依据：组分含量与峰面积成正比。

$$w_i = \frac{A_i f_i}{A_1 f_1 + A_2 f_2 + \cdots + A_m f_m} \times 100\% \tag{9-28}$$

优点：简便，准确；定量结果与进样量、重复性无关（前提是柱子不超载）；色谱条件略有变化对结果几乎无影响。

缺点：所有组分必须在一定时间内都出峰；必须已知所有组分的校正因子。

② 内标法　定量加入样品中不存在的对照物-内标物，以待测组分和内标物的响应信号对比定量。

$$w = \frac{m_i}{m} \times 100\% = \frac{A_i}{A_s} f_{is} \frac{m_s}{m} \times 100\% \tag{9-29}$$

对内标物要求：内标物须为原样品中不含组分；内标物与待测物保留时间应接近且 $R >$ 1.5；内标物为高纯度标准物质或含量已知的物质。

优点：进样量不超量时，重复性及操作条件对结果无影响；只需待测组分和内标物出峰，与其他组分是否出峰无关。

缺点：找合适内标物困难。

③ 外标法（标准曲线法）　以待测组分纯品为对照物，与试样中待测组分的响应信号相比较进行定量的方法。

外标法特点：不需要校正因子，不需要所有组分出峰；结果受进样量、进样重复性和操作条件影响大；每次进样量应一致，否则产生误差。

习　题

1. 名词解释：

仪器分析、吸收光谱、生色团、共振吸收线、锐线光源、多普勒变宽、FID。

2. 简答题：

（1）常见的光学分析法有哪些类型？

（2）紫外-可见吸收光谱中，电子跃迁的类型有哪几种？

（3）具有何种结构的化合物能产生紫外-可见吸收光谱？

（4）在没有干扰的条件下，紫外-可见分光光度法为什么总是选择在 λ_{max} 处进行吸光度的测量？

（5）紫外-可见分光光度计的仪器组成是什么？

（6）原子化器的功能是什么？常用的原子化器有哪两类？

（7）原子吸收分光光度计由哪几部分组成，每一部分的主要作用是什么？

（8）原子吸收谱线变宽的原因有哪些？

（9）色谱法定性和定量的依据是什么？

（10）色谱仪的主要组成部分有哪些？

（11）气相色谱仪常用的检测器有哪些？分别适用于检测什么物质？

（12）气相色谱定量计算的方法有哪些？分别适用于什么情况？

3. 计算题

（1）一有色溶液符合 Lambert-Beer 定律，当使用 2cm 比色皿进行测量时，测得透光率为 60%，若使用 1cm 或 5cm 的比色皿，T 及 A 各为多少？

（2）已知一化合物的水溶液在 1cm 吸收池中的吸光度为 0.240，其摩尔吸光系数为 $1.20\times10^3\ L\cdot mol^{-1}\cdot cm^{-1}$，试计算此溶液的浓度。

（3）用可见分光光度法测定铁标准溶液浓度为 $2.7\times10^{-5}\ mol\cdot L^{-1}$，其有色化合物在某波长下，用 1cm 比色皿测得其吸光度为 0.392，试计算吸光系数和摩尔吸光系数（$M_{Fe}=55.85g\cdot mol^{-1}$）。

参 考 文 献

[1] 魏祖期，刘德育．基础化学．第 8 版．北京：人民卫生出版社，2013.

[2] 许金生．仪器分析．南京：南京大学出版社，2003.

[3] 朱明华．仪器分析，第 4 版．北京：高等教育出版社，2008.

[4] 柴逸峰，邸欣．分析化学．第 8 版．北京：人民卫生出版社，2016.

[5] 邓勃．仪器分析．北京：清华大学出版社，1991.

[6] 吴谋成．仪器分析．北京：科学出版社，2003.

附录

一、我国的法定计量单位

表 1　国际单位制（SI）基本单位

量的名称	单位名称	单位符号
长度	米	m
质量	千克	kg
时间	秒	s
电流	安	A
热力学温度	开	K
物质的量	摩尔	mol
发光强度	坎德拉	cd

表 2　国际单位制辅助单位

量的名称	单位名称	单位符号
平面角	弧度	rad
立体角	球面角	sr

表 3　具有专门名称的 SI 导出单位

量的名称	SI 导出单位		
	名称	符号	用 SI 基本单位和 SI 导出单位表示
力，重力	牛[顿]	N	$1N=1kg \cdot m/s^2$
压力，压强，应力	帕[斯卡]	Pa	$1Pa=1N/m^2$
能[量]，功，热量	焦[耳]	J	$1J=1N \cdot m$
功率，辐[射能]通量	瓦[特]	W	$1W=1J/s$
电荷[量]	库[仑]	C	$1C=1A \cdot s$
电压，电动势，电位，（电势）	伏[特]	V	$1V=1W/A$
电容	法[拉]	F	$1F=1C/V$
电阻	欧[姆]	Ω	$1\Omega=1V/A$
电导	西[门子]	S	$1S=1\Omega^{-1}$
磁通[量]	韦[伯]	Wb	$1Wb=1V \cdot s$
磁通[量]密度，磁感应强度	特[斯拉]	T	$1T=1Wb/m^2$
电感	亨[利]	H	$1H=1Wb/A$
摄氏温度	摄氏度	℃	1℃=1K

续表

量的名称	SI 导出单位		
	名称	符号	用 SI 基本单位和 SI 导出单位表示
光通量	流[明]	lm	1lm=1cd·sr
[光]照度	勒[克斯]	lx	$1lx=1lm/m^2$
[放射性]活度	贝可[勒尔]	Bq	$1Bq=1s^{-1}$
吸收剂量 比授[予]能 比释动能	戈[瑞]	Gy	1Gy=1J/kg
剂量当量	希[沃特]	Sv	1Sv=1J/kg

表 4　SI 词头

因　　数	词头名称		符　　号
	中　　文	英　　文	
10^{24}	尧[它]	yotta	Y
10^{21}	泽[它]	zetta	Z
10^{18}	艾[克萨]	exa	E
10^{15}	拍[它]	peta	P
10^{12}	太[拉]	tera	T
10^{9}	吉[咖]	giga	G
10^{6}	兆	mega	M
10^{3}	千	kilo	k
10^{2}	百	hecto	h
10^{1}	十	deca	da
10^{-1}	分	deci	d
10^{-2}	厘	centi	c
10^{-3}	毫	milli	m
10^{-6}	微	micro	μ
10^{-9}	纳[诺]	nano	n
10^{-12}	皮[可]	pico	p
10^{-15}	飞[姆托]	femto	f
10^{-18}	阿[托]	atto	a
10^{-21}	仄[普托]	zepto	z
10^{-24}	幺[科托]	yocto	y

表 5　可与国际单位制单位并用的我国法定计量单位

量的名称	单位名称	单位符号	与 SI 的换算关系
时间	分	min	1min=60s
	[小]时	h	1h=60min=3600s
	天(日)	d	1d=24h=86400s

续表

量的名称	单位名称	单位符号	与 SI 的换算关系
平面角	[角]秒	(″)	$1''=(1/60)'=(\pi/648000)\mathrm{rad}$
	[角]分	(′)	$1'=60''=(\pi/10800)\mathrm{rad}$
	度	(°)	$1^\circ=60'=(\pi/180)\mathrm{rad}$
体积	升	L,l	$1\mathrm{l}=1\mathrm{dm}^3$
质量	吨	t	$1\mathrm{t}=10^3\mathrm{kg}$
	原子质量单位	u	$1\mathrm{u}\approx1.660540\times10^{-27}\mathrm{kg}$
长度	海里	n mile	1n mile=1852m(只用于航程)
速度	节	kn	1kn=1n mile/h=(1852/3600)m/s(只用于航行)
能	电子伏	eV	$1\mathrm{eV}\approx1.602177\times10^{-19}\mathrm{J}$
级差	分贝	dB	
线密度	特[克斯]	tex	$1\mathrm{tex}=10^{-6}\mathrm{kg/m}$
面积	公顷	hm^2	$1\mathrm{hm}^2=10^4\mathrm{m}^2$

二、一些物理和化学的基本常数

量的名称	符　　号	数值及单位
电磁波在真空中的速度	c,c_0	$299792458\mathrm{m\cdot s^{-1}}$
真空磁导率	μ_0	$4\pi\times10^{-7}\mathrm{H\cdot m^{-1}}$ $1.256637\times10^{-6}\mathrm{H\cdot m^{-1}}$
真空介电常数 $\varepsilon_0=1/\mu_0 c_0{}^2$	ε_0	$10^7/(4\pi\times299792458^2)\mathrm{F\cdot m^{-1}}$ $8.854188\times10^{-12}\mathrm{F\cdot m^{-1}}$
引力常量 $F=Gm_1m_2/r^2$	G	$(6.67259\pm0.00085)\times10^{-11}\mathrm{N\cdot m^2\cdot kg^{-2}}$
普朗克常量 $\hbar=h/2\pi$	h $\hbar$	$(6.6260755\pm0.0000040)\times10^{-34}\mathrm{J\cdot s}$ $(1.05457266\pm0.00000063)\times10^{-34}\mathrm{J\cdot s}$
阿伏伽德罗常数	L,N_A	$(6.0221367\pm0.0000036)\times10^{23}\mathrm{mol^{-1}}$
法拉第常数	F	$(6.6485309\pm0.0000029)\times10^4\mathrm{C\cdot mol^{-1}}$
摩尔气体常数	R	$(8.314510\pm0.000070)\mathrm{J\cdot mol^{-1}\cdot K^{-1}}$
波耳兹曼常数	k	$(1.380658\pm0.000012)\times10^{-23}\mathrm{J\cdot K^{-1}}$
元电荷	e	$(1.60217733\pm0.00000049)\times10^{-19}\mathrm{C}$
电子[静]质量	m_e	$(9.1093897\pm0.0000054)\times10^{-31}\mathrm{kg}$ $(5.48579903\pm0.00000013)\times10^{-4}\mathrm{u}$
质子[静]质量	m_p	$(1.6726231\pm0.0000010)\times10^{-27}\mathrm{kg}$ $(1.007276470\pm0.000000012)\mathrm{u}$
精细结构常数 $\alpha=e^2/4\pi\varepsilon_0 hc$	α	$(7.29735308\pm0.00000033)\times10^{-3}$
里德伯常量 $R_\infty=e^2/8\pi\varepsilon_0 a_0 hc$	R_∞	$(1.0973731534\pm0.0000000013)\times10^7\mathrm{m^{-1}}$
斯忒藩-波耳兹曼 $\sigma=2\pi^5k^4/15h^3c^2$	σ	$(5.67051\pm0.00019)\times10^{-8}\mathrm{W\cdot m^{-2}\cdot K^{-4}}$
质子质量常量	m_u	$(1.6605402\pm0.0000010)\times10^{-27}\mathrm{kg}$

三、常见酸碱的解离常数（25℃）

化 学 式	名 称	分步	K_a(或 K_b)	pK_a(或 pK_b)
H_3AsO_4	砷酸	1	5.5×10^{-3}	2.26
		2	1.7×10^{-7}	6.76
		3	5.1×10^{-12}	11.29
H_2AsO_3	亚砷酸		5.1×10^{-10}	9.29
HBO_3(*)	硼酸		5.4×10^{-10}	9.27
HBrO	次溴酸		2.0×10^{-9}	8.55
H_2CO_3	碳酸	1	4.5×10^{-7}	6.35
		2	4.7×10^{-11}	10.33
HClO	次氯酸		3.9×10^{-8}	7.40
HCN	氢氰酸		6.2×10^{-10}	9.21
H_2CrO_4	铬酸	1	1.8×10^{-1}	0.74
		2	3.2×10^{-7}	6.49
HF	氢氟酸		6.3×10^{-4}	3.20
HIO	次碘酸		3.0×10^{-11}	10.5
HIO_3	碘酸		1.6×10^{-1}	0.78
HIO_4	高碘酸		2.3×10^{-2}	1.04
HNO_2	亚硝酸		5.6×10^{-4}	3.25
H_2O_2	过氧化氢		2.4×10^{-12}	11.62
H_3PO_4(* *)	磷酸	1	6.9×10^{-3}	2.16
		2	6.1×10^{-8}	7.21
		3	4.8×10^{-13}	12.32
H_4SiO_4	正硅酸	1	1.2×10^{-10}	9.9
		2	1.6×10^{-12}	11.8
		3	1.0×10^{-12}	12
		4	1.0×10^{-12}	12
H_2SO_3	亚硫酸	1	1.4×10^{-2}	1.85
		2	6.0×10^{-8}	7.2
H_2SO_4	硫酸	2	1.0×10^{-2}	1.99
NH_3	氨水		1.8×10^{-5}	4.75
$Ca(OH)_2$	氢氧化钙	2	4×10^{-2}	1.4
$Al(OH)_3$	氢氧化铝		1×10^{-9}	9.0
AgOH	氢氧化银		1.0×10^{-2}	2.00
$Zn(OH)_2$	氢氧化锌		7.9×10^{-7}	6.10
HCOOH	甲酸		1.8×10^{-4}	3.75
CH_3COOH	乙(醋)酸		1.75×10^{-5}	4.756
$CH_2ClCOOH$	一氯乙酸		1.3×10^{-3}	2.87

续表

化学式	名称	分步	K_a(或K_b)	pK_a(或pK_b)
CH_3CH_2COOH	丙酸		1.3×10^{-5}	4.87
$H_2C_2O_4$	草酸	1	5.6×10^{-2}	1.25
		2	1.5×10^{-4}	3.81
$C_6H_8O_7$	柠檬酸	1	7.4×10^{-4}	3.13
		2	1.7×10^{-5}	4.76
		3	4.0×10^{-7}	6.40
$C_4H_4N_2O_3$	巴比妥酸	1	9.8×10^{-5}	4.01
$CH_3NH_2\cdot HCl$	甲胺盐酸盐	1	2.2×10^{-11}	10.66
$(CH_3)NH\cdot HCl$	二甲胺盐酸盐	1	1.9×10^{-11}	10.76
$C_2H_5NH_2\cdot HCl$	乙胺盐酸盐	1	2.2×10^{-11}	10.65
$C_3H_6O_3$	乳酸	1	1.4×10^{-4}	3.86
C_6H_5COOH	苯甲酸	1	6.25×10^{-5}	4.204
C_6H_5OH	苯酚	1	1.0×10^{-10}	9.99
$C_8H_6O_4$	邻苯二甲酸	1	1.14×10^{-3}	2.943
		2	3.70×10^{-6}	5.432
Tris-HCl(*)		1	5.0×10^{-9}	8.3
$H_2NCH_2COOH\cdot 2HCl$	氨基乙酸盐酸盐	1	4.5×10^{-3}	2.35
		2	1.6×10^{-10}	9.78

注：(*) 为 20℃时的数据；(**) 为 30℃时的数据。

本表数据主要录自 Lide DR. CRC Handbook of Chemistry and Physics. 90th ed. NewYork：CRC Press，2010.

四、一些难溶化合物的溶度积常数

化合物	K_{sp}	化合物	K_{sp}	化合物	K_{sp}
AgAc	1.94×10^{-3}	Ag_2SO_4	1.20×10^{-5}	CaF_2	3.45×10^{-11}
AgBr	5.35×10^{-13}	Ag_3AsO_4	1.03×10^{-22}	$Ca(IO_3)_2$	6.47×10^{-6}
$AgBrO_3$	5.38×10^{-5}	Ag_3PO_4	8.89×10^{-17}	$Ca(OH)_2$	5.02×10^{-6}
AgCN	5.97×10^{-17}	$Al(OH)_3$	1.1×10^{-33}	$CaSO_4$	4.93×10^{-5}
AgCl	1.77×10^{-10}	$AlPO_4$	9.84×10^{-21}	$Ca_3(PO_4)_2$	2.07×10^{-33}
AgI	8.52×10^{-17}	$BaCO_3$	2.58×10^{-9}	$CdCO_3$	1.0×10^{-12}
$AgIO_3$	3.17×10^{-8}	$BaCrO_4$	1.17×10^{-10}	CdF_2	6.44×10^{-3}
AgSCN	1.03×10^{-12}	BaF_2	1.84×10^{-7}	$Cd(IO_3)_2$	2.5×10^{-8}
Ag_2CO_3	8.46×10^{-12}	$Ba(IO_3)_2$	4.01×10^{-9}	$Cd(OH)_2$	7.2×10^{-15}
$Ag_2C_2O_4$	5.40×10^{-12}	$BaSO_4$	1.08×10^{-10}	CdS	8.0×10^{-27}
Ag_2CrO_4	1.12×10^{-12}	$BiAsO_4$	4.43×10^{-10}	$Cd_3(PO_4)_2$	2.53×10^{-33}
Ag_2S	6.3×10^{-50}	CaC_2O_4	2.32×10^{-9}	$Co_3(PO_4)_2$	2.05×10^{-35}
Ag_2SO_3	1.50×10^{-14}	$CaCO_3$	3.36×10^{-9}	CuCl	1.72×10^{-7}

化合物	K_{sp}	化合物	K_{sp}	化合物	K_{sp}
CuBr	6.27×10^{-9}	Hg_2F_2	3.10×10^{-6}	$Ni_3(PO_4)_2$	4.74×10^{-32}
CuI	1.27×10^{-12}	Hg_2I_2	5.2×10^{-29}	$PbCO_3$	7.40×10^{-14}
CuSCN	1.77×10^{-13}	Hg_2SO_4	6.5×10^{-7}	$PbCl_2$	1.70×10^{-5}
Cu_2S	2.5×10^{-48}	$KClO_4$	1.05×10^{-2}	PbF_2	3.3×10^{-8}
CuC_2O_4	4.43×10^{-10}	K_2PtCl_6	7.48×10^{-6}	PbI_2	9.8×10^{-9}
CuS	6.3×10^{-36}	Li_2CO_3	8.15×10^{-4}	$PbSO_4$	2.53×10^{-8}
$Cu_3(PO_4)_2$	1.40×10^{-37}	$MgCO_3$	6.82×10^{-6}	PbS	8.0×10^{-28}
$FeCO_3$	3.13×10^{-11}	MgF_2	5.16×10^{-11}	$Pb(OH)_2$	1.43×10^{-20}
FeF_2	2.36×10^{-6}	$Mg(OH)_2$	5.61×10^{-12}	$Sn(OH)_2$	5.45×10^{-27}
$Fe(OH)_2$	4.87×10^{-17}	$Mg_3(PO_4)_2$	1.04×10^{-24}	SnS	1.0×10^{-25}
$Fe(OH)_3$	2.79×10^{-39}	$MnCO_3$	2.24×10^{-11}	$SrCO_3$	5.60×10^{-10}
FeS	6.3×10^{-18}	$Mn(IO_3)_2$	4.37×10^{-7}	SrF_2	4.33×10^{-9}
HgI_2	2.9×10^{-29}	$Mn(OH)_2$	2.06×10^{-13}	$Sr(IO_3)_2$	1.14×10^{-7}
HgS	4×10^{-53}	MnS	2.5×10^{-13}	$SrSO_4$	3.44×10^{-7}
Hg_2Br_2	6.40×10^{-23}	$NiCO_3$	1.42×10^{-7}	$ZnCO_3$	1.46×10^{-10}
Hg_2CO_3	3.6×10^{-17}	$Ni(IO_3)_2$	4.71×10^{-5}	ZnF_2	3.04×10^{-2}
$Hg_2C_2O_4$	1.75×10^{-13}	$Ni(OH)_2$	5.48×10^{-16}	$Zn(OH)_2$	3×10^{-17}
Hg_2Cl_2	1.43×10^{-18}	α-NiS	3.2×10^{-19}	α-ZnS	1.6×10^{-24}

注：本表数据主要录自 Lide DR. CRC Handbook of Chemistry and Physics. 90th ed. NewYork：CRC Press，2010.

五、一些热力学常数

物质	$\frac{\Delta_f H_m^\ominus}{kJ\cdot mol^{-1}}$	$\frac{\Delta_f G_m^\ominus}{kJ\cdot mol^{-1}}$	$\frac{S_m^\ominus}{J\cdot K^{-1}\cdot mol^{-1}}$	物质	$\frac{\Delta_f H_m^\ominus}{kJ\cdot mol^{-1}}$	$\frac{\Delta_f G_m^\ominus}{kJ\cdot mol^{-1}}$	$\frac{S_m^\ominus}{J\cdot K^{-1}\cdot mol^{-1}}$
Ag(s)	0	0	42.6	C(dia)	1.9	2.9	2.4
Ag^+(aq)	105.6	77.1	72.7	C(gra)	0	0	5.7
$AgNO_3$(s)	−124.4	−33.4	140.9	CO(g)	−110.5	−137.2	197.7
AgCl(s)	−127	−109.8	96.3	CO_2(g)	−393.5	−394.4	213.8
AgBr(s)	−100.4	−96.9	107.1	Ca(s)	0	0	41.6
AgI(s)	−61.8	−66.2	115.5	Ca^{2+}(aq)	−542.8	−553.6	−53.1
Ba(s)	0	0	62.5	$CaCl_2$(s)	−795.4	−748.8	108.4
Ba^{2+}(aq)	−537.6	−560.8	9.6	$CaCO_3$(calcite)	−1207.6	−1129.1	91.7
$BaCl_2$(s)	−855.0	−806.7	123.7	$CaCO_3$(aragonile)	−1207.8	−1128.2	88.0
$BaSO_4$	−1473.2	−1362.2	132.2	CaO(s)	−634.9	−603.3	38.1
Br_2(g)	30.9	3.1	245.5	$Ca(OH)_2$(s)	−985.2	−897.5	83.4
Br_2(l)	0	0	152.2	Cl_2(g)	0	0	223.1

续表

物质	$\Delta_f H_m^\ominus$ / kJ·mol^{-1}	$\Delta_f G_m^\ominus$ / kJ·mol^{-1}	$S_m^\ominus$ / J·K^{-1}·mol^{-1}	物质	$\Delta_f H_m^\ominus$ / kJ·mol^{-1}	$\Delta_f G_m^\ominus$ / kJ·mol^{-1}	$S_m^\ominus$ / J·K^{-1}·mol^{-1}
Cl^-(aq)	−167.2	−131.2	56.5	N_2(g)	0	0	191.6
Cu(s)	0	0	33.2	NH_3(g)	−45.9	−16.4	192.8
Cu^{2+}(aq)	64.8	65.5	−99.6	NH_4Cl(s)	−314.4	−202.9	94.6
F_2(g)	0	0	202.8	NO(g)	91.3	87.6	210.8
F^-(aq)	−332.6	−278.8	−13.8	NO_2(g)	33.2	51.3	240.1
Fe(s)	0	0	27.3	Na(s)	0	0	51.3
Fe^{2+}(aq)	−89.1	−78.9	−137.7	Na^+(aq)	−240.1	−261.9	59.0
Fe^{3+}(aq)	−48.5	−4.7	−315.9	NaCl(s)	−411.2	−384.1	72.1
FeO(s)	−272.0	−251	61	O_2(g)	0	0	205.2
Fe_3O_4(s)	−1118.4	−1015.4	146.4	OH^-(aq)	−230.0	−157.2	−10.8
Fe_2O_3(s)	−824.2	−742.2	87.4	SO_2(g)	−296.8	−300.1	248.2
H_2(g)	0	0	130.7	SO_3(g)	−395.7	−371.1	256.8
H^+(aq)	0	0	0	Zn(s)	0	0	41.6
HF(g)	−273.3	−275.4	173.8	Zn^{2+}(aq)	−153.9	−147.1	−112.1
HCl(g)	−92.3	−95.3	186.9	ZnO(s)	−350.5	−320.5	43.7
HBr(g)	−36.3	−53.4	198.7	CH_4(g)	−74.6	−50.5	186.3
HI(g)	26.5	1.7	206.6	C_2H_2(g)	227.4	209.9	200.9
H_2O(g)	−241.8	−228.6	188.8	C_2H_4(g)	52.4	68.4	219.3
H_2O(l)	−285.8	−237.1	70.0	C_2H_6(g,ethane)	−84.0	−32.0	229.2
H_2S(g)	−20.6	−33.4	205.8	C_6H_6(g,benzene)	82.9	129.7	269.2
I_2(g)	62.4	19.3	260.7	C_6H_6(l,benzene)	49.1	124.5	173.4
I_2(s)	0	0	116.1	CH_3OH(g,methanol)	−201.0	−162.3	239.9
I^-(aq)	−55.2	−51.6	111.3	CH_3OH(l,methanol)	−239.2	−166.6	126.8
K(s)	0	0	64.7	HCHO(g)	−108.6	−102.5	218.8
K^+(aq)	−252.4	−283.3	102.5	HCOOH(l)	−425.0	−361.4	129.0
KI(s)	−327.9	−324.9	106.3	C_2H_5OH(g)	−234.8	−167.9	281.6
KCl(s)	−436.5	−408.5	82.6	C_2H_5OH(l)	−277.6	−174.8	160.7
Mg(s)	0	0	32.7	CH_3CHO(l)	−192.2	−127.6	160.2
Mg^{2+}(aq)	−466.9	−454.8	−138.1	CH_3COOH(l)	−484.3	−389.9	159.8
MgO(s)	−601.6	−569.3	27.0	H_2NCONH_2(s,urea)	−333.1		
MnO_2(s)	−520.0	−465.1	53.1	$C_6H_{12}O_6$(s)(葡萄糖)	−1273.3		
Mn^{2+}(aq)	−220.8	−228.1	−73.6	$C_{12}H_{22}O_{11}$(s)(蔗糖)	−2226.1		

注：本表数据主要录自 Lide DR. CRC Handbook of Chemistry and Physics. 90th ed. NewYork：CRC Press，2010.

六、一些还原半反应的标准电极电势 $E^{\ominus}$ (298.15K)

半 反 应	$E^{\ominus}$/V	半 反 应	$E^{\ominus}$/V
$Ag^{+}+e^{-} \rightleftharpoons Ag$	0.7996	$ClO_4^{-}+8H^{+}+8e^{-} \rightleftharpoons Cl^{-}+4H_2O$	1.389
$AgCl+e^{-} \rightleftharpoons Ag+Cl^{-}$	0.22233	$HClO+H^{+}+2e^{-} \rightleftharpoons Cl^{-}+H_2O$	1.482
$AgI+e^{-} \rightleftharpoons Ag+I^{-}$	−0.15224	$ClO_3^{-}+3H^{+}+2e^{-} \rightleftharpoons HClO_2+H_2O$	1.214
$AgBr+e^{-} \rightleftharpoons Ag+Br^{-}$	0.07133	$ClO^{-}+H_2O+2e^{-} \rightleftharpoons Cl^{-}+2OH^{-}$	0.81
$Ag_2O+H_2O+2e^{-} \rightleftharpoons 2Ag+2OH^{-}$	0.342	$Co^{2+}+2e^{-} \rightleftharpoons Co$	−0.28
$Ag_2S+2H^{+}+2e^{-} \rightleftharpoons 2Ag+H_2S$	−0.0366	$Co^{3+}+e^{-} \rightleftharpoons Co^{2+}$	1.92
$AgBrO_3+e^{-} \rightleftharpoons Ag+BrO_3^{-}$	0.546	$[Co(NH_3)_6]^{3+}+e^{-} \rightleftharpoons [Co(NH_3)_6]^{2+}$	0.108
$AgNO_2+e^{-} \rightleftharpoons Ag+NO_2^{-}$	0.564	$Cr^{3+}+e^{-} \rightleftharpoons Cr^{2+}$	−0.407
$[Ag(CN)_2]^{-}+e^{-} \rightleftharpoons Ag+2CN^{-}$	−0.31	$Cr^{3+}+3e^{-} \rightleftharpoons Cr$	−0.744
$[Ag(NH_3)_2]^{+}+e^{-} \rightleftharpoons Ag+2NH_3$	0.373	$CrO_4^{2-}+4H_2O+3e^{-} \rightleftharpoons Cr(OH)_3+5OH^{-}$	−0.13
$Al^{3+}+3e^{-} \rightleftharpoons Al$	−1.662	$HCrO_4^{-}+7H^{+}+3e^{-} \rightleftharpoons Cr^{3+}+4H_2O$	1.350
$Al(OH)_3+3e^{-} \rightleftharpoons Al+3OH^{-}$	−2.31	$Cr_2O_7^{2-}+14H^{+}+6e^{-} \rightleftharpoons 2Cr^{3+}+7H_2O$	1.36
$AsO_4^{3-}+2H_2O+2e^{-} \rightleftharpoons AsO_2^{-}+4OH^{-}$	−0.71	$Cu^{+}+e^{-} \rightleftharpoons Cu$	0.521
$AsO_2^{-}+2H_2O+3e \rightleftharpoons As+4OH^{-}$	−0.68	$Cu^{2+}+2e^{-} \rightleftharpoons Cu$	0.3419
$As_2O_3+6H^{+}+6e^{-} \rightleftharpoons 2As+3H_2O$	0.234	$Cu^{2+}+e^{-} \rightleftharpoons Cu^{+}$	0.153
$HAsO_2+3H^{+}+3e^{-} \rightleftharpoons As+2H_2O$	0.248	$Cu(OH)_2+2e^{-} \rightleftharpoons Cu+2OH^{-}$	−0.222
$H_3AsO_4+2H^{+}+2e^{-} \rightleftharpoons HAsO_2+2H_2O$	0.560	$F_2+2e^{-} \rightleftharpoons 2F^{-}$	2.866
$Au^{+}+e^{-} \rightleftharpoons Au$	1.692	$F_2+2H^{+}+2e^{-} \rightleftharpoons 2HF$	3.053
$B(OH)_3+7H^{+}+8e^{-} \rightleftharpoons BH_4^{-}+3H_2O$	−0.481	$Fe^{3+}+e^{-} \rightleftharpoons Fe^{2+}$	0.771
$H_2BO_3^{-}+5H_2O+8e^{-} \rightleftharpoons BH_4^{-}+8OH^{-}$	−1.24	$Fe^{3+}+3e^{-} \rightleftharpoons Fe$	−0.037
$Ba^{2+}+2e^{-} \rightleftharpoons Ba$	−2.912	$Fe^{2+}+2e^{-} \rightleftharpoons Fe$	−0.447
$Be^{2+}+2e^{-} \rightleftharpoons Be$	−1.847	$[Fe(CN)_6]^{3-}+e^{-} \rightleftharpoons [Fe(CN)_6]^{4-}$	0.358
$Br_2(l)+2e^{-} \rightleftharpoons 2Br^{-}$	1.066	$Fe_2O_3+4H^{+}+2e^{-} \rightleftharpoons 2FeOH^{+}+H_2O$	0.16
$Br_2(aq)+2e^{-} \rightleftharpoons 2Br^{-}$	1.0873	$Fe(OH)_3+e^{-} \rightleftharpoons Fe(OH)_2+OH^{-}$	−0.56
$HBrO+H^{+}+2e^{-} \rightleftharpoons Br^{-}+H_2O$	1.331	$2H^{+}+2e^{-} \rightleftharpoons H_2$	0.00000
$BrO^{-}+H_2O+2e^{-} \rightleftharpoons Br^{-}+2OH^{-}$	0.761	$2H_2O+2e^{-} \rightleftharpoons H_2+2OH^{-}$	−0.8277
$Ca^{2+}+2e^{-} \rightleftharpoons Ca$	−2.868	$Hg^{2+}+2e^{-} \rightleftharpoons Hg$	0.851
$Ca(OH)_2+2e^{-} \rightleftharpoons Ca+2OH^{-}$	−3.02	$2Hg^{2+}+2e \rightleftharpoons Hg_2^{2+}$	0.920
$Cd^{2+}+2e^{-} \rightleftharpoons Cd$	−0.4030	$Hg_2^{2+}+2e^{-} \rightleftharpoons 2Hg$	0.7973
$CdSO_4+2e^{-} \rightleftharpoons Cd+SO_4^{2-}$	−0.246	$Hg_2Cl_2+2e^{-} \rightleftharpoons 2Hg+2Cl^{-}$	0.26808
$CO_2+2H^{+}+2e^{-} \rightleftharpoons HCOOH$	−0.199	$Hg_2SO_4+2e^{-} \rightleftharpoons 2Hg+SO_4^{2-}$	0.6125
$2CO_2+2H^{+}+2e^{-} \rightleftharpoons H_2C_2O_4$	−0.49	$I_2+2e^{-} \rightleftharpoons 2I^{-}$	0.5355
$Ce^{4+}+e^{-} \rightleftharpoons Ce^{3+}$	1.72	$I_3^{-}+2e^{-} \rightleftharpoons 3I^{-}$	0.536
$Cl_2+2e^{-} \rightleftharpoons 2Cl^{-}$	1.35827	$IO^{-}+H_2O+2e^{-} \rightleftharpoons I^{-}+2OH^{-}$	0.485

续表

半 反 应	$E^{\ominus}/V$	半 反 应	$E^{\ominus}/V$
$2IO_3^- + 12H^+ + 10e^- \rightleftharpoons I_2 + 6H_2O$	1.195	$Pb^{2+} + 2e^- \rightleftharpoons Pb$	−0.1262
$K^+ + e^- \rightleftharpoons K$	−2.931	$PbSO_4 + 2e^- \rightleftharpoons Pb + SO_4^{2-}$	−0.3588
$Li^+ + e^- \rightleftharpoons Li$	−3.0401	$PbCl_2 + 2e^- \rightleftharpoons Pb + 2Cl^-$	−0.2675
$Mg^{2+} + 2e^- \rightleftharpoons Mg$	−2.372	$Pd^{2+} + 2e^- \rightleftharpoons Pd$	0.951
$Mg(OH)_2 + 2e^- \rightleftharpoons Mg + 2OH^-$	−2.690	$Pd(OH)_2 + 2e^- \rightleftharpoons Pd + 2OH^-$	0.07
$Mn^{2+} + 2e^- \rightleftharpoons Mn$	−1.185	$[PtCl_4]^{2-} + 2e^- \rightleftharpoons Pt + 4Cl^-$	0.755
$MnO_4^- + e^- \rightleftharpoons MnO_4^{2-}$	0.558	$S + 2e^- \rightleftharpoons S^{2-}$	−0.47627
$MnO_4^- + 8H^+ + 5e^- \rightleftharpoons Mn^{2+} + 4H_2O$	1.507	$S + 2H^+ + 2e^- \rightleftharpoons H_2S(aq)$	0.142
$MnO_4^- + 4H^+ + 3e^- \rightleftharpoons MnO_2 + 2H_2O$	1.679	$2SO_3^{2-} + 2H_2O + 2e^- \rightleftharpoons S_2O_4^{2-} + 4OH^-$	−1.12
$MnO_4^- + 2H_2O + 3e^- \rightleftharpoons MnO_2 + 4OH^-$	0.595	$SO_4^{2-} + 4H^+ + 2e^- \rightleftharpoons H_2SO_3 + H_2O$	0.172
$MnO_2 + 4H^+ + 2e^- \rightleftharpoons Mn^{2+} + 2H_2O$	1.224	$SO_4^{2-} + H_2O + 2e^- \rightleftharpoons SO_3^{2-} + 2OH^-$	−0.93
$Mn(OH)_2 + 2e^- \rightleftharpoons Mn + 2OH^-$	−1.56	$H_2SO_3 + 4H^+ + 4e \rightleftharpoons S + 3H_2O$	0.449
$NO_3^- + 3H^+ + 2e^- \rightleftharpoons HNO_2 + H_2O$	0.934	$S_4O_6^{2-} + 2e^- \rightleftharpoons 2S_2O_3^{2-}$	0.08
$2HNO_2 + 4H^+ + 4e^- \rightleftharpoons N_2O + 3H_2O$	1.297	$S_2O_8^{2-} + 2e^- \rightleftharpoons 2SO_4^{2-}$	2.010
$Na^+ + e^- \rightleftharpoons Na$	−2.71	$SbO_2^- + 2H_2O + 3e^- \rightleftharpoons Sb + 4OH^-$	−0.66
$Ni^{2+} + 2e^- \rightleftharpoons Ni$	−0.257	$Sb_3^- + H_2O + 3e^- \rightleftharpoons SbO_2^- + 2OH^-$	−0.59
$O_2 + 2H^+ + 2e^- \rightleftharpoons H_2O_2$	0.695	$Sn^{2+} + 2e^- \rightleftharpoons Sn$	−0.1375
$H_2O_2 + 2H^+ + 2e^- \rightleftharpoons 2H_2O$	1.776	$Sn^{4+} + 2e^- \rightleftharpoons Sn^{2+}$	0.151
$O_2 + 4H^+ + 4e^- \rightleftharpoons 2H_2O$	1.229	$Sr^+ + e^- \rightleftharpoons Sr$	−4.10
$O_2 + 2H_2O + 4e^- \rightleftharpoons 4OH^-$	0.401	$Tl^{3+} + 2e^- \rightleftharpoons Tl^+$	1.252
$O_2 + H_2O + 2e^- \rightleftharpoons HO_2^- + OH^-$	−0.076	$Tl^+ + e \rightleftharpoons Tl$	−0.336
$O_2 + 2H_2O + 2e^- \rightleftharpoons H_2O_2 + 2OH^-$	−0.146	$V^{3+} + e^- \rightleftharpoons V^{2+}$	−0.255
$H_3PO_4 + 2H^+ + 2e^- \rightleftharpoons H_3PO_3 + H_2O$	−0.276	$Zn^{2+} + 2e^- \rightleftharpoons Zn$	−0.7618
$PO_4^{3-} + 2H_2O + 2e^- \rightleftharpoons HPO_3^{2-} + 3OH^-$	−1.05	$ZnO + H_2O + 2e^- \rightleftharpoons Zn + 2OH^-$	−1.260

注：本表数据主要录自 Lide DR. CRC Handbook of Chemistry and Physics. 90th ed. NewYork：CRC Press，2010.

七、一些配合物的稳定常数

金属离子	配体	$\lg\beta_1$	$\lg\beta_2$	$\lg\beta_3$	$\lg\beta_4$	$\lg\beta_5$	$\lg\beta_6$
Ag^+	NH_3	3.24	7.05				
	Cl^-	3.04	5.04		5.30		
	CN^-		21.1	21.7	20.6		
	I^-	6.58	11.74	13.68			
	SCN^-		7.57	9.08	10.08		
	$S_2O_3^{2-}$	8.82	13.46				

续表

金属离子	配体	$\lg\beta_1$	$\lg\beta_2$	$\lg\beta_3$	$\lg\beta_4$	$\lg\beta_5$	$\lg\beta_6$
Au^+	CN^-		38.3				
	SCN^-		23				
Au^{3+}	Cl^-		9.8				
Al^{3+}	F^-	6.10	11.15	15.00	17.75	19.37	19.84
	枸橼酸根	20.0					
Bi^{3+}	Cl^-	2.44	4.7	5.0	5.6		
	I^-	3.63			14.95	16.80	18.80
Cd^{2+}	NH_3	2.65	4.75	6.19	7.12	6.80	5.14
	CN^-	5.48	10.60	15.23	18.78		
	枸橼酸根	11.3					
Co^{2+}	NH_3	2.11	3.74	4.79	5.55	5.73	5.11
	枸橼酸根	12.5					
	乙二胺	5.91	10.64	13.94			
Co^{3+}	NH_3	6.7	14.0	20.1	25.7	30.8	35.2
Cu^+	Cl^-		5.5	5.7			
	CN^-		24.0	28.59	30.30		
	$S_2O_3^{2-}$	10.27	12.22	13.84			
Cu^{2+}	NH_3	4.31	7.98	11.02	13.32		
	枸橼酸根	14.2					
	乙二胺	10.67	20.00	21.0			
	草酸根	6.16	8.5				
Fe^{2+}	CN^-						35
	枸橼酸根	15.5					
	草酸根	2.9	4.52	5.22			
Fe^{3+}	CN^-						42
	SCN^-	2.95	3.36				
	F^-	5.28	9.30	12.06			
	醋酸根	3.2					
	枸橼酸根	25					
	草酸根	9.4	16.2	20.2			
Hg^{2+}	NH_3	8.8	17.5	18.5	19.28		
	Cl^-	6.74	13.22	14.07	15.07		
	CN^-				41.4		
	I^-	12.87	23.82	27.60	29.83		
	SCN^-		17.47		21.23		
	$S_2O_3^{2-}$		29.44	31.90	33.24		
	醋酸根		8.43				
	草酸根		6.98				

续表

金属离子	配体	$\lg\beta_1$	$\lg\beta_2$	$\lg\beta_3$	$\lg\beta_4$	$\lg\beta_5$	$\lg\beta_6$
Ni^{2+}	NH_3	2.80	5.04	6.77	7.96	8.71	8.74
	CN^-				31.3		
	枸橼酸根	14.3					
	乙二胺	7.52	13.84	18.33			
	草酸根	5.3	7.64	约 8.5			
Pb^{2+}	醋酸根	2.52	4.0	6.4	8.5		
Pt^{2+}	Cl^-		11.5	14.5	16.0		
Zn^{2+}	NH_3	2.37	4.81	7.31	9.46		
	CN^-				16.7		
	枸橼酸根	11.4					
	乙二胺	5.77	10.83	14.11			
	草酸根	4.89	7.60	8.15			

注：录自 Lange’s Handbook of Chemistry，16th ed.，2005：1.358-1.379.

元素周期表

IUPAC 2013

氧化态(单质的氧化态为0，未列入；常见的为红色)

以 $^{12}C=12$ 为基准的原子量(注✦的是半衰期最长同位素的原子量)

图例：+2 +3 +4 +5 +6 / 95 / Am / 镅▲ / $5f^7 7s^2$ / 243.06138(2)✦

- 95 — 原子序数
- Am — 元素符号(红色的为放射性元素)
- 镅▲ — 元素名称(注▲的为人造元素)
- $5f^7 7s^2$ — 价层电子构型

s区元素　p区元素　d区元素　ds区元素　f区元素　稀有气体

周期 \ 族	1 IA	2 IIA	3 IIIB	4 IVB	5 VB	6 VIB	7 VIIB	8 VIIIB(VIII)	9 VIIIB(VIII)	10 VIIIB(VIII)	11 IB	12 IIB	13 IIIA	14 IVA	15 VA	16 VIA	17 VIIA	18 VIIIA(0)	电子层
1	−1 +1 1 H 氢 $1s^1$ 1.008																	2 He 氦 $1s^2$ 4.002602(2)	K
2	+1 3 Li 锂 $2s^1$ 6.94	+2 4 Be 铍 $2s^2$ 9.0121831(5)											+3 5 B 硼 $2s^2 2p^1$ 10.81	−4 +2 +4 6 C 碳 $2s^2 2p^2$ 12.011	−3 −2 −1 +1 +2 +3 +4 +5 7 N 氮 $2s^2 2p^3$ 14.007	−2 −1 8 O 氧 $2s^2 2p^4$ 15.999	−1 9 F 氟 $2s^2 2p^5$ 18.998403163(6)	10 Ne 氖 $2s^2 2p^6$ 20.1797(6)	L K
3	−1 +1 11 Na 钠 $3s^1$ 22.98976928(2)	+2 12 Mg 镁 $3s^2$ 24.305											+3 13 Al 铝 $3s^2 3p^1$ 26.9815385(7)	−4 +2 +4 14 Si 硅 $3s^2 3p^2$ 28.085	−3 −2 +1 +3 +5 15 P 磷 $3s^2 3p^3$ 30.973761998(5)	−2 +2 +4 +6 16 S 硫 $3s^2 3p^4$ 32.06	−1 +1 +3 +5 +7 17 Cl 氯 $3s^2 3p^5$ 35.45	18 Ar 氩 $3s^2 3p^6$ 39.948(1)	M L K
4	−1 +1 19 K 钾 $4s^1$ 39.0983(1)	+2 20 Ca 钙 $4s^2$ 40.078(4)	+3 21 Sc 钪 $3d^1 4s^2$ 44.955908(5)	−1 0 +2 +3 +4 22 Ti 钛 $3d^2 4s^2$ 47.867(1)	0 ±1 +2 +3 +4 +5 23 V 钒 $3d^3 4s^2$ 50.9415(1)	−3 0 ±1 ±2 +3 +4 +5 +6 24 Cr 铬 $3d^5 4s^1$ 51.9961(6)	−2 0 ±1 +2 ±3 +4 +5 +6 +7 25 Mn 锰 $3d^5 4s^2$ 54.938044(3)	−2 0 ±1 +2 +3 +4 +5 +6 26 Fe 铁 $3d^6 4s^2$ 55.845(2)	0 ±1 +2 +3 +4 +5 27 Co 钴 $3d^7 4s^2$ 58.933194(4)	0 ±1 +2 +3 +4 28 Ni 镍 $3d^8 4s^2$ 58.6934(4)	+1 +2 +3 +4 29 Cu 铜 $3d^{10} 4s^1$ 63.546(3)	+1 +2 30 Zn 锌 $3d^{10} 4s^2$ 65.38(2)	+1 +3 31 Ga 镓 $4s^2 4p^1$ 69.723(1)	+2 +4 32 Ge 锗 $4s^2 4p^2$ 72.630(8)	−3 +3 +5 33 As 砷 $4s^2 4p^3$ 74.921595(6)	−2 +2 +4 +6 34 Se 硒 $4s^2 4p^4$ 78.971(8)	−1 +1 +3 +5 +7 35 Br 溴 $4s^2 4p^5$ 79.904	+2 +4 36 Kr 氪 $4s^2 4p^6$ 83.798(2)	N M L K
5	−1 +1 37 Rb 铷 $5s^1$ 85.4678(3)	+2 38 Sr 锶 $5s^2$ 87.62(1)	+3 39 Y 钇 $4d^1 5s^2$ 88.90584(2)	+1 +2 +3 +4 40 Zr 锆 $4d^2 5s^2$ 91.224(2)	0 ±1 +2 +3 +4 +5 41 Nb 铌 $4d^4 5s^1$ 92.90637(2)	0 ±1 ±2 +3 +4 +5 +6 42 Mo 钼 $4d^5 5s^1$ 95.95(1)	0 ±1 +2 +3 +4 +5 +6 +7 43 Tc 锝▲ $4d^5 5s^2$ 97.90721(3)✦	0 +1 ±2 +3 +4 +5 +6 +7 +8 44 Ru 钌 $4d^7 5s^1$ 101.07(2)	0 ±1 +2 +3 +4 +5 +6 45 Rh 铑 $4d^8 5s^1$ 102.90550(2)	0 +1 +2 +3 +4 46 Pd 钯 $4d^{10}$ 106.42(1)	+1 +2 +3 47 Ag 银 $4d^{10} 5s^1$ 107.8682(2)	+1 +2 48 Cd 镉 $4d^{10} 5s^2$ 112.414(4)	+1 +3 49 In 铟 $5s^2 5p^1$ 114.818(1)	+2 +4 50 Sn 锡 $5s^2 5p^2$ 118.710(7)	−3 +3 +5 51 Sb 锑 $5s^2 5p^3$ 121.760(1)	−2 +2 +4 +6 52 Te 碲 $5s^2 5p^4$ 127.60(3)	−1 +1 +3 +5 +7 53 I 碘 $5s^2 5p^5$ 126.90447(3)	+2 +4 +6 +8 54 Xe 氙 $5s^2 5p^6$ 131.293(6)	O N M L K
6	−1 +1 55 Cs 铯 $6s^1$ 132.90545196(6)	+2 56 Ba 钡 $6s^2$ 137.327(7)	57~71 La~Lu 镧系	+1 +2 +3 +4 72 Hf 铪 $5d^2 6s^2$ 178.49(2)	0 ±1 +2 +3 +4 +5 73 Ta 钽 $5d^3 6s^2$ 180.94788(2)	0 ±1 ±2 +3 +4 +5 +6 74 W 钨 $5d^4 6s^2$ 183.84(1)	0 ±1 +2 +3 +4 +5 +6 +7 75 Re 铼 $5d^5 6s^2$ 186.207(1)	0 +1 +2 +3 +4 +5 +6 +7 +8 76 Os 锇 $5d^6 6s^2$ 190.23(3)	0 ±1 +2 +3 +4 +5 +6 77 Ir 铱 $5d^7 6s^2$ 192.217(3)	0 +2 +3 +4 +5 +6 78 Pt 铂 $5d^9 6s^1$ 195.084(9)	+1 +2 +3 +5 79 Au 金 $5d^{10} 6s^1$ 196.966569(5)	+1 +2 +3 80 Hg 汞 $5d^{10} 6s^2$ 200.592(3)	+1 +3 81 Tl 铊 $6s^2 6p^1$ 204.38	+2 +4 82 Pb 铅 $6s^2 6p^2$ 207.2(1)	−3 +3 +5 83 Bi 铋 $6s^2 6p^3$ 208.98040(1)	−2 +2 +3 +4 +6 84 Po 钋 $6s^2 6p^4$ 208.98243(2)✦	±1 +5 +7 85 At 砹 $6s^2 6p^5$ 209.98715(5)✦	+2 86 Rn 氡 $6s^2 6p^6$ 222.01758(2)✦	P O N M L K
7	+1 87 Fr 钫▲ $7s^1$ 223.01974(2)✦	+2 88 Ra 镭 $7s^2$ 226.02541(2)✦	89~103 Ac~Lr 锕系	104 Rf 𬬻▲ $6d^2 7s^2$ 267.122(4)✦	105 Db 𬭊▲ $6d^3 7s^2$ 270.131(4)✦	106 Sg 𬭳▲ $6d^4 7s^2$ 269.129(3)✦	107 Bh 𬭛▲ $6d^5 7s^2$ 270.133(2)✦	108 Hs 𬭶▲ $6d^6 7s^2$ 270.134(2)✦	109 Mt 鿏▲ $6d^7 7s^2$ 278.156(5)✦	110 Ds 𫟼▲ 281.165(4)✦	111 Rg 𬬭▲ 281.166(6)✦	112 Cn 鿔▲ 285.177(4)✦	113 Nh 鿭▲ 286.182(5)✦	114 Fl 𫓧▲ 289.190(4)✦	115 Mc 镆▲ 289.194(6)✦	116 Lv 𫟷▲ 293.204(4)✦	117 Ts 鿬▲ 293.208(6)✦	118 Og 鿫▲ 294.214(5)✦	Q P O N M L K

★ 镧系	+3 57 La★ 镧 $5d^1 6s^2$ 138.90547(7)	+2 +3 +4 58 Ce 铈 $4f^1 5d^1 6s^2$ 140.116(1)	+3 +4 59 Pr 镨 $4f^3 6s^2$ 140.90766(2)	+2 +3 +4 60 Nd 钕 $4f^4 6s^2$ 144.242(3)	+3 61 Pm 钷▲ $4f^5 6s^2$ 144.91276(2)✦	+2 +3 62 Sm 钐 $4f^6 6s^2$ 150.36(2)	+2 +3 63 Eu 铕 $4f^7 6s^2$ 151.964(1)	+3 64 Gd 钆 $4f^7 5d^1 6s^2$ 157.25(3)	+3 +4 65 Tb 铽 $4f^9 6s^2$ 158.92535(2)	+3 +4 66 Dy 镝 $4f^{10} 6s^2$ 162.500(1)	+3 67 Ho 钬 $4f^{11} 6s^2$ 164.93033(2)	+3 68 Er 铒 $4f^{12} 6s^2$ 167.259(3)	+2 +3 69 Tm 铥 $4f^{13} 6s^2$ 168.93422(2)	+2 +3 70 Yb 镱 $4f^{14} 6s^2$ 173.045(10)	+3 71 Lu 镥 $4f^{14} 5d^1 6s^2$ 174.9668(1)
★ 锕系	+3 89 Ac★ 锕 $6d^1 7s^2$ 227.02775(2)✦	+3 +4 90 Th 钍 $6d^2 7s^2$ 232.0377(4)	+3 +4 +5 91 Pa 镤 $5f^2 6d^1 7s^2$ 231.03588(2)	+2 +3 +4 +5 +6 92 U 铀 $5f^3 6d^1 7s^2$ 238.02891(3)	+3 +4 +5 +6 +7 93 Np 镎 $5f^4 6d^1 7s^2$ 237.04817(2)✦	+3 +4 +5 +6 +7 94 Pu 钚 $5f^6 7s^2$ 244.06421(4)✦	+2 +3 +4 +5 +6 95 Am 镅▲ $5f^7 7s^2$ 243.06138(2)✦	+3 +4 96 Cm 锔▲ $5f^7 6d^1 7s^2$ 247.07035(3)✦	+3 +4 97 Bk 锫▲ $5f^9 7s^2$ 247.07031(4)✦	+2 +3 +4 98 Cf 锎▲ $5f^{10} 7s^2$ 251.07959(3)✦	+2 +3 99 Es 锿▲ $5f^{11} 7s^2$ 252.0830(3)✦	+2 +3 100 Fm 镄▲ $5f^{12} 7s^2$ 257.09511(5)✦	+2 +3 101 Md 钔▲ $5f^{13} 7s^2$ 258.09843(3)✦	+2 +3 102 No 锘▲ $5f^{14} 7s^2$ 259.1010(7)✦	+3 103 Lr 铹▲ $5f^{14} 6d^1 7s^2$ 262.110(2)✦